Verkaufserfolge

und

Marketing

Impulse für

Verkaufserfolge
und
Marketing

JÜNGER MEDIEN

Bibliografische Information der Deutschen Nationalbibliothek

Die Deutsche Nationalbibliothek verzeichnet diese Publikation in der Deutschen Nationalbibliografie; detaillierte bibliografische Informationen sind im Internet über http://dnb.d-nb.de abrufbar.

ISBN 978-3-7664-9935-6

Im Vertrieb von: Jünger Medien Verlag + Burckhardthaus-Laetare GmbH, Offenbach

Herausgeber: Gabal e.V.

Umschlag: Martin Zech, Bremen
Redaktion: Jünger Medien Verlag, Offenbach
Korrektur und Lektorat: Anja Hilgarth, Herzogenaurach
Satz und Layout: Salzland Druck, Staßfurt
Druck und Bindung: Salzland Druck, Staßfurt

www.juenger.de
www.gabal.de

Inhaltsverzeichnis

Einen schönen guten Tag wünsche ich Ihnen!

Gilt für Sie schon „Ihr Kunden, so kommet!“ oder verkaufen Sie noch? So provozieren manche KollegInnen im Markt der Weiterbildner – das kennen wir eigentlich von Ikea ... Auch „Sex sells“ mag für manche Berater-Sparten gelten – wer dagegen seriös punkten will, kommt kaum darum herum, regelmäßig persönlich mit Kunden und Interessenten ins Gespräch zu gehen. So kann auch das persönliche Verkaufen durchaus dem oft zitierten „Pull-Marketing“ entsprechen, statt marktschreierisch zu pushen ...

Das beherzigen Trainer, Berater, Coachs z.B. bei Netzwerk-Auftritten oder Messe-Präsentationen. Wer etwa beim Frühjahrs-Impulstag von GABAL e.V. in Düsseldorf „Marketing für Trainer-Berater-Coachs

Vol. III – für Ihren persönlichen Verkaufserfolg" dabei war, konnte vielerlei Impulse mit nach Hause nehmen. Dazu haben auch einige der Autoren dieses Sammelbandes beigetragen. Freuen Sie sich auf einen bunten Reigen, aus dem Sie sich das herausnehmen mögen, was Ihnen besonders zusagt. Auf dass Sie für Ihren persönlichen „Sales-Funnel" exzellente Verstärker finden!

Das wünscht Ihnen bei informativer Lektüre

Hanspeter Reiter
Vorstandssprecher GABAL e.V.

www.gabal.de, September 2015

Falk S. Al-Omary

Falk S. Al-Omary ist der Experte für Selbstinszenierung, Medienreichweite und Egoselling.
In mehr als 20 Jahren in politischen Ämtern und Mandaten und mehr als 50 Funktionen in Verbänden, Organisationen und Unternehmen hat er gelernt, wie strategisches Denken und Handeln in einem komplexen und meist rauen Umfeld funktioniert, wie sich starke Persönlichkeiten an die Spitze kämpfen und dort auch bleiben.
Mit diesem Wissen leitet er heute seine eigene Unternehmensgruppe. Er ist Mentor, Marken- und Identitätsentwickler sowie zupackender Markenbotschafter für all diejenigen, die vor allem sich selbst verkaufen, sich mit ihrem Namen und ihrer Expertise durchsetzen und auf ein positives Meinungsklima sowie auf ein ihnen vorauseilendes Renommee angewiesen sind. Der Autor von „Bescheidenheit zieht Armut an" und anderen Werken rund um die Themen Marketing, PR und Selbstinszenierung arbeitet für viele prominente Persönlichkeiten sowie für namhafte Unternehmen und Eventveranstalter. Er sorgt dafür, dass Experten höhere Honorare mit ihrem Wissen und Können sowie maßgeschneiderten Produkten erzielen, ohne diese rechtfertigen zu müssen. Dafür spielt er die Klaviatur der Medien: von Print und Online über Radio und TV bis hin zu crossmedialen Kampagnen transportiert er Botschaften, Themen und Meinungen und sorgt so für starke Anziehungskräfte des Marktes. Der PR-Profi, Wirtschaftsjournalist, Autor, Top 100 Unternehmer, ausgebildete Business-Coach und professionelle Vortragsredner ist zudem gefragter Keynote-Speaker. Seine Vorträge und Workshops sind frech und spritzig, maximal provokant und ein schonungslos ehrlicher Blick hinter die Kulissen der Erfolgreichen.

www.al-omary.de

Starke Marke, starke Wirkung –
mit klarer Kante erfolgreich rein in die Medien und ran an den Auftrag

Erfolg braucht Persönlichkeit

Wer nicht auffällt in gesättigten Märkten, nicht von sich reden macht, nicht präsent ist in den Medien – und vor allem kein Typ ist, also nichts Besonderes ausstrahlt und somit nicht als echte Persönlichkeit wahrgenommen wird –, findet nicht statt und geht schlicht unter im weiten Meer vorhandener Angebote, Ideen und Konzepte. Dies gilt umso mehr für Trainer, Berater, Speaker, Coaches, Freiberufler, Selbstständige und Dienstleister, die kein Produkt vermarkten, sondern ausschließlich sich selbst und ihre individuelle Kompetenz. Sie alle müssen als Person zur unverwechselbaren Marke werden, um Expertise zu verkörpern, Kunden anzuziehen und interessant zu sein für Menschen, Märkte und Medien. Der Weg zur eigenen Markenpersönlichkeit führt über die konsequente Positionierung. Wer sich klar positioniert, wird wahrgenommen, kann weitgehend selbst das eigene Renommee bestimmen, bekommt potenziell mehr Aufträge und in der Konsequenz auch höhere Honorare. Eine starke und vor allem wahrhaftige Positionierung kann nur über die konsequente Entwicklung, Umsetzung und Kultivierung dessen gelingen, was eine Person auf glaubhafte Weise unverwechselbar und anziehend macht: das eigene Wesen, das eigene Sein mit allem, was dazugehört. Eine starke Positionierung basiert auf der eigenen Identität. Nur wer sich selbst mit dem, was er wirklich ist, darstellt, kann auch die gewünschten Ergebnisse erzielen: „Raus aus der Beliebigkeit, rein in die Medien, ran an den Auftrag“ kann dann die Devise lauten.

Was ist Positionierung – und was nicht?

Positionierung ist zum Modewort verkommen. Immer mehr vermeintliche Experten bieten an, andere bei der eigenen Positionierung zu unterstützen. Die allermeisten Positionierer springen dabei aber viel zu kurz, laufen Trends hinterher und schauen vor allem danach, wie sich jemand von anderen vermeintlichen Wettbewerbern abgrenzen kann. Klar ist, wer sich nicht deutlich und konsequent positioniert, darf sich nicht wundern, wenn Marketingaktionen ins Leere laufen und Buchungen ausbleiben. Was aber ist eine gute Positionierung, wenn nicht die Abgrenzung von anderen? Und fast noch wichtiger, was ist Positionierung nicht? Eine Positionierung ist nichts, das man sich aufsetzen oder anziehen könnte wie einen – im schlimmsten Falle – schlecht sitzenden Anzug. Positionierung ist mehr als das Polieren der Fassade, der Aufbau eines Images. Positionierung geschieht vielmehr von innen heraus, auf Basis einer tiefen Innenschau, der kritischen Analyse des eigenen Seins, der persönlichen Stärken und Schwächen, der inneren und äußeren Antreiber, der Persönlichkeit mit all ihren Werten, Einstellungen, Denk- und Verhaltensweisen und auch des eigenen Charakters, der Aufschluss darüber gibt, was jemand wirklich will und was nicht. Eine Positionierung ist eine tiefgreifende Entscheidung, die nicht nur für andere kurzfristig sichtbar auf der Bühne, in Kongresssälen oder bei Meetings stattfindet, sondern in jedem einzelnen Lebensbereich – sowohl beruflich als auch privat. Nur derjenige, der seine Positionierung an seinen ureigenen Glaubenssätzen und Werten ausrichtet und dabei mit sich selbst im Reinen ist, wird seine Position in allen Bereichen vertreten und behaupten können, also nicht nur auf der Bühne der großen oder kleinen Öffentlichkeit, sondern auch auf der weitaus relevanteren Bühne, der Bühne des Lebens und des unternehmerischen Erfolgs.

Eine Positionierung ist deswegen weitaus mehr als eine schicke Website, ein nettes Logo oder eine in Textform gegossene Werbeaussage. Nur wer mit seiner gesamten Persönlichkeit zu 100 Prozent hinter sich, seiner Mission sowie seiner gefundenen Positionierung steht, diese lebt und nicht nur sporadisch zur Schau stellt, wird Menschen anziehen können, die seiner Botschaft folgen. Das ist die Basis einer starken Personen-Marke, die präsentiert, was sie ist und was in ihr steckt und mehr bietet als schönen Schein.

Es geht bei einer Positionierung, die zumeist mit einer Themenfindung oder einer Beschreibung der eigenen Expertise einhergeht, eben nicht darum, eine thematisch un- oder dünn besetzte Nische auszumachen und in dieser zu wachsen. Es geht vielmehr darum, mit der persönlichen, selbst gewählten, zur Identität und zur eigenen Vita passenden Botschaft Erfolg zu haben – und zwar unabhängig davon, wer in der gleichen Branche eventuell dieselben Themen besetzt oder vertritt. Erfolgreich positionierte Persönlichkeiten beanspruchen den Expertenstatus auf dem gewählten Gebiet für sich – ganz gleich, um welches Gebiet es sich handelt und wie viele Wettbewerber in der gleichen Branche unterwegs sind, weil sie eben durch die eigene Persönlichkeit und die Art, wie sie ihre Botschaft vertreten, per se einzigartig und unvergleichlich sind. Wer sich derart positioniert, sich selbst erkennt und aus seiner Mission seine Themen ableitet, hat sich bereits erfolgreich von anderen abgrenzt – ganz ohne sich nach diesen zu richten. Eine derart gewonnene Positionierung dient zugleich als innerer Kompass, als Leitfaden, der zur klaren Grundlage für jede zu treffenden Entscheidung wird: Welche Partner und Mitarbeiter sind die richtigen für mich? Welche Investition ist sinnvoll? Welche Vereine und Berufsverbände? Welcher Lebensstil? Welches soziale oder gesellschaftliche Engagement? Welche aktuellen Anlässe sind es wert, sich dazu zu äußern? Jede kaufmännische, inhaltliche, strategische und taktische Entscheidung wird leichter, klarer und vor allem für sich selbst und andere begründbarer, wenn die Positionierung auf der Eindeutigkeit der eigenen Identität fußt. Sich zu positionieren bedeutet, über sein Leben und sein Business zu entscheiden. Nicht mehr und nicht weniger. Jede andere Art der Positionierung ist nur Arbeit am Image, ein Nachjagen nach Moden und Trends – kurzlebig, nicht nachhaltig und letzten Endes nicht glaubwürdig. Es ist die Frage, ob man andere zum Maßstab machen möchte, sich deren Erwartungen und Ansprüchen anpasst und sich letztlich zum Sklaven des Marktes oder der Branche macht oder ob man seinen Erfolg selbst in die Hand nehmen möchte.

Von der Positionierung zur Marke, mit der Marke zur Wirkung

Wer über eine derartige Positionierung verfügt, kann dann auch seine Markenpersönlichkeit entsprechend aufbauen. Die Selbstinszenierung – auf allen Kanälen – kann beginnen und fällt mit dem schon erwähnten inneren Kompass, den die Positionierung mit sich bringt, entsprechend leicht. Auch die Medien lieben Typen, echte Persönlichkeiten, die etwas zu sagen haben und abweichen vom Mainstream, der überall grassiert. Interessant ist eben nicht der, der sagt, was alle sagen, sondern glaubhaft seine eigene Meinung vertritt, „sein Ding“ macht und schon allein damit Charakter und Persönlichkeit beweist. Das darf, muss vielleicht sogar, etwas provokant sein, anecken und Grenzen austesten. Das soll nicht bedeuten, dass zwanghaft jedes gesellschaftliche und mediale Commitment über Bord geworfen werden soll. Provokation ist kein Selbstzweck. Aber die Konsequenz des eigenen Handelns, das Leben und Präsentieren der eigenen Positionierung in allen Facetten, die klare Kante beim Einbringen, Erklären und eventuell Verteidigen der eigenen fachlichen, gesellschaftlichen und wirtschaftlichen Gedanken und der Mut zur eigenen Meinung, die eben dem eigenen Wesen entsprechen, helfen durchaus, von Medien und Multiplikatoren beachtet zu werden – umso mehr in einer Zeit, in der eine eigene Position zum Luxus geworden zu sein scheint.

Und das ist viel mehr als die oft zitierte Aufforderung, man möge doch authentisch sein. Viel mehr. Das, was uns die übliche Management- und Ratgeberliteratur als Authentizität verschreibt, ist in Wahrheit meist nicht mehr als Mainstream-Anpassung mit pseudo-individueller Note. Erfolgreiche Menschen können es sich in diesem profanen Sinne nicht leisten, authentisch zu sein. Sie müssen vielmehr sie selbst sein und ihr Inneres kultiviert nach außen transportieren – jenseits dessen, was aktuell gewünscht und erwartet wird. Gefragt ist Echtheit und Ehrlichkeit, auch wenn diese mal wehtut und mal nicht mit neuen Freundschaften und Jubelarien verbunden ist. Diese Konsequenz zeichnet wahre Marken aus. Marken, die auch medial stattfinden, die als Interviewpartner gern eingeladen werden, weil sie für etwas stehen und fast wie selbstverständlich eine Art Meinungsführerschaft für sich beanspruchen.

Wie aber entsteht Meinungsführerschaft? Wie kommt es, dass manche Persönlichkeiten aus Politik und Wirtschaft, Gesellschaft oder Sport immer wieder im Fernsehen und in Magazinen auftauchen, teilweise sogar – Aufzeichnungen sei Dank – auf mehreren Kanälen gleichzeitig? Die Antwort klingt banal: Sie sind verlässlich. Verlässlich darin, auskunftsfreudig, eloquent und konsequent in ihren Statements zu sein. Der Journalist weiß schlicht, wen er sich einlädt. Er kann sich darauf verlassen, dass er die Rolle, die ihm allein oder im Konzert mit anderen Talkgästen zugedacht ist, auch gut verkörpert – verkörpert, nicht spielt. Experten sind keine Schauspieler, sie sind vielmehr die, die den Überblick über ein Thema haben, die für Klarheit sorgen und Erklärungen liefern, die den meisten Zuschauern neu sind. Das ist Meinungsführerschaft. Es ist diese Verlässlichkeit, die sich die Medien wünschen, der Wunsch, genau das zu bekommen, was sie erwarten – einen Typen, der keine seichten „Sowohl-als-auch-Aussagen“ macht, der klar ist in seiner Position und Haltung und der den Konflikt mit anderen nicht scheut, so er denn Teil der medialen Inszenierung sein soll – der eigenen oder der des TV-, Radio- oder Zeitungsformats.

Redaktionen und Journalisten agieren schließlich nicht im luftleeren Raum. Sie haben eine Aufgabe zu erfüllen, nämlich ihre Zielgruppe zu informieren, zu unterhalten oder zu etwas zu animieren – nur eben unter den Auflagen vermeintlicher journalistischer Objektivität. Wer dem Journalisten hilft, hier seine Aufgabe optimal zu erfüllen, indem er als Experte in allen Facetten das abliefert, was gebraucht und erwartet wird und was eben zu 100 Prozent auch der eigenen Identität entspricht, wird immer wieder gefragt. Medienarbeit wird zum Perpetuum mobile. Meinungsführerschaft entsteht durch Wiederholung. Glaubhaft wiederholt werden kann aber nur, was man selbst lebt und erlebt. So entsteht ein kongruentes und glaubhaftes Bild einer Marke, die von Redaktionen und Journalisten gerne weiterverbreitet wird.

Der Weg zum Experten: eine Botschaft, viele Themen

Wer also ein- oder zweimal pointiert auffällig und mit verlässlicher Klarheit in den Medien präsent war, kann auch damit rechnen, immer mal wieder eingeladen zu werden zu einem Gastbeitrag oder zu einem Interview. Das wirft eine andere Frage auf: Wie gelingt die Initialzündung. Schließlich ist ja bekanntermaßen aller Anfang schwer. Wer seine Positionierung wie oben beschrieben entwickelt hat, hat schon den ersten entscheidenden Schritt getan: Er hat eine Mission gefunden, die sich idealerweise in einer Botschaft, einer Art Metathema bündeln lässt und werblich in einem Claim zugespitzt werden kann. So ist Lothar Seiwert zu dem führenden Experten zum Thema Zeit geworden. Das Rote Kreuz steht eindeutig und immer für Hilfe, Apple für Design, Angela Merkel für ausgleichende Diplomatie oder der SPD-Politiker Prof. Dr. Karl Lauterbach für ein sozial gerechtes Gesundheitswesen – in dem Sinne, in dem er ein solches selbst definiert. Alle diese Marken, ob Unternehmen, Organisation oder Person, stehen für etwas. Und weil sie für etwas stehen, schränken sie sich ein – oder eben nicht. Denn unter der Botschaft lassen sich viele Themen gestalten, die sich auch tagesaktuell besetzen lassen. Lothar Seiwert kann über die Themen Zeitmanagement, Zeiteffizienz, Lebenszeit. Freizeit, Arbeitszeit, Work-Life-Balance und sogar Glück referieren – er bleibt dabei seiner Botschaft, seiner Linie, seinem Metathema treu und kann so, ohne die eigene Positionierung aus dem Blick zu verlieren, auch in tagesaktuellen Medien präsent sein, immer wieder neue Bücher schreiben und so permanent aktiv und präsent sein. Das Rote Kreuz kann sich zu jeder Art sozialen Engagements äußern: Hilfe für Menschen in der Dritten Welt, Hilfe für Behinderte, für Kranke, für Kinder und Jugendliche in Not, für Alkoholiker und vieles weitere mehr. Apple hat den iPod, das iPhone, das iPad, die Apple-Watch und das MacBook. Die Reihe lässt sich fortsetzen. Eine Positionierung sollte sich also nicht auf ein ganz bestimmtes Thema fokussieren, sondern auf eine Botschaft, die es erlaubt, mehrere Themen zu besetzen und sich immer wieder neu zu erfinden – je nach Zeitgeist und gesellschaftlichem Wandel. Aber Achtung: Der Zeitgeist und die Themen dürfen sich ändern, die eigene Persönlichkeit dabei aber nicht. Dann behält die Marke ihren Wert.

Ergänzend zur Botschaft braucht es eine gute Inszenierung durch sichtbare, sich wiederholende Gesten, Zeichen und Aussagen. Die „Merkel-Raute“ und der „Merkel-Blazer“, die „Karl-Lauterbach-Fliege“, der rote Schal von Walter Momper, dem ehemaligen Regierenden Bürgermeister von Berlin, der gelbe Pullover von Hans-Dietrich Genscher, der rosa Trainingsanzug und das Diadem von Cindy aus Marzahn, das „Alles wird gut“ von Nina Ruge und das „Schau mer mal“ von Franz Beckenbauer – all das sind Markenzeichen, die die Botschaft unterstreichen, das Eigene sichtbar und wiedererkennbar machen und so auf ihre Art auch die Verlässlichkeit unterstreichen. Man bekommt als Journalist, Zuschauer oder Fan eben immer das Gleiche in der Grundaussage, der Botschaft, aber immer etwas Neues je nach Thema.

Der klassische PR-Begriff, der allein darauf setzt, sich regelmäßig mit Pressemeldungen, Fachbeiträgen oder Events zu inszenieren, reicht nicht mehr aus in der heutigen Medienwelt. Trainer, Berater, Speaker, Coaches und andere Know-how-Träger müssen vielmehr lernen, sich zu inszenieren wie Celebrities – mit einem kleinen Spleen und persönlichen Marotten, die die eigene Persönlichkeit unterstreichen helfen.

Gleichwohl ist die klassische PR wichtig, denn sie hilft, Journalisten initial auf die eigene Person und damit die verkörperte Botschaft aufmerksam zu machen. Sich regelmäßig äußern, taktisch tagesaktuell zu passenden Anlässen und strategisch generell zu gesellschaftlichen und wirtschaftlichen Entwicklungen, hilft. Und das in mehrfacher Hinsicht: Die inhaltliche Positionierung wird geschärft, der Journalist und die eigene Fanbase, auch die gilt es zu entwickeln, bekommen einen regelmäßigen Kompetenzbeweis und die vielleicht nur unterschwellige Wahrnehmung, dass dieser Experte präsent ist und viel zu sagen hat. Wer viel publiziert – und hier sind neben Büchern auch Pressemeldungen, Blog- und Fachartikel gemeint –, macht es dem Redakteur leichter, die Einladung gegenüber der Redaktion oder Vorgesetzten zu rechtfertigen. Expertise muss immer wieder aufs Neue bewiesen werden, am Anfang mehr, später immer weniger, weil die mediale Präsenz als solche als Beweis gelten kann.

Selbstinszenierung – konsequent und kongruent

Journalisten haben neben subjektiven Vorlieben auch objektive Entscheidungskriterien. Das sind unter anderem Aktualität und Relevanz, je nach Medium auch Regionalität oder Branchenzugehörigkeit. Besonders wichtig ist hier die Relevanz, denn Aktualität und die anderen Kriterien lassen sich schnell allein durch die Wahl des Themas und die einzelne Formulierung schaffen. Relevanz aber ist etwas, was aufgebaut werden muss wie eine Reputation. Relevanz entsteht zum Beispiel dadurch, mit wem sich eine Person umgibt. Der aktuelle Lebensgefährte einer angesagten Schauspielerin wird gleichsam dadurch für den Boulevard relevant, weil er eben der Lebensabschnittsgefährte ist. Deswegen ist es für Personen-Marken absolut wichtig, in Branchenverbänden mitzuwirken, eigene Bühnen, möglichst mit anderen, prominenteren Kollegen zu bespielen, sich mit Entscheidern aus der eigenen Klientel zu zeigen und immer wieder Anlässe zu schaffen, die für Imagetransfers sorgen. Relevanz entsteht auch dadurch, sich mit anderen Relevanten zu umgeben. Dies ist ein wesentlicher Teil der persönlichen Selbstinszenierung, die eben weit über die klassische PR hinausgeht.

Sich für die Medien attraktiv zu machen, mit und in ihnen zu leben, um so direkt oder indirekt den eigenen Wert zu steigern, ist eine komplexe Aufgabe, die im Grunde auch nie endet.

Die Basis von allem aber ist, sich selbst zu erkennen und die Bühne im Sinne des eigenen Seins zu gestalten. Wer wahrhaft sich selbst inszeniert, wird auch die richtigen Menschen anziehen, die ihn supporten – als Kollege und Partner, als Journalist oder Multiplikator, als Fan oder Kunde. Senden, was einem wichtig ist, was einen ausmacht, immer wieder, konsequent und kongruent, über viele eigene und fremde Kanäle hinweg bringt in Summe den Erfolg. Die eigene Kompetenz, das Fachwissen, ist dabei nur die notwendige Bedingung, die hinreichende ist die permanente Selbstinszenierung. Oder anders gesagt: Die Vermarktung der eigenen Persönlichkeit ist wichtiger als die thematisierten Inhalte.

Oliver Baltes

Oliver Baltes, Jahrgang 1966, wechselte als Diplomchemiker in den pharmazeutischen Vertrieb. Dort erlernte er in 13 Jahren den Verkauf sozusagen von der Pike auf. Angefangen vom einfachen Außendienst entwickelte er sich über das Key Account Management zum Verkaufstrainer. Seit 2010 ist er selbstständig tätig als Systemischer Management Coach (SMC®) und Trainer für Kommunikation und Verkauf. Sein besonderes Augenmerk liegt dabei auf der Kommunikation, denn sie ist für ihn das Medium, das uns Menschen zusammenhält, so wie das Wasser die Fische. Verkauf ist in diesem Sinne für ihn nichts anderes als Kommunikation in Verbindung mit einer expliziten Absicht.

2012 hat er das Institut für Systemisches Coaching und Kommunikationstraining Baltes, kurz ISCKOBAL, in Ingelheim gegründet, das er bis heute leitet. Im Mittelpunkt seiner Arbeit steht stets der Mensch als Individuum. Gemäß dem Motto: „Du kannst machen, was Du willst, solange Du verstehst, was Du tust!" ist es ihm bei seinen Klienten wichtig, dass diese ein genaues Verständnis für ihr eigenes, individuelles Handeln entwickeln. Sein erklärtes Ziel ist es, seinen Klienten nicht nur zu mehr Erfolg in ihrem Handeln, sondern zugleich auch zu größerer Lebenszufriedenheit zu verhelfen.

Mehr dazu erfahren Sie unter
www.isckobal.de

Denn wissen Sie nicht, was Sie tun?

Erfolgreicher Verkauf basiert auf dem Verständnis elementarer Grundlagen!

Verkauf – ein großes Wort für einen vergleichsweise simplen Vorgang, den wir Menschen in seinen Grundzügen vermutlich schon beherrschten, als wir anfingen, auf zwei Beinen zu gehen. Im Lauf der Zeit ist es uns gelungen, diesen Vorgang differenzierter und komplexer auszugestalten, sodass es uns heutzutage zunehmend schwerer fällt, unser intuitiv angelegtes Wissen über diesen Vorgang auch kognitiv zu erfassen und bewusst zur Anwendung zu bringen. Schauen wir uns dazu zunächst einmal drei Situationen an.

Situation A: Da Herr Schmidt noch etwas Zeit hat, betritt er den Zeitschriftenladen des Bahnhofs. Die Verkäuferin hinter dem Tresen blickt kurz auf und nickt ihm zu. Herr Schmidt stöbert in den Tageszeitungen und studiert die Titelseiten. Er fischt seine Geldbörse aus der Tasche und überprüft sein Kleingeld. Dann schüttelt er für sich den Kopf und verlässt den Laden.

Situation B: Der fünfjährige Kai-Uwe hat zum Geburtstag ein neues Fahrrad bekommen. Sein Freund Jens möchte wahnsinnig gerne auch einmal damit fahren und fragt ihn: „Darf ich auch mal mit deinem Rad fahren?“ „Nö, das ist meins“, bescheidet ihm Kai-Uwe. Jens überlegt kurz. „Wenn du mich mal fahren lässt, gebe ich dir einen von meinen Lollis.“ „Also gut“, meint Kai-Uwe, „aber nur eine Runde.“ Jens händigt Kai-Uwe einen seiner Lollis aus und schnappt sich das Rad.

Situation C: Auf dem Weg ins Wahllokal kommt Frau Schumann noch einmal an den ganzen Wahlplakaten vorbei. Im Wahllokal angekommen, lässt sie sich die Unterlagen geben und bezieht eine Wahlkabine. Ihr Entschluss steht fest. Die Kanzlerin ist ihr sympathisch und deren Fernsehauftritte haben Frau Schumann gefallen. Also macht sie ihr Kreuzchen bei der Partei der Kanzlerin.

Was geschieht hier genau und welche der drei Situationen würden Sie mit dem Wort „Verkauf“ assoziieren?

Womöglich haben Sie Sich für Situation A entschieden, da die Wörter „Verkäuferin", „Kleingeld" und „Laden" eine solche Assoziation nahelegen. Dann sind Sie einer bewussten Irreführung aufgesessen, denn Situation A enthält keinerlei Hinweise auf das Stattfinden eines Verkaufs. Anders die Situationen B und C, in denen Verkauf, wenn auch in eher versteckter Form, stattfindet. Was uns zu der Frage bringt: "Was ist eigentlich Verkauf und woran erkenne ich ihn?"

Schauen wir bei Wikipedia[1] nach, so werden uns drei Deutungen angeboten:

- Übereignung einer Sache oder die Übertragung eines Rechts gegen Entgelt im rechtlichen Sinne
- Vertrieb, ein wirtschaftlicher Vorgang
- Persönlicher Verkauf als ein Instrument der Kommunikationspolitik

Nun ja, da stecken schon ein paar interessante Begriffe und Hinweise drin. Doch unsere Frage ist damit noch nicht so richtig beantwortet. Um diesem Dilemma zu entkommen und unseren Klienten das Thema Verkauf transparenter zu machen, hat das ISCKOBAL ein eigenes Verkaufsmodell entwickelt, dass wir uns im Folgenden genauer anschauen wollen. Demnach umfasst Verkauf genau zehn Elemente, genauer gesagt zwei Parteien, einen Gegenstand und sieben Beziehungen zwischen diesen.

Das ISCKOBAL-Verkaufsmodell

Abb. 1: Das ISCKOBAL-Verkaufsmodell

Nehmen wir diese zehn Elemente doch einmal genauer unter die Lupe.

1 Das Produkt

Im Zentrum unseres Modells steht das Produkt. Das Produkt kann ein Gegenstand, eine Dienstleistung oder eine anderweitig definierte abstrakte Sache sein. Das Produkt ist das Kernelement, um das sich der ganze Verkaufsprozess dreht. Es ist dabei inaktiver Teilnehmer des Prozesses, das selbst nicht handelt, sondern nur verhandelt wird. Seine bedeutendsten Eigenschaften sind seine Attraktivität, sein Nutzen und sein Wert. Da diese Eigenschaften subjektiv sind und stark von der Sichtweise der jeweiligen Parteien abhängen, müssen sie stets neu bestimmt und verhandelt werden.

2 Der Verkäufer

Unter der Verkäuferseite verstehen wir diejenige Partei im Verkaufsprozess, die initial über das Produkt verfügt. Generell lassen sich zwei Arten von Verkäufern unterscheiden: der reaktive Typ und der proaktive Typ. Die beiden Typen unterscheiden sich fundamental in ihrer Motivation bezogen auf das Produkt. Der reaktive Typ besitzt das Produkt einfach und muss durch die Nachfrage angestoßen werden, in den Verkaufsprozess einzutreten. Hier ist eindeutig die Nachfrage die treibende Kraft im Prozess.

Der proaktive Typ hingegen handelt einzig und allein aus der Motivation heraus, das Produkt mit Gewinn an den Kunden zu bringen. Er ist gewissermaßen der Motor des Verkaufsprozesses. Er weiß mehr oder minder um seine Aufgaben (die wir gleich noch detaillierter kennenlernen werden), um den Prozess erfolgreich zu gestalten, und erfüllt sie je nach seinen Fähigkeiten. Er stellt das Produkt zur Verfügung und beschäftigt sich mit dem Kunden, um dadurch den Verkaufsprozess zu fordern. Geben wir es ruhig zu. Diesen Typ in unterschiedlich penetranter Ausprägung haben die meisten von uns vor Augen, wenn wir an Verkäufer oder Verkauf denken. Dabei sollten wir nicht in die Falle tappen, den Verkauf nur als verkäuferzentrierte Veranstaltung zu sehen. Viele Verkäufer würden das zwar mit Überzeugung so vertreten, aber damit doch nur eine Einschätzung verstärken, die letzten Endes Verkäufer mit Tätern und Kunden mit Opfern gleichsetzt. Diese Ansicht wird dem Anforderungsprofil der Verkäufer jedoch nicht gerecht. Zumal es auch noch andere Sichtweisen gibt, wie wir gleich sehen werden.

3 Der Kunde

Die Kundenseite ist der natürliche Gegenpart der Verkäuferseite. Das Interesse des Kunden und sein Wunsch nach dem Produkt ist für gewöhnlich die Initialzündung, die den Verkaufsprozess ins Rollen bringt. Sicher haben Sie auch schon Sprüche gehört wie „bei uns ist der Kunde König" oder „der Kunde steht im Mittelpunkt". Was bedeutet das und woher kommt das? Genau genommen sind diese Sprüche nur Ausdruck dafür, dass der Kunde der alleinige Entscheider im Verkaufsprozess ist. Er trifft die Kaufentscheidung. Angefangen bei der Auswahl von Produkt und Verkäufer ist der Kunde jederzeit frei zu entscheiden, ob und in welchem Umfang er kauft. Er trifft diese Entscheidungen anhand seines Motivationssystems, seiner Bedürfnisse und Wertmaßstäbe und legt damit gewissermaßen die Regeln fest, nach denen der jeweilige Verkaufsprozess zu laufen hat. Dies verschafft dem Kunden einen gehörigen Einfluss auf den Verkaufsprozess. Besonders gut ist das an einem Extremfall zu erkennen, wenn nämlich der Kunde zum Einkäufer mutiert und damit dem Verkäufer den Status eines Lieferanten zuweist. In diesem Fall kommt es zu einem Verschwimmen der beiden Rollen bzw. fast zu einer Umkehrung.

4 Der Bedarf

Der Bedarf kennzeichnet die Beziehung vom Kunden zum Produkt. Er spiegelt die Intensität wider, mit der der Kunde nach dem Produkt strebt. Er ist damit ein zentrales Element des Verkaufsprozesses. Der Bedarf ist mit einer Triebfeder zu vergleichen, die den Kunden dazu bringt, in den Verkaufsprozess einzusteigen. Insofern ist er als echtes K.O.-Kriterium anzusehen, da ein fehlender Bedarf den Verkauf von Kundenseite genauso zuverlässig unterbindet wie ein nicht vorhandenes Produkt auf der Verkäuferseite. Wir können den Bedarf daher auch als eine emotionale Prägung des Kunden auf das Produkt verstehen.

5 Das Angebot

Das Angebot bezeichnet die Beziehung zwischen Verkäufer und Produkt. Mit dem Angebot teilt der Verkäufer mit, dass er bereit ist, das Produkt zur Verfügung zu stellen. Idealerweise steckt er damit gleichzeitig auch noch die Konditionen ab, unter denen er dazu bereit ist. Besonders förderlich ist natürlich, wenn das Angebot auf einen bestehenden Bedarf trifft.

Eiswürfel wären in der Antarktis schier unbegrenzt anzubieten, aber es gibt keinen Bedarf dort, genauso wie in den Wüstenregionen unserer Erde ein enormer Bedarf an Wasser besteht, doch leider das Angebot hier recht spärlich ist.

6 Der Transfer

Im Laufe des Verkaufsprozesses wechselt das Produkt von der Verkäuferseite auf die Kundenseite. Dieser Vorgang inklusive des Übergangs der Eigentums- und Nutzungsrechte auf den Kunden wird durch den Transfer repräsentiert. Die juristischen Details dieser Übertragung sind entweder durch geltendes Recht abgedeckt oder durch einen speziellen Vertrag geregelt und spielen in unserer Betrachtung keine weitere Rolle. Wir kennen den Begriff des Transfers von einem analogen Vorgang aus der Welt des Fußballs, wenn ein Spieler von einem Verein zu einem anderen Verein wechselt. In diesem Fall ist quasi der Fußballspieler bzw. seine sportlichen Leistungen das Produkt. Der Transfer bestätigt also dem Kunden, dass er von nun an über das Produkt verfügen kann.

7 Die Nachfrage

Angefangen bei der Nachfrage kommen wir nun zu den vier Beziehungen bzw. Aktionen, die Kunde und Verkäufer verbinden. Mit der Nachfrage teilt der Kunde dem Verkäufer seinen Bedarf mit. Sie ist gleichzeitig die wichtigste Gestaltungsmöglichkeit, die der Kunde hat, um aktiv auf den Verkaufsprozess einzuwirken. Denn er legt nicht nur Zeitpunkt sowie Art und Weise der Nachfrage fest, sondern wählt auch noch den oder die Verkäufer aus, an die er die Nachfrage richtet. Besonders ausgeprägt ist das beim Online-Shopping zu sehen. Hier werden die Produkte der Online-Anbieter (Verkäufer) in virtuellen Schaufenstern ausgestellt und es obliegt einzig und allein dem Kunden, wann und auf welcher Online-Plattform er sich um das jeweilige Produkt bemüht. Für den Verkäufer erwächst daraus natürlich die Aufgabe, sehr genau auf diese Nachfrage zu achten. Denn sie gibt ihm wichtige Hinweise für sein Angebot. Ist es doch eine Binsenweisheit, dass Angebot und Nachfrage den Wert eines Produktes und damit letztendlich den Preis definieren. Trotzdem wird dieser Punkt erstaunlicherweise von vielen Verkäufern noch immer gering geachtet, die sich vornehmlich mit den Eigenschaften ihres Produktes beschäftigen, anstatt ähnlich wie beim aktiven Zuhören[2] die Nachfrage und damit den Bedarf ihres Kunden auszuloten. In dem schon angesprochenen Fall, dass der Kunde zum Einkäufer wird, ebenso wie auf Auktionen und Versteigerungen enthält die Nachfrage als zusätzliches Element noch ein Gebot. Dies kann als ganz klares Bestreben des Kunden angesehen werden, aktiv auf das Angebot einzuwirken. Wir erleben hierbei einen Verkäufer, der sowohl proaktiv als auch reaktiv handeln muss. Denn mit einem Gebot wird die Entscheidung auf den Verkäufer übertragen, ob er in seinem Angebot auf die vorgeschlagenen Konditionen eingeht und verkauft oder nicht.

8 Die Verkaufsatmosphäre und Beziehung

Die Verkaufsatmosphäre ist gleichsam der Gesamtrahmen, in den der Verkaufsprozess eingebettet ist. Obwohl generell beide Parteien dazu beitragen können, wird die Verkaufsatmosphäre und vor allem die Beziehungsgestaltung vorrangig als Aufgabe des Verkäufers angesehen. Da Kunden vereinfacht gesagt nur dann kaufen, wenn sie sich wohlfühlen, ist die Herausforderung für die Verkäuferseite, dieses Wohlgefühl beim Kunden zu erzeugen. Dabei können eine ganze Reihe von Einflussfaktoren eine Rolle spielen.[3,4] Angefangen von der Persönlichkeitsstruktur des Kunden über die Person und das Verhalten des Verkäufers bis hin zum Umfeld, in dem der Verkaufsprozess abläuft, fließen viele Dinge in die Verkaufsatmosphäre ein. Zu diesen Punkten gibt es auch eine Unmenge an Untersuchungen und Literatur, sodass wir hier nur die wichtigsten Punkte anreißen werden. Da ist zunächst einmal die Beschäftigung mit dem Kunden. Was für ein Persönlichkeitstyp[5] ist er, was ist ihm wichtig und was treibt ihn an, in den Verkaufsprozess einzusteigen. Je genauer ein Verkäufer diese Fragen beantworten kann, umso besser kann er auf den Kunden und seine spezifischen Bedürfnisse eingehen. Eine Taktik, die sich der sogenannte Guerilla-Verkäufer[6] zu eigen macht. Damit sind wir schon bei der Person des Verkäufers. Was nimmt ein Kunde denn unmittelbar wahr vom Verkäufer? Sein Aussehen, seine Kleidung, seine Haltung und Bewegungen, seine Gestik und Mimik, den Klang seiner Stimme und idealerweise in nur begrenztem Maß seinen Geruch.[3] Letzteres wurde mir selbst kürzlich wieder sehr deutlich, als ich in einem Supermarkt einkaufen wollte, in dem offensichtlich gerade saure Milch verschüttet worden war. Meine gesamte Kaufmotivation war mit einem Schlag nahezu ausgelöscht. Denn aus all diesen Sinneseindrücken bildet sich, wie wir wissen, der Kunde innerhalb von Sekundenbruchteilen ein Urteil, welches, einmal gefällt, nur mit Mühe zu revidieren ist. Die Weisheit, dass der erste Eindruck entscheidend ist, gilt für Verkäufer also in besonderem Maße. Schließlich leistet auch die Ausgestaltung des Ortes, an dem sich Kunde und Verkäufer begegnen, einen wenngleich auch bescheideneren Beitrag. Sowohl Licht, Luft, Farben und Geräuschpegel als auch Aussehen und Komfort des Mobiliars können das Wohlbefinden der beiden Verkaufsparteien ebenso fördern wie beeinträchtigen. Eine vorhandene Bewirtung übt ebenfalls einen weiteren Einfluss auf beide Parteien aus.

Oberste Maxime für die Beziehungsgestaltung – und das unabhängig von der Dauer der Geschäftsbeziehung – sind Herstellung und Aufbau von Vertrauen. Denn, da sind sich die Untersuchungen weitgehend einig, die Verkaufsatmosphäre und die Beziehung zwischen Kunde und Verkäufer machen etwa 75 – 80 % der Kaufentscheidung aus.[3] Anhand dieser Zahlen ist es für mich immer wieder erstaunlich, wie viele Verkäufer sich über diese Punkte kaum Gedanken machen.

9 Information und Werbung

Somit verbleiben für Information und Werbung maximal 20 – 25 % an der Kaufentscheidung. Dennoch ist dies noch immer die Königsdisziplin vieler Verkäufer. Da habe ich die ehemaligen Vertriebskollegen vor Augen, die für jedes Ausweichmanöver des Kunden noch ein Produktargument parat hatten und hinterher völlig fassungslos waren, wenn der Kunde wieder mal nicht gekauft hatte. Natürlich ist es wichtig und richtig, über das Produkt zu informieren und es bekannt zu machen. Das ist ja genau die Aufgabe von Information und Werbung. Doch uns muss klar sein, dass reine Information und Sachargumente lediglich unser rational-bewusstes Denken ansprechen. Und das macht nun mal nur 10 – 15 % unseres Denkens und Entscheidens aus. Der überwältigende Rest läuft im Unterbewusstsein ab, ob uns das nun gefällt oder nicht. Welchen Stellenwert die Information in manchen Geschäftsbereichen heutzutage genießt, weiß jeder, der in einem der großen Elektrofachmärkte einmal versucht hat, eine Information zu bekommen, die über die Angabe von Hersteller und Preis hinausgeht. Hier tritt die Werbung in den Vordergrund, die versucht, uns Produkte über Markenbilder und Emotionen im Unterbewusstsein zu verankern.

10 Bezahlung bzw. Gegenleistung

Natürlich ist Verkauf keine Einbahnstraße. Nach all den Leistungen, die der Verkäufer erbringt, indem er das Produkt bereitstellt, sich um Verkaufsatmosphäre und Beziehung kümmert, Werbung für das Produkt macht und darüber informiert, ist es nun am Kunden, einen Ausgleich dafür zu schaffen. Dieser Ausgleich erfolgt zumeist in Form einer Bezahlung oder Gegenleistung, je nachdem, was zwischen den Parteien vereinbart wurde, und ist die Handlung, die den Verkaufsprozess formal abschließt.

Fazit

Die vorgestellten zehn Punkte sind, wenn auch in unterschiedlicher Ausprägung, in jedem Verkaufsprozess enthalten und essenziell wichtig. Fehlt nur einer dieser Punkte, kommt es in aller Regel zu einer empfindlichen Störung bzw. der Verhinderung des Prozesses. Sie können somit als Checkliste dienen bei der Frage, ob es sich bei einem Vorgang um Verkauf handelt oder ob alles für einen erfolgreichen Verkauf erfüllt ist. Auf jeden Fall dienen sie dem Verständnis darüber, was im Einzelnen zum Verkauf gehört und was an welcher Stelle von den handelnden Parteien erwartet wird. Mit diesem Rüstzeug können wir uns noch einmal den eingangs beschriebenen Situationen zuwenden.

Wir erkennen, dass in Situation A kein Verkauf vorliegt, da kein Transfer stattfindet und somit auch keine Bezahlung erforderlich wird. Vermutlich besteht noch nicht einmal ein Bedarf, denn auch die Nachfrage ist als solche kaum zu erkennen.

Hingegen kann Situation B durchaus als Verkauf gewertet werden. Das Produkt ist hierbei die einmalige Benutzung des Fahrrads und Kai-Uwe muss zu einem „Angebot“ zwar auch erst überredet werden. Doch sind ansonsten alle Elemente des Verkaufs vorhanden. Information und Werbung müssen hier nicht groß betrieben werden, da das neue Rad für sich spricht. Als Verkaufsatmosphäre und Beziehung reicht das Zusammentreffen der beiden Freunde aus.

In Situation C liegt ebenfalls ein Verkauf, in diesem Fall mehr ein Einkauf vor, nur ist der recht diffizil geartet. Das Produkt ist die Wählerstimme von Frau Schumann. Kunde ist die politische Partei, die einen Bedarf an dieser Stimme hat und diese aktiv nachfragt. In der Nachfrage ist als Gebot das Versprechen enthalten, eine gute Regierung zu stellen. Diese Absichtserklärung ist gleichzeitig auch die Gegenleistung, mit der die Stimme eingekauft wird. Ob das Versprechen letztendlich erfüllt wird, steht auf einem anderen Blatt. Weiterhin ist in dieser Situation zu erkennen, dass Frau Schumann als reaktive Verkäuferin auf einen sehr aktiven Kunden trifft, der von sich aus für Verkaufsatmosphäre, Information und Werbung sorgt. Denn all das ist unter dem Wort „Wahlkampf" zusammengefasst. Dieser hat immerhin dafür gesorgt, dass Frau Schumann die Kanzlerin sympathisch findet, und die Wahlplakate haben sie noch einmal daran erinnert. So macht sie ihr Kreuzchen, das hierbei den Transfer symbolisiert.

Wir sehen also, dass wir mit diesem Modell jede Situation schnell bewerten können und Verkaufsprozesse zielsicher detektieren. Wenden Sie dieses Wissen doch einmal auf verschiedene Situationen Ihres Alltags an. Sie werden staunen!

Quellennachweise:

[1] Wikipedia freie Enzyklopädie unter: http://de.wikipedia.org/wiki/Verkauf [Stand 13.03.2015]

[2] vgl. Simon, Walter: Grundlagen der Kommunikation. 5.Auflage, GABAL Verlag, Offenbach 2009

[3] Häusel, Hans-Georg: Topseller 1. Auflage, Haufe-Lexware GmbH & Co KG, Freiburg 2015

[4] Hoter, Thomas; Ausgewählte intrapersonale Einflussfaktoren auf das Kaufverhalten am Point of Sale und ihre Veränderung mit zunehmendem Alter, 1. Auflage, Grin Verlag GmbH, Norderstedt 2013

[5] Rosner, Ludwig: Menschenkenntnis für Verkäufer, Gabler Verlag, 1994

[6] Levinson, Jay C./Gallagher, Bill/Wilson, Orvel R.: Guerilla Verkauf, 1. Auflage, Wilhelm Heyne Verlag GmbH & Co. KG, München 1998

Felix Beilharz

Felix Beilharz ist „einer der bekanntesten Experten für Online-Marketing" (Rhein Main Presse).

Seine Leidenschaft für den Verkauf und das Marketing im Internet zeigte sich bereits vor und während seines Studiums, das er sich mit dem Aufbau, Betrieb und Verkauf verschiedener Online-Projekte finanzierte. Verschiedene Stationen im In- und Ausland führten schließlich dazu, dass er nach seinem Abschluss als Diplom-Wirtschaftsjurist einige Jahre als Projektleiter Online-Marketing im Deutschen Institut für Marketing arbeitete. Dort beriet und schulte er unterschiedlichste Unternehmen in allen Fragen des digitalen Marketing.

Seit 2011 arbeitet er selbständig als Trainer, Speaker und Berater. Seine Spezialthemen umfassen dabei das Social Media Marketing, die Suchmaschinenoptimierung sowie das effiziente Zusammenspiel der verschiedenen Online-Marketing-Kanäle.
Als Speaker tritt er auf Kundenveranstaltungen, Verbandstagungen oder Kongressen in ganz Europa auf. Auf nahezu allen relevanten Fachkonferenzen der Online-Branche im deutschsprachigen Raum war er bereits als Referent tätig.
Seine Erfahrung gibt er in verschiedenen Lehraufträgen an Studenten weiter. So unterrichtet er unter anderem Social Media Marketing an der FH Köln, der Hochschule Fresenius und der Hochschule Würzburg-Schweinfurt.

Felix Beilharz ist Autor von zehn Büchern und Buchbeiträgen sowie mehreren Dutzend Artikeln und Kolumnen in Publikums- und Fachmagazinen. Seine Expertise wird regelmäßig von Medien wie RTL, dem Handelsblatt, DRADIO oder Deutsche Welle genutzt.

www.felixbeilharz.de

Online-Marketing: Bestandsaufnahme und Trends

Kaum ein Teilbereich des Marketing- und Vertriebssektors hat sich in den letzten Jahren so schnell und stark verändert wie das Online-Marketing. Dahinter steht eine rasante technologische Entwicklung, die ständig neue Kanäle, Geräte und Prozesse ermöglicht. Unternehmen fällt es da zunehmend schwer, auf dem Laufenden zu bleiben. In vielen Unternehmen erhielt die Website als Marketinginstrument erst in den letzten Jahren überhaupt eine relevante Rolle, und schon gilt sie durch die mittlerweile überwiegend mobile Internetnutzung schon wieder als ungeeignet.

In diesem Kapitel findet daher eine Bestandsaufnahme der aktuell wichtigsten Online-Marketing-Maßnahmen statt. Nach der Lektüre wissen Sie, was Sie tun und wo Sie sich aktuell engagieren sollen. Und schließlich auch, wo die kommenden Trends liegen werden, worauf Sie sich also einstellen sollten.

Status quo im Online-Marketing

Wenn Sie sich bisher auch nur ansatzweise mit Online-Marketing beschäftigt haben, ist Ihnen sicher der Begriff „Web 2.0“ über den Weg gelaufen. Dahinter verbergeben sich die sozialen und interaktiven Anwendungen, die sich in den letzten zehn Jahren im Netz etabliert haben. Statt einfach nur Websites anzubieten, engagieren sich Unternehmen heute auf Social Media Plattformen, diskutieren mit ihren Kunden in Foren, stellen sich den Nutzerkommentaren in Blogs, produzieren Videos und Podcasts und bieten interaktive Anwendungen zur Nutzung an.

Mittlerweile sind wir noch einen Schritt weiter. Die folgenden drei Begriffe bezeichnen die aktuellen Entwicklungsschritte im Internet. Sie stellen eine mehr oder weniger willkürliche Auswahl aus der umfassenden Begriffswelt des Internets dar, decken aber recht gut ab, worüber die Online-Branche gerade spricht.

Web 3.0

Nach 2.0 kommt logischerweise irgendwann 3.0. Hier gehen die Meinungen stark auseinander, was darunter zu verstehen ist. Während manche unter dem Web 3.0 das „semantische Internet" verstehen (also Anwendungen, die in der Lage sind, Sprache zu verstehen und entsprechend damit umzugehen, statt nur einfache Wortbeziehungen auszuwerten), sehen andere eher das mobile Internet als die dritte Generation an. Die Wahrheit liegt wahrscheinlich irgendwo dazwischen. Auf jeden Fall spielt die enorme Menge an verfügbaren Daten und ihre effektive Nutzung (Big Data) eine entscheidende Rolle im Online-Marketing der Zukunft.

SoLoMo

Ein Begriff, der die neuen Nutzungsgewohnheiten schön zusammenfasst, ist das Akronym „SoLoMo". Dahinter verbergen sich die Begriffe Social, Local und Mobile. Es geht also um die Verknüpfung zwischen Social-Media-Anwendungen, lokalen Diensten und mobiler Nutzungsweise.

Wenn ein typischer SoLoMo-Nutzer zum Beispiel in einer fremden Stadt ist, holt er erst einmal sein Smartphone raus (Mobile) und fragt seine Facebook-Freunde (Social), wo man denn in der Nähe gut essen gehen könne (Local). Oder er prüft vor dem Besuch eines neuen Frisörs (Local) auf seinem Tablet (Mobile) die Kundenbewertungen bei Yelp (Social).

So oder so ähnlich verhalten sich unbewusst immer mehr Menschen. Sie würden sich nicht als „SoLoMos" bezeichnen, haben den Begriff wahrscheinlich noch nie gehört. Und trotzdem ist das mittlerweile Teil ihres Alltags geworden.

Second / Multiple Screen

Schließlich spielt auch die Nutzung verschiedener Endgeräte eine entscheidende Rolle sowohl im Alltag der Menschen als auch in der Marketinglandschaft. Der deutsche Onliner verfügt im Schnitt über 2,4 internetfähige Endgeräte. Neben PC, Smartphone und Tablet zählen dazu immer häufiger auch Smartwatches, Wristbands oder sogar Datenbrillen.

Uns Marketer stellt diese Gerätevielfalt vor eine Vielzahl von Herausforderungen. Zum einen lässt sich der Weg des Nutzers nur schwer nachvollziehen („Customer Journey Tracking"). Wenn ein Nutzer zum Beispiel morgens in der Bahn mit dem Smartphone eine Website aufruft und diese dann abends am heimischen Rechner erneut besucht, wird er in herkömmlichen Tracking-Systemen als zwei Nutzer ausgewertet. Das verfälscht natürlich alle Auswertungen und macht eine realistische Erfolgsmessung schwierig. Lösungsansätze hierfür werden vor allem in der eindeutigen Identifizierung mittels Login gesucht (Social Networks zum Beispiel können sehr genau nachvollziehen, wo sich ihre Nutzer im Netz aufhalten, selbst wenn sie mit verschiedenen Geräten unterwegs sind).

Zum anderen steigt mit zunehmender Geräteanzahl auch die Parallelnutzung. Das führt sowohl zu neuen Chancen (Verknüpfung der Kanäle) als auch zu Nachteilen (sinkende Aufmerksamkeit im einzelnen Kanal). Das lässt sich sehr gut am Beispiel TV-Werbung zeigen.

Die so genannte „Second Screen-Nutzung", also das parallele Nutzen von Smartphone oder Tablet während des Fernsehens, gehört mittlerweile vor allem bei Jugendlichen zum Standard. Studien sprechen von 56 % der Online-Nutzer, die zumindest hin und wieder zeitgleich zum Fernsehen andere Internetgeräte benutzen.

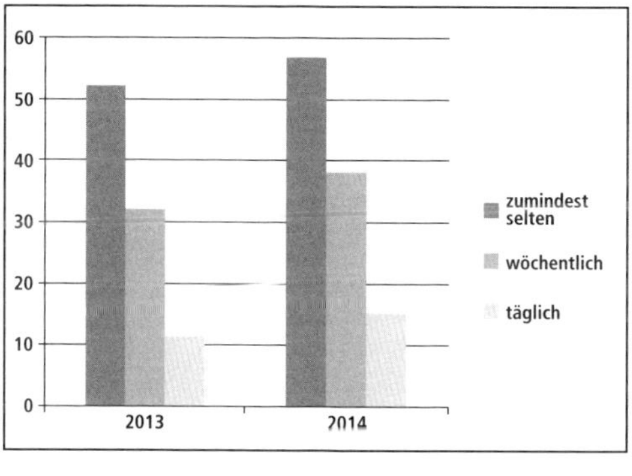

Abbildung 1: Parallelnutzung von Internet und TV in Deutschland

Das bedeutet, diese Nutzer prüfen zum Beispiel Inhalte, die sie gerade im Fernsehen sehen, sofort online nach oder unterhalten sich mit anderen Zuschauern über Social Media Plattformen. Gleichzeitig schenken sie TV-Werbung viel weniger Aufmerksamkeit als früher, da die Ablenkung in Form des Tablets oder Smartphones nur einen Handgriff entfernt liegt.

Wer heute TV-Werbung schaltet oder sein Unternehmen bzw. seine Produkte im redaktionellen Umfeld präsentiert, sollte unbedingt daran denken, das online aufzugreifen. Dazu gehören zum Beispiel Anzeigenschaltungen in Suchmaschinen (zu Markennamen, aber auch zu Begriffen, die im TV-Spot genannt werden, und zu generischen Begriffen, nach denen Zuschauer suchen könnten), in Social Media (vor allem Twitter und Facebook) sowie das Vorhalten entsprechender Infoseiten und Landingpages, auf denen Zuschauer mehr über die TV-Inhalte erfahren können.

Content Marketing

Während die ersten drei Begriffe vor allem Nutzungsweisen und technologische Veränderungen des Internets beschreiben, geht es beim Content Marketing vor allem um ein Umdenken in den Köpfen der Marketer. Der Grund dafür ist einfach: Durch immer stärkeren Werbedruck wird die einzelne Werbebotschaft immer weniger wirksam. Kunden werden „blind" für Werbung und schenken Werbung immer weniger Vertrauen.

Content Marketing soll den Ausweg aus diesem Dilemma ebnen. Anstatt mit Werbebotschaften soll mit Inhalten überzeugt werden. So veröffentlichen Unternehmen im Internet zum Beispiel How-to-Videos, Ratgeber-Artikel, E-Books, Whitepaper und Blogbeiträge oder veranstalten Webinare. Offline sind vor allem Events als Content-Marketing-Instrument beliebt. Unternehmen werden dadurch immer mehr zu Medienschaffenden. Und in vielen Fällen steht die Reichweite, die ein Unternehmen mit Online-Content erzielen kann, den Massenmedien in Nichts nach.

Selbstverständlich löst auch das Content Marketing nicht alle Probleme des Marketing. Es stellt jedoch aus den unterschiedlichsten Gründen eine wichtige und notwendige Ergänzung oder sogar Grundlage der Online-Marketing-Maßnahmen dar. Gerade Social Media Marketing und Suchmaschinenoptimierung funktionieren heute nicht mehr ohne strategisches und speziell zugeschnittenes Content Marketing.

Suchmaschinenoptimierung (SEO)

Die Suchmaschinenoptimierung (engl. Search Engine Optimization) genießt in den Medien einen relativ schlechten Ruf. Und das nicht zu Unrecht. Viel zu lange bestand SEO aus Tricksereien und Methoden, die häufig schon an Betrug grenzten. Da wurden Texte vor dem Nutzer versteckt, Links ge- und verkauft oder sogar speziell für Suchmaschinen erstellte Seiten genutzt, die der „normale“ User nie zu Gesicht bekam. Jahrelang hat das auch gut funktioniert.

Leider, oder zum Glück, ist Google in den letzten Jahren sehr viel schlauer geworden. Mit einigen großen (vor allem „Panda“ und „Pinguin“) und vielen kleinen Updates des Suchalgorithmus wurden nach und nach die allermeisten Lücken und Hintertürchen geschlossen. Auffällige Linkstrukturen werden heute automatisiert oder manuell abgestraft, versteckte Texte funktionieren schon lange nicht mehr, Brückenseiten und ähnliche Verschleierungstechniken führen ebenfalls zu einer Abstrafung.

Nun ist Suchmaschinenoptimierung das, was sie eigentlich immer schon hätte sein sollen: echtes Marketing. Keine technischen Tricks mehr, sondern die Notwendigkeit hochwertiger Inhalte auf hochwertigen Websites.

Das betrifft zum einen die Inhalte. Früher arbeitete man mit der so genannten „Keyword-Dichte“. Man ging davon aus, dass ein bestimmter Begriff einen bestimmten Prozentsatz des Textes ausmachen sollte. Also wurde der Begriff eben entsprechend oft wiederholt, was oft zu völlig unleserlichen Texten führte.

Heute weiß man: Google achtet viel mehr auf die semantische Sinnhaftigkeit der Inhalte. Das macht die Suchmaschine unter anderem an dem Vorkommen von „beweisenden“ Begriffen fest. Ein Text, in dem zwar zigmal das Wort „Abnehmen“ vorkommt, aber nie die Begriffe „Diät“, „dick“, „schlank“ oder „Sport“, kann wahrscheinlich nicht sehr relevant sein. Solche Zusammenhänge kann die Suchmaschine mittlerweile problemlos herstellen. Schreiben Sie also wieder Texte, die für den Leser optimiert sind. Und beschreiben Sie Inhalte ausführlich und umfangreich, wann immer das sinnvoll ist. Je mehr „Futter“ die Suchmaschine bekommt, desto besser.

Einen großen Schritt in die richtige Richtung ist Google gegangen, als das Nutzerverhalten als Rankingfaktor eingeführt wurde. Früher war es völlig egal, ob oder wie oft Nutzer auf einen Suchtreffer klicken, wie viele Seiten sie sich dann ansahen und was sie danach taten. Seit dem vieldiskutierten „Panda“-Update ist das nicht mehr der Fall. Vor allem die Klickrate auf das Google-Suchergebnis, die daran anschließende Verweildauer auf der Website sowie die Rücksprungrate zu Google spielen eine wichtige Rolle. Wie passend kann ein Suchtreffer sein, auf den nie jemand klickt? Und wie gut oder relevant kann eine Website sein, von der alle Nutzer gleich wieder zurück zu Google springen und dort einen anderen Treffer anklicken?

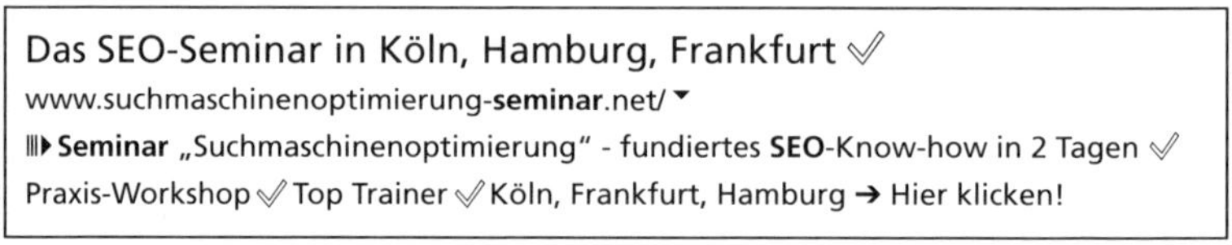

Abbildung 2: Auffällige Gestaltung der Suchtreffer steigert die Klickrate und damit das Ranking

Das Wissen um diesen neuen Rankingfaktor stellt Unternehmen gleich vor eine Vielzahl von Herausforderungen. Damit Nutzer nicht gleich wieder abspringen, muss

- das Design der Website seriös, vertrauenserweckend, sympathisch und kompetent wirken,
- die Ladezeit entsprechend schnell sein, da schon Zehntelsekunden über Verbleib oder Absprung entscheiden,
- die Nutzerführung und Usability erstklassig sein,
- der Inhalt der Seite zum Verweilen, Weiterlesen oder sogar Weitererzählen anregen.

SEO ist heute also eng mit Webdesign, Usability, Webhosting, Programmierung, Texten und weiteren Disziplinen verknüpft.

Das wird auch deutlich, wenn wir uns den zweiten großen Bereich der Suchmaschinenoptimierung ansehen. Von Anfang an bezog Google die Verlinkung einer Website in das Ranking mit ein. Je mehr Links von anderen Seiten auf eine Website zeigen, desto wichtiger wird diese wohl sein und desto höher sollte sie daher auch im Ranking auftauchen. Aus dieser einfachen, aber genialen Idee erwuchs leider schnell eine rege Linkkauf-Industrie mit Milliardenumsätzen. Anstatt sich Links durch hochwertige Inhalte zu verdienen, wie es eigentlich von Google vorgesehen war, kauften, tauschten, hackten oder erschlichen sich Webmaster auf die unterschiedlichsten Weisen Links im großen Stil.

Dagegen geht Google seit dem „Pinguin"-Update 2012 verstärkt vor. Nach Manipulation aussehende Linkstrukturen können heute schnell in einen Filter bzw. zur Abstrafung führen. Fast alle konventionellen Methoden des so genannten Linkbuildings funktionieren heute nicht mehr.

Was funktioniert dann noch? Nun, PR und Marketing. Das Knüpfen von Pressekontakten hilft, Verlinkungen aus Medienberichten zu generieren.

Das Bereitstellen hochwertiger Inhalte sowie das Bekanntmachen dieser Inhalte führt zu Links aus Medien, Portalen, Blogs oder anderen Websites. Hier sind wir wieder beim Stichwort „Content Marketing" angelangt.

Suchmaschinenoptimierung ist also keine technische Spielerei mehr, kein „Nice to have", was an den sprichwörtlichen „Neffen vom Chef" abgegeben werden kann. Vielmehr ist SEO ein integraler Bestandteil aller Marketingbemühungen und sollte auch so behandelt werden.

Social Media Marketing

In fast alle Branchen sind die sozialen Medien mittlerweile vorgedrungen. Das merke ich auch daran, welche Branchen mich für Vorträge buchen: Großhändler im Laborwesen, Gewerbeimmobilien, Maschinenbau oder Eisenhandel sind mittlerweile eher Standard als Exoten. Wie intensiv und professionell die sozialen Medien in solchen Branchen bereits tatsächlich genutzt werden, steht natürlich auf einem anderen Blatt.

Bei den Unternehmen, die Social Media aktiv und gezielt einsetzen, lassen sich vor allem zwei Trends erkennen.

Zum einen findet eine Rückbesinnung auf eigene Kanäle statt. Das ist auch durchaus sinnvoll, denn Fremdkanäle wie Twitter, Facebook oder YouTube unterliegen nun mal nicht der Kontrolle des sie nutzenden Unternehmens. Es handelt sich um Wirtschaftsunternehmen, die ihre eigenen Interessen verfolgen und eigene Regeln aufstellen. Was das für Unternehmen bedeuten kann, wird gerade am Beispiel von Facebook deutlich. Mehrmals hat Facebook in den letzten Jahren die Reichweite von Unternehmensseiten eingeschränkt. Von heute auf morgen erreichten Unternehmen ihre mühsam aufgebauten Fans dann nur noch zu einem kleinen Prozentsatz. Der Ausweg bestand und besteht natürlich im Schalten von bezahlten Werbeanzeigen.

Aber auch bezüglich der Inhalte, der Gestaltung und weiterer Faktoren sind Unternehmen auf Drittkanälen eingeschränkt. So verbietet Facebook zum Beispiel zu viel „nackte Haut" (was im Übrigen sehr weit ausgelegt wird) und bestimmte Formen der Werbung. Beiträge werden teilweise ohne Begründung gelöscht. Einen Kundenservice, bei dem Rückfragen möglich waren, gibt es nur für größere Anzeigenkunden. Und schließlich kam es bereits häufiger vor, dass Facebook ganze Seiten ohne Vorwarnung und Begründung gelöscht hat, was Unternehmen schlagartig vor enorme Probleme stellt.

Solche Restriktionen führen dazu, dass Unternehmen zusätzlich zu den Social-Media-Kanälen wieder verstärkt auf eigene Kanäle setzen. Gerade Blogs erleben aktuell eine Renaissance. Hier bestehen keine Einschränkungen Dritter, alle Inhalte unterliegen der eigenen Kontrolle und können nach Belieben genutzt werden. Auch eigene Social Networks, Foren und Communities sind wieder im Kommen.

Die zweite große Entwicklung ist eine Zersplitterung in viele Kanäle. Lange Zeit hat es für viele Unternehmen genügt, sich auf Facebook zu engagieren. Und sicher stellt Facebook immer noch das wichtigste, weil reichweitenstärkste Social Network dar. Und trotzdem nutzen die meisten Kunden heute mehr als einen Kanal. Unternehmen müssen, wollen sie im Online-Alltag der Kunden wahrgenommen werden, meist mehr als einen Kanal bespielen. Gerade audiovisuelle Plattformen wie YouTube, Instagram oder Pinterest spielen eine zunehmend wichtige Rolle.

Ein Social Media Mix könnte zum Beispiel so aussehen:

- Blog als Mittelpunkt und Content-Plattform
- Facebook und Twitter als Traffic-Kanäle und Service-Plattform
- YouTube zur Veröffentlichung der Video-Inhalte (die dann in den Blog eingebettet werden)
- XING und LinkedIn zur Ansprache von Geschäftskunden sowie für das Arbeitgebermarketing
- Instagram für das visuelle Branding und zur Kommunikation mit jüngeren Zielgruppen.

Das ist natürlich nur ein Beispiel und muss individuell und strategisch auf Ihr Unternehmen zugeschnitten werden. Das Beispiel zeigt aber schon die Herausforderung, der sich Unternehmen heute gegenübersehen.

Und diese Herausforderung wird nicht kleiner, wenn vor allem Chat-Applikationen wie WhatsApp, Snapchat oder Line in den Marketing-Mix Einzug halten. Gerade WhatsApp hat bezüglich der Nutzungszahlen bereits die meisten Social-Media-Kanäle hinter sich gelassen, und erste Unternehmen experimentieren seit einiger Zeit mit Ansätzen, über die App zum Beispiel Serviceleistungen oder eine Art Newsletter anzubieten.

Live Streaming

Die logische Schlussfolgerung aus dem bisher Gesagten und tatsächlich der nächste große Trend, der gerade auf uns zurollt, ist das Live Streamen von Inhalten. Inhalte werden nicht mehr aufwendig erstellt, bearbeitet, geschliffen und dann dauerhaft ins Netz gestellt, sondern direkt, eben live, übertragen. Hierin finden Social Media, Lokalisierung, mobile Nutzung und Bewegtbild ihre vorläufige Symbiose.

Dienste wie Periscope oder Meerkat ermöglichen Nutzern, sich oder ihre Erlebnisse jederzeit über das Smartphone aufzunehmen. Die Videostreams können dann von anderen Nutzern live abgerufen werden. Eine Speicherung und Archivierung der Aufnahmen ist gar nicht mehr unbedingt gewollt (wenngleich teilweise möglich).

Erste Marken experimentieren bereits mit diesem Format. Allen voran geht wieder Red Bull, die bereits intensiv live von ihren Events und Aktionen streamen. Dadurch erhält der Zuschauer noch mal ein ganz anderes Bild von der Markenwelt – kein Hochglanzformat, sondern Hintergrundeindrücke, Zusatzinformationen und „Hands on" Entertainment. Endlich ist der Kunde tatsächlich „mittendrin statt nur dabei". Welche Herausforderungen das aus organisatorischer, technischer, personeller, rechtlicher und markenführerischer Sicht an Unternehmen stellt, ist heute noch gar nicht endgültig abzusehen.

Fazit – Der Online-Marketing-Mix

In diesem Kapitel habe ich Ihnen einige Entwicklungen aufgezeigt, die das Online-Marketing aktuell und zukünftig prägen. Natürlich spielen auch andere, etablierte oder aufstrebende Kanäle und Maßnahmen eine wichtige Rolle. E-Mail-Marketing, Suchwortvermarktung (z.B. Google AdWords), Display Advertising (mit allen hier relevanten Trends wie Retargeting, Real Time Advertising oder Native Advertising) und Affiliate Marketing müssen für den jeweiligen Online-Marketing-Mix ebenso geprüft werden wie die oben beschriebenen Trends.

Wichtig sind bei all diesen Herausforderungen aber vor allem ein effizientes Herangehen und eine effektive Verknüpfung der verschiedenen Kanäle. Kein Kanal für sich löst alle Probleme. Und jeden Kanal einzeln und separat zu bespielen ist teuer, aufwendig und wenig erfolgversprechend. Kombinieren Sie Ihre Maßnahmen, dann holen Sie das maximal Mögliche aus Ihrem Online-Marketing heraus.

Oliver Büchel

Vertriebscoach Oliver Büchel setzt stets hohe Maßstäbe an sich und seine Kundenprojekte und hält nichts von Standards und Einheitsbrei. Seine umfangreichen eigenen Praxiserfahrungen aus der Welt des Vertriebs befähigen ihn, selbst bei schwierigen Vertriebsherausforderungen stets innovative Ansätze zu finden und auch effektiv einzubringen, um somit passgenau echte Mehrwerte für das Unternehmen schaffen.

Oliver Büchel war bereits während seines BWL-Studiums in Vertriebsorganisationen der Topunternehmen IBM und Bosch unterwegs und konnte danach diesen Weg fortführen bei weltbekannten Firmen wie Bose, adidas oder der Deutschen Börse Group. In seinen Rollen u.a. als Vertriebsleiter und Key Account Manager war er aber nicht nur in großen Häusern, sondern auch sehr viel im Mittelstand mit Schwerpunkt im B2B-Vertrieb von komplexen Lösungen präsent. Als zertifizierter Vertriebstrainer ist er in der Lage, sein Wissen lebendig und praxisnah an seine Kunden weiterzugeben. Davor steht für ihn aber stets eine gründliche Analyse der jeweiligen Kundensituation, denn nicht jeder Kunde benötigt zwangsläufig z.B. ein Vertriebstraining. Oftmals führen ganz andere Hebel zu einer signifikanten Verbesserung der Situation im Vertrieb.

Seine Kunden holt er da ab, wo sie aktuell stehen und was auch realistisch machbar ist. Das hat sehr viel mit Effizienz im Vertrieb zu tun, um die es vor allem auch in seinem Beitrag geht.

www.sales-compass.de

Die Sache mit der Effizienz im Vertrieb – passgenaue Vertriebsstrategien erfolgreich umsetzen

Wenn Ihre Erwartungshaltung für diesen Beitrag ist, dass Sie den ultimativen Vertriebstipp zur Erreichung einer kurzfristigen Umsatzexplosion mit gleichzeitiger Übererfüllung der aktuellen Quartalsziele erhalten, der Sie zudem für alle Zeiten von sämtlichen Vertriebssorgen befreit, dann muss ich Sie leider enttäuschen. Nicht dass Sie mich falsch verstehen: Tipps und erkenntnisreiche Ratschläge aus der Welt des Vertriebs kann man immer wieder gut gebrauchen und helfen auch mir oft weiter, aber woher nehmen diese den meist erhobenen Anspruch auf Allgemeingültigkeit? Vertrieb funktioniert nämlich immer nur sehr individuell, auch wenn viele „Experten“ das anscheinend immer noch ignorieren und so tun, als laufe Vertrieb stets nach den gleichen Schemata ab.

Es geht mir vielmehr darum, abseits von gut gemeinten und angeblich schnell funktionierenden Patentrezepten zunächst einmal ein Grundverständnis für wirklich funktionierenden Vertrieb zu entwickeln, auf dessen Basis Sie Ihre eigenen Erfolgsrezepte konzipieren, die das Unternehmen entscheidend voranbringen. Worauf ich hinaus will: Nur wer sich ernsthaft Gedanken macht, wohin er – vertrieblich gesehen – überhaupt kommen will und wie der Weg dahin aussieht, kann die bereits existierenden Erkenntnisse und Erfahrungswerte sinnvoll für diese Zielerreichung einbauen.

Somit gebe ich Ihnen zumindest den Ausblick, bei genauer Betrachtung der folgenden Überlegungen vielleicht doch den entscheidenden Impuls zu erhalten, um den Vertrieb im eigenen Hause nachhaltig und vor allem effizient voranzutreiben.

„Sorgenkind“ Vertrieb?

Gibt es eigentlich ein Unternehmen, das über sich selbst sagen kann, dass der Vertrieb in allen Belangen und dauerhaft reibungslos funktioniert? Wäre es nicht toll, einen Vertrieb zu haben, der sicherstellt, dass immer gut verkauft wird? Aber was heißt in diesem Zusammenhang eigentlich „gut verkaufen“, und was macht exzellenten Vertrieb wirklich aus? Vor allem: Wie setze ich das Ganze in meinem Unternehmen optimal um?

Fragen über Fragen, die sich jeder Unternehmer und alle Mitarbeiter, die im weitesten Sinne mit Vertriebsthemen zu tun haben, täglich neu stellen müssen. Daher habe ich schon vor einiger Zeit eine Aussage formuliert, die ich immer wieder mit meinen Ansprechpartnern in der Geschäftsführung und im Vertrieb lebhaft diskutiere und die meist Ausgangspunkt vieler weiterer Überlegungen ist:

„Der wichtigste Erfolgsfaktor jedes Unternehmens ist die Etablierung und Umsetzung eines KONTINUIERLICHEN VERTRIEBS."

Das klingt zunächst möglicherweise überheblich und provokant, vor allem wenn das die Kolleginnen und Kollegen aus den anderen Bereichen hören. Bedeutet das etwa, dass es nur auf den Vertrieb ankommt und Abteilungen wie Buchhaltung, Controlling, Personal oder gar Produktion völlig in den Hintergrund geraten? Sicherlich nicht, denn jeder weiß, dass nur das optimale Zusammenspiel aller Unternehmensbereiche zu positiven Ergebnissen führen kann und dass in jeder Abteilung sehr gute Leistungen erbracht werden müssen, um letztendlich den gewünschten Gesamterfolg sicherzustellen.

Aber ist es nicht so, dass ein Unternehmen nur dann überleben kann, wenn es verkauft? Wenn ich die Fahrlässigkeit sehe, wie in manchen Firmen mit dem Thema Vertrieb umgegangen wird, dann kann ich nur feststellen, dass in vielen Köpfen diese simple Binsenweisheit keineswegs verankert ist. Es ist doch klar: Ein Unternehmen lebt davon, dass es Kunden hat und dass diese Kunden auch kaufen. Das versteht jeder, denn Vertrieb ist im Grunde genommen sehr einfach: Es geht darum, die eigenen Produkte bzw. Dienstleistungen mit den (potenziellen) Kunden zusammenzubringen, nicht mehr und nicht weniger, egal wie hoch die Gewinnziele sind und ob es überhaupt welche gibt.

Somit könnte man meinen, dass erfolgreicher Vertrieb ein reines Umsetzungsthema ist und es weniger auf Strukturen und Prozesse ankommt. Weit gefehlt, denn gerade im Vertrieb ist es wichtig, dass man mit möglichst wenig Aufwand viel erreicht, d.h. hier ist **Effizienz** gefragt.

Strukturen im Vertrieb – überflüssig oder elementar?

Wie viel Struktur braucht Vertrieb, oder etwas provokanter: Braucht man z.B. überhaupt eine Vertriebsabteilung? In allen anderen Bereichen und

Abteilungen knirscht es natürlich auch hin und wieder, aber im Grunde genommen sind die Prozesse dort klar definiert und die Abläufe strukturiert. Das ginge auch gar nicht anders, denn stellen Sie sich vor, was das Finanzamt sagen würde, wenn die kaufmännischen Abteilungen ihre eigenen Prinzipien aufstellen und die Kontierung oder Steuererklärung nach eigenem Ermessen ausführen würden. Zu recht werden Sie zunächst einwenden, dass das kein guter Vergleich ist, denn schließlich gibt es für Buchhaltung und Steuern klare Regeln und Gesetze. Sollte man sich für den Vertrieb auch solche eindeutig definierten Vorgaben und Prozesse wünschen?

Nun ja, teilweise vielleicht schon, aber funktioniert das wirklich? Außerdem: Was sollte strukturiert und durchorganisiert werden, und was lieber nicht? Das Ganze lässt sich eben nicht ganz so einfach beantworten wie z.B. die Frage nach der Einführung einer kaufmännischen Buchhaltung.

Es geht damit los, dass sich manche Verantwortliche (insbesondere während und kurz nach der Gründungsphase) gar nicht darüber klar sind, wie sie das Thema Vertrieb angehen sollen. Den Unternehmern kann man hier zunächst gar keinen Vorwurf machen, denn sie haben oft nur wenig Vertriebserfahrung in ihrem bisherigen Berufsleben sammeln können, und nicht jeder neue Geschäftsführer ist zugleich ein geborener Verkäufer. Der Vertrieb scheint aber auch bei etablierten Unternehmen oft nach dem Zufallsprinzip zu laufen: Es besteht eine mehr oder weniger große Stammkundenbasis (wie auch immer die entstanden ist), und diese Kunden kaufen regelmäßig, oder auch nicht. Wenn es nicht so gut läuft, sind dafür meist „der Markt“ (und somit die Kunden), die schlechte Wirtschaftslage und natürlich auch die aggressiven Wettbewerber verantwortlich.

Darüber hinaus soll es vorkommen, dass in solchen Firmen auch hin und wieder Neukunden hinzukommen, auch wenn niemand so wirklich Neukundenakquise betreibt, also vielleicht durch Mund-zu-Mund-Propaganda, aber man weiß es eigentlich gar nicht so genau. Sie glauben mir nicht, dass es so etwas gibt? Ich habe in der Tat schon sehr oft auf die Frage, wie man einen bestimmen Kunden gewonnen hat, gar keine oder zumindest keine zufriedenstellende Antwort bekommen, da es den handelnden Personen vor lauter Freude über den neuen Deal erst einmal schlichtweg zweitrangig erscheint. Solche Euphorie ist zwar zunächst nachvollziehbar, aber die Defizite offenbaren eindrucksvoll die tatsächlichen Schwächen in den Vertriebsabläufen und in der Transparenz des Vertriebs.

Es kling in der Tat abstrus, aber diese Art des Vertriebs nach dem Zufallsprinzip funktioniert in vielen Unternehmen sogar erstaunlich gut, und das über viele Jahre hinweg. Niemand ist sich dabei bewusst, dass hier ausschließlich Glück und Zufall im Spiel sind. Und dabei kann man den Verantwortlichen noch nicht einmal einen Vorwurf machen, denn sie haben schlichtweg keine Erfahrungswerte, die für das eigene Unternehmen passend sind. Wie macht sich heutzutage ein Vorstand im Thema Vertrieb schlau? Ich habe schon erlebt, dass ein renommierter Unternehmensberater einem Unternehmenschef den „heißen Tipp" gab, er solle doch einmal ein Vertriebsseminar besuchen. Doch was lernt man da? Das sind meist die klassischen Themen der Umsetzung im taktischen Vertrieb, also wie man Einwände behandelt oder zum Abschluss kommt. Was hilft ihm das aber bei der Frage, wie er den Vertrieb im Unternehmen überhaupt erst einmal sinnvoll aufstellt? Dabei geht es nämlich eher um strategische Fragegestellungen. Aus diesem Grund unterscheide ich gerne zwischen taktischem und strategischem Vertrieb. Beide Themen sind wichtig, aber ohne die Grundlagen im strategischen Vertrieb funktioniert leider kein taktischer Vertrieb, da es schlichtweg an der Effizienz und klaren Ausrichtung fehlt.

Haben Sie eine Vertriebsstrategie?

Wenn ich mit neuen Kunden und deren Ansprechpartnern zum ersten Mal über das Thema Vertrieb spreche, beginne ich stets mit der gleichen Frage: „Haben Sie eine Vertriebsstrategie?" Oftmals ist an diesem Punkt schon Schluss, was sich meist in einem ungläubigen Blick oder einem schlecht verständlichen „eigentlich nicht" äußert. Wer die Frage hingegen mit einem kräftigen „Ja" beantwortet, bekommt gleich die Frage hinterher gestellt, ob die vorhandene Vertriebsstrategie auch schriftlich fixiert ist. Hier trennt sich dann endgültig die Spreu vom Weizen, denn nur die wenigsten Unternehmen haben tatsächlich eine schriftlich hinterlegte Vertriebsstrategie, die in regelmäßigen Abständen angepasst wird. Wie wollen diese Unternehmen aber einen wirklich funktionierenden und individuell auf das Unternehmen zugeschnittenen Vertrieb umsetzen, wenn schon die Basis-Eckpfeiler nicht definiert sind? Stattdessen wird u.a. in gut bezahlte Vertriebsmitarbeiter oder kostspielige CRM-Systeme investiert mit dem guten Gefühl, dass man nun alles getan hat, damit der Vertrieb so richtig ans Laufen kommt. Aber was soll denn zum Laufen kommen, wenn teilweise nicht einmal klar ist, mit welchem Produktportfolio man welchen Kundenkreis sinnvoll ansprechen kann? Denn Vertrieb ist längst nicht mehr die „Kunst“, den Kunden etwas andrehen zu wollen, was sie gar nicht brauchen. Moderner Vertrieb lebt davon, dass das Unternehmen klar positioniert ist und die Märkte so bedient, damit für die Kunden der größtmögliche Nutzen entsteht. Diese Fokussierung auf den Kundennutzen hängt sehr stark damit zusammen, wo der Kunde die größten Engpässe und Bedarfe hat. Eine Vertriebsstrategie ist elementar wichtig für jedes Unternehmen, denn sie sichert nicht nur den nachhaltigen Erfolg, sondern trägt mit dazu bei, dass der Stressfaktor im Vertrieb deutlich nachlässt. Im modern ausgerichteten Vertrieb geht es schließlich nicht darum, mit möglichst viel Power permanent und gießkannenartig auf die Kunden einzustürmen, sondern mit Effizienz den Kunden echte Mehrwerte zu liefern.

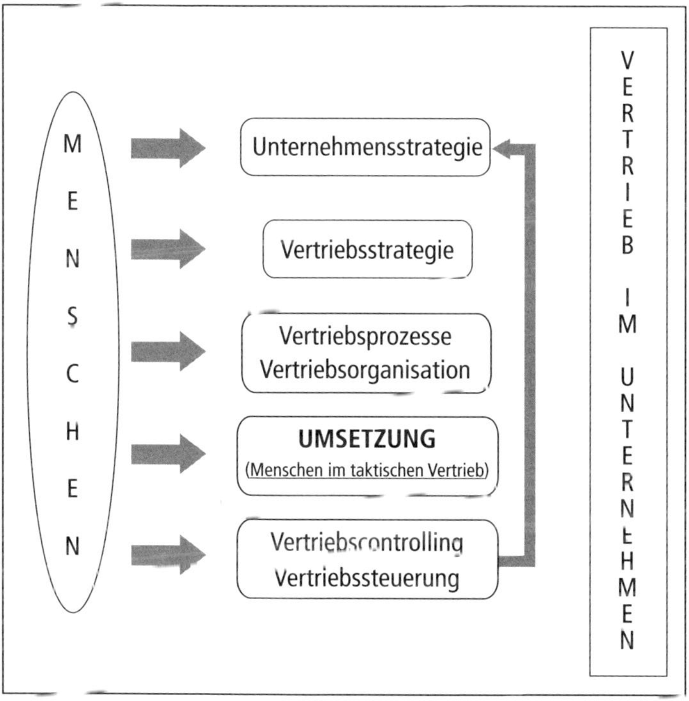

Abbildung: Effizienz im Vertrieb wird individuell von Menschen gestaltet

Eine Vertriebsstrategie in zwei Stunden erstellen

Bei dem Thema Vertriebsstrategie kommen neben dem schlechten Gewissen oft die üblichen Vorbehalte gegenüber Strategien aller Art auf. Viele Menschen verbinden mit dem Erarbeiten einer Strategie unendliche Arbeitsstunden und zahlreiche Workshops für ein Stück Papier, das am Ende doch nie richtig umgesetzt wird.

Beim Unterlassen können jedoch das Unternehmen in seiner Substanz gefährdende Herausforderungen auftauchen, wenn die Vertriebsabläufe nicht zielführend und effizient organisiert sind. In anderen Unternehmensbereichen mag das wie schon erwähnt einfacher sein, weil es Richtlinien und Erfahrungswerte gibt. Im Vertrieb tappen viele leider erst einmal im Dunkeln und suchen die oft gar nicht vorhandenen Lichtschalter, anstatt überhaupt erst einmal eine erleuchtende Installation zu errichten.

Also, wie erstellt man nun eine Vertriebsstrategie, die auch wirklich zur Umsetzung kommt? Ich behaupte, dass ein erster Entwurf schon innerhalb von zwei Stunden möglich ist, der dann sowieso permanent weiterentwickelt werden muss. Eine wesentliche Grundlage bietet hierfür die Unternehmensstrategie.

Wie bitte, Sie haben keine Unternehmensstrategie? Und darüber hinaus fehlt Ihnen sogar die Vision für Ihre Unternehmung? Sie wollen sich doch nicht ernsthaft hinter dem alten Spruch von Altkanzler Helmut Schmidt verstecken, der einmal Ende der 60er-Jahre gesagt hat „Wer Visionen hat, soll zum Arzt gehen“? Schmidt hat seine frühere Aussage längst relativiert, denn heute braucht jedes Unternehmen eine Strategie mit einer glasklaren Vision.

Drei Schritte zu einer umsetzungsorientierten Vertriebsstrategie:

1. Ableitung von der Unternehmensstrategie

   Aus der Unternehmensstrategie leitet sich vor allem die grundsätzliche Positionierung und Ausrichtung am Markt ab. Sie ist somit eine wesentliche Grundlage für die Vertriebsstrategie, sodass oft nur noch einige Punkte ergänzt werden müssen.

2. Eckpfeiler der Vertriebsstrategie

   Vertriebsstrategien können kurz und knapp gehalten werden, wobei Form und Umfang keine Rolle spielen. Es sollten vor allem folgende Kernpunkte enthalten sein:

- Kundenstruktur (Wie hoch ist der jeweilige Kundenwert?)
- Positionierung im Zielkundenmarkt (Wie wird das Unternehmen wahrgenommen?)
- Kunden-Produkt-/Dienstleistungs-Matrix (Welche Produkte für welche Zielgruppe?)
- Vertriebskanäle und Vertriebsorganisation (Wer macht Vertrieb?)

3. Kontinuierliche Umsetzung der Vertriebsstrategie

   Der dritte und entscheidende Schritt ist es, relativ schnell und unkompliziert in die eigentliche Umsetzung im Vertrieb zu kommen, und zwar nicht in Form von temporären Marketing- und Vertriebs-Aktionen, sondern im Sinne einer kontinuierlichen Bearbeitung des Marktes. Wenn mit der Umsetzung gestartet wird, kristallisieren sich die dahinter stehenden sinnvollen Vertriebsprozesse relativ schnell heraus mit dem Ziel, diese ständig weiterzuentwickeln. Ähnlich verhält es sich mit dem Controlling und der Steuerung im Vertrieb: Wer ernsthaft Vertrieb macht, wird relativ schnell erkennen, dass er seine gesammelten Informationen zum Kunden aufbereiten muss. Welches konkrete CRM-System dafür verwendet wird, hat meines Erachtens eine bisweilen völlig überbewertete Bedeutung.

Und das soll schon alles gewesen sein? Zugegeben, gerade im Vertrieb steckt der Teufel oft im Detail. Wichtig ist vor allem: Fangen Sie sofort damit an, Ihren Vertrieb erfolgreich zu strukturieren, und verabschieden Sie sich von spontanen Neukunden-Telefonaktionen oder vom Social-Media-Allheilsbringer-Aktionismus.

Im Vertrieb gibt es keine Standards oder Normen

Vertrieb kann immer nur sehr individuell gestaltet werden, und das leuchtet ja auch ein: Denn was hat beispielsweise das Verkaufen von Brötchen in einer Bäckerei mit einem Milliarden-Outsourcing-Deal in der IT-Branche zu tun? Beides ist im weitesten Sinne Verkaufen, aber das war es auch schon mit den Gemeinsamkeiten. Umso unverständlicher ist es, dass meist immer noch so getan wird, als wenn es DEN Idealprozess für optimales Verkaufen gibt und von vermeintlichen Experten Standards und Normen vorgegeben werden, wie erfolgreicher Vertrieb idealerweise organisiert werden sollte.

Mir tun dann immer die Vertriebsmitarbeiter leid, die in solchen Umgebungen jeden Tag aufs Neue unter Druck gesetzt werden, weil die Umsatzzahlen nicht stimmen und sie angeblich schlechte Arbeit machen. Verabschieden Sie sich von dem immer noch weit verbreiteten Gedankengut, dass erfolgreiche Vertriebsleute alles verkaufen können, in jeder Branche und in jedem Unternehmensumfeld. Zwar ist es in der Tat richtig, dass es exzellente Verkäufer gibt, die es schaffen, sich in unterschiedlichen Umgebungen schnell und flexibel zurechtzufinden, und somit immer erfolgreicher sind als andere, die ewig versuchen, ihre alte Masche durchzuziehen. Aber das hat nichts damit zu tun, dass die in der Vertriebsstrategie festgelegen Maßnahmen optimale Rahmenbedingungen schaffen müssen für jeden am Verkaufsprozess beteiligten Mitarbeiter. Hier liegt meines Erachtens der größte, aber leider immer noch vielfach unterschätzte Hebel für erfolgreichen Vertrieb.

Heißt das denn, dass auch vermeintlich einfache Verkaufsvorgänge immer in einer entsprechenden Vertriebsstrategie festgehalten werden sollten? Selbstverständlich, denn auch die bereits erwähnte Bäckerei muss sich gerade in der heutigen Zeit ernsthafte Gedanken darüber machen, welche Kundenklientel sie mit welchen Produkten und auf welchen Vertriebswegen ansprechen möchte. Hier gibt es vielfältige Optionen, die von einer eher ökologisch oder hochpreisig orientierten Ausrichtung bis hin zu völlig neuen Belieferungskonzepten reichen können. Wie komplex dann erst die Möglichkeiten der vertrieblichen Ausrichtung beispielsweise in einem innovativen Maschinenbauunternehmen oder bei einem modernen IT-Anbieter sein können, kann sich jeder gut vorstellen.

Das eigene Vertriebskonzept erfolgreich umsetzen

Wenn die Strategie geschrieben und die Strukturen festgelegt sind: Geben Sie sich und allen Beteiligten so viel Gestaltungsspielraum wie möglich für die Umsetzung. Schaffen Sie Rahmenbedingungen, die vor allem Kreativität und Freiheit fördern, denn erfolgreicher Vertrieb lebt von neuen Ideen, die mit den Kunden gemeinsam diskutiert werden wollen. Interessant ist dabei immer auch die Frage, WER eigentlich Vertrieb macht. Zu einfach wäre es mit der Antwort „Alle Mitarbeiter". Besser ist es zu klären, wer in welcher Rolle und vor allem wie darauf hinarbeitet, die vertrieblichen Ziele zu erreichen.

Meine These „Der wichtigste Erfolgsfaktor jedes Unternehmens ist die Etablierung und Umsetzung eines KONTINUIERLICHEN VERTRIEBS" beinhaltet nämlich einen weiteren Aspekt, und zwar den der **Kontinuität.** Einen exzellenten Vertrieb macht aus, dass sich das Unternehmen im Zielmarkt permanent und nachhaltig positioniert. Dies erfordert vor allem **Disziplin** und **Zuverlässigkeit.** Das klingt womöglich altbacken, aber für mich sind es nach wie vor die wichtigsten Erfolgsfaktoren in modernen Vertriebsorganisationen.

Dr. Eike Clausius

Dr. Eike Clausius studierte Wirtschaft und Chemie in Berlin, in den Niederlanden, in der (ehem.) Tschechoslowakei und in den USA und schloss sein Studium als Wirtschaftsingenieur an der TU Berlin 1983 mit dem Diplom-Ingenieur/ TU ab.
Nach mehrjähriger Tätigkeit in der Industrie promovierte er 1992 zum Dr. rer. oec. an der TU Berlin. Seit dieser Zeit beschäftigt und unterstützt er Menschen auf ihrem Weg ins Network-Marketing, Multi-Level-Marketing und Empfehlungsmarketing. Als Franchisepartner (Geschäftspartner) hat er sich in unterschiedliche Unternehmen einschreiben lassen, um diese in Asien und Amerika weit verbreiteten Wirtschaftsmodelle auf deren Seriosität und Erfolgstauglichkeit zu untersuchen.
1994 erhielt er einen Ruf zum Professor auf den Lehrstuhl für Allgemeine Betriebswirtschaftslehre an die Westsächsische Hochschule Zwickau in Zwickau/Sachsen. Er erweiterte seine Kenntnisse um den Forschungs- und Spezialschwerpunkt: Unternehmensführung mit emotionaler Kompetenz, insbesondere die **E**motional-**I**ntelligence-as-**K**ey-**E**lement-Methode **(EIKE-Methode).**

Er ist Bestseller-Autor mehrerer wissenschaftlicher Bücher, Healthy-Living- und Mental-Coach sowie Persönlichkeits-Trainer. Er ist in unterschiedlichen Unternehmen als Coach sowie All-umfassender Trainer tätig. Mit seiner Familie lebt er in Berlin.

Kontakt zum Autor für Seminarinteressierte, Unterstützer seiner Forschungsgebiete und Sponsoren:
www.eikeclausius.de; www.EIKE-Methode.de;
www.das-zweite-Gehalt.de

Empfehlungsmarketing

Aufbau eines Konsumentennetzwerks durch Weiterempfehlungen

Einführung

In den letzten Jahrzehnten hat sich die Arbeitswelt grundlegend verändert, besonders in hochtechnologischen Ländern wie Amerika und Japan und in Europa, so auch in Deutschland. Als Kind und Jugendlicher wurde uns noch vor 20 Jahren beigebracht, nach einem dauerhaften Arbeitsplatz zu suchen - den gibt es heute nicht mehr.

Arbeitnehmer, aber auch Arbeitgeber investieren ihre gesamte (Lebens-) Zeit in ihr Unternehmen und sie nehmen wahr, dass sie immer weniger Zeit für ihre Familie, ihre Freunde und für sich haben. Im Folgenden soll eine Möglichkeit zur Verbesserung dieser Situation vorgestellt werden.

Immense Konzeptvorteile des Empfehlungsmarketing

Stellen Sie sich vor, Sie würden etwas kennenlernen, bei dem Sie . . .

1. keinen Kapitaleinsatz benötigen,
2. im Mittelpunkt Ihres Lebens stehen,
3. sich Schritt für Schritt selbstständig machen können,
4. Ihren Arbeitsort und -platz frei wählen können,
5. geleistete Arbeit adäquat vergüten lassen,
6. ein eigenes globales Team aufbauen,
7. eine vererbbare, finanzielle Absicherung aufbauen können,
8. ohne Einzahlung von Beiträgen – unabhängig von der gesetzlichen Rente – eine eigene „Rentenauszahlung“ aufbauen können.

Empfehlungsmarketing ist vielen bereits als „Mund-zu-Mund-Propaganda“ oder besser „Mundpropaganda“ bekannt: Sie empfehlen einen guten Film, ein gutes Buch oder reden mit Menschen über die Qualität Ihres Autos. Auch in der klassischen Wirtschaft ist bei einigen Unternehmen schon bekannt, dass man die Aktivitäten von Produkt-Empfehlungen durch eine Einmalprovision in Form von einem finanziellen oder materiellen Bonus (wie Kaffee- oder Bohrmaschinen) honoriert. Aber wie viele derartige Maschinen benötigen Sie? Und an den Folgegeschäften sind Sie nicht beteiligt.

Vertriebswege

Die folgende Darstellung verdeutlicht, welche Einteilungsmöglichkeiten von Vertriebswegen es in Bezug auf das Empfehlungsmarketing gibt:

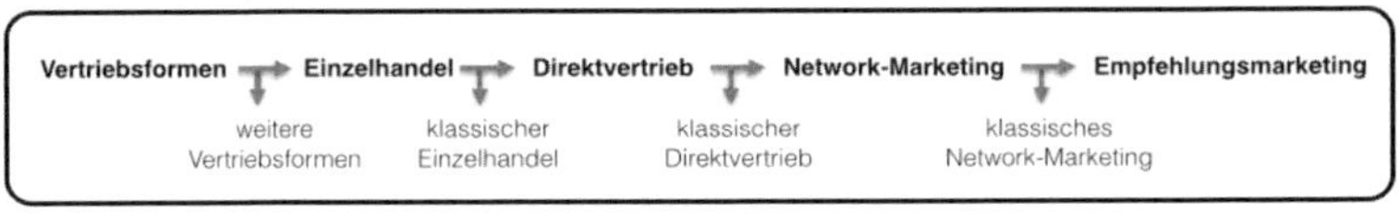

Klassischer Einzelhandel

Beim Vertriebsweg des **klassischen Einzelhandels** werden Waren vom Hersteller über Groß-, Zwischen- und den Einzelhändler zum Kunden bewegt. In jeder Stufe werden etwa 100 % Zuschläge eingepreist. Der Preis, den der Kunde zahlt, ist stets der um einen MwSt.-Satz erhöhte Nettopreis. Etwa 70 % des Endpreises werden so durch den Vertriebsweg bestimmt.

Direktvertrieb

Der Hersteller hat sich beim Direktvertrieb entschieden, seine Waren über Vertriebspartner zu verteilen. Selbstständige Vertriebspartner kaufen Waren beim Hersteller und verkaufen diese weiter. Meist sind dies erklärungsbedürftige Gebrauchsgüter[1], die über mehrere Jahre verwendet werden. Der Hersteller liefert die Waren an seine Vertriebspartner, die oft ortsgebunden sind. Der Aufbau einer eigenen Vertriebsstruktur ist erwünscht, wird durch den singulären Vertriebspartner finanziert und die Mitarbeiter werden mit Fixgehältern und/oder mit variablen Anteilen entlohnt.

Der Vertriebspartner muss ein absoluter Produktfachmann sein. Bei Gebrauchsgütern erfolgt eine einmalige Beratung und die Waren werden über mehrere Jahre genutzt, bei Verbrauchsgütern müssen Kunden monatlich motiviert werden, Waren zu erwerben. Neukunden müssen ständig akquiriert werden. Im Direktvertrieb wird (Lebens-)Zeit gegen Geld getauscht – der Großteil des Verkaufspreises bleibt beim Berater.

[1] Clausius, 2014, S. 19

Network-Marketing als Direkt-Vertriebsform

Das klassische Network-Marketing ist eine spezielle Form des Direktvertriebs, bei dem die Waren vom Vertriebspartner rechtlich gekauft, aber vom Hersteller physisch an den Kunden geliefert werden. Sinnhaft sind erklärungsbedürftige, geringpreisige Verbrauchsgüter zu vermarkten, die durch die Vertriebspartner nicht ständig promotet werden müssen.

Der Aufbau einer eigenen Vertriebsorganisation wird erwartet, da gerade Gebrauchsgüter aufgrund ihrer Langlebigkeit eine ständige Neuakquirierung fordern. Network-Marketing ist somit sowohl mit dem Verkauf als auch mit der Vermittlung von Gütern durch Verkaufsrepräsentanten direkt an den Endverbraucher verbunden mit der Möglichkeit des Aufbaus einer eigenen Vertriebsorganisation.[2]

Network-Marketing als Empfehlungsmarketing

> *Im Empfehlungsmarketing werden Menschen aufgebaut und dazu wird ein Geschäft genutzt, in der sonstigen Geschäftswelt werden Geschäfte aufgebaut und dazu werden Menschen benutzt.*
>
> *Rich de Vos*

Empfehlungsmarketing unterscheidet sich völlig vom klassischen Direktvertrieb und klassischen Network-Marketing. Wenn Sie beispielsweise ein gutes Buch gelesen haben, ist es das „Normalste der Welt"[3], Ihren Freunden und Bekannten davon zu erzählen und es weiterzuempfehlen.

Das Empfehlungsmarketing unterscheidet sich insofern vom Network-Marketing, als Empfehlungsgeber ausschließlich Provisionen für deren Empfehlungen vom Hersteller der Waren erhalten. Ein Verkauf von Waren findet nicht statt. Erfolgreiche Menschen im Empfehlungsmarketing zeichnen sich daher nicht durch deren Verkaufsfähigkeiten, sondern mehr durch systematisches Vorgehen und einen hohen Anteil an Emotionaler Intelligenz aus.[4]

Professionelle Verkäufer versagen oft im Empfehlungsmarketing,[5] da sie meist ihr eigenes ‚erprobtes' Vorgehen im Empfehlungsmarketing verwenden möchten, „schließlich sind *sie* die Profis".[6] Dieses Vorgehen ist

[2] Zacharias, Michael (Bundesverband, 2005)
[3] Steiner, 2014, S. 69
[4] Clausius, 2015a
[5] Failla, 2002, S. 17
[6] Failla, 2002, S. 17f.

jedoch nicht duplizierbar! Im Empfehlungsmarketing wird vermittelt, geschult und empfohlen. Es geht um die Weitergabe eines einfachen, systematischen Vorgehens, um ein erfolgreiches und großes Netzwerk.

Wenn ein verkaufsorientierter Berater (Person 1) einen anderen verkaufsorientierten Berater (Person 2) unterstützt, diese Unterstützung jedoch einstellt, bevor er Berater 2 zeigen konnte, dass Empfehlungsmarketing erfolgreich ist, hört auch Berater 2 auf. Eine erfolgreiche Duplikation muss mindestens 3 Ebenen umfassen!

Mindestduplikation beim Empfehlungsmarketing

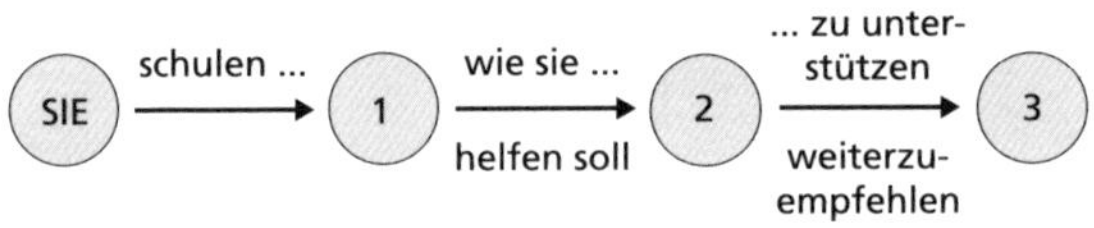

Sie schulen Person 1, wie sie Person 2 helfen soll, Person 3 zu unterstützen weiterzuempfehlen! Nur das ist erfolgreich: Sie unterstützen Person 1. Hören Sie auf, hört auch Person 1 auf, da sie nicht weiß, was sie tun soll. Bringen Sie Person 1 das Weiterempfehlen bei woraufhin diese Person 2 unterstützt, dann ist der erste Schritt der Duplikation erfolgreich geschafft. Erlernt Person 1 das Unterstützen der Person 2 nicht, dann wird Ihr Netzwerk nie entstehen. Sie müssen Person 1 vormachen, wie sie Person 2 das Weiterempfehlen beizubringen hat! Person 2 kann dann Person 3 weiterempfehlen und Sie haben – erst jetzt – eine drei Ebenen tiefe Gruppe. Erst jetzt können Sie annehmen, dass Ihr Netzwerk mit diesem System weiterarbeitet – Ihr erstes Ziel darf es sein, drei Ebenen zu schaffen![7]

Tankstellenbeispiel

Wie Sie sich einen ertragreichen, Früchte tragenden ‚Baum‘ im Empfehlungsmarketing aufbauen können, soll das Tankstellenbeispiel aufzeigen: Mal angenommen, bei Ihnen in der Stadt gäbe es 3 Tankstellen: die eine ist eine Marken-Tankstelle (MT), die andere ist eine Freie Tankstelle (FT) und die dritte ist Eine-Markante-Tankstelle (EMT).

[7] Clausius, 2015b

Darstellung Einer Markanten Tankstelle (EMT)

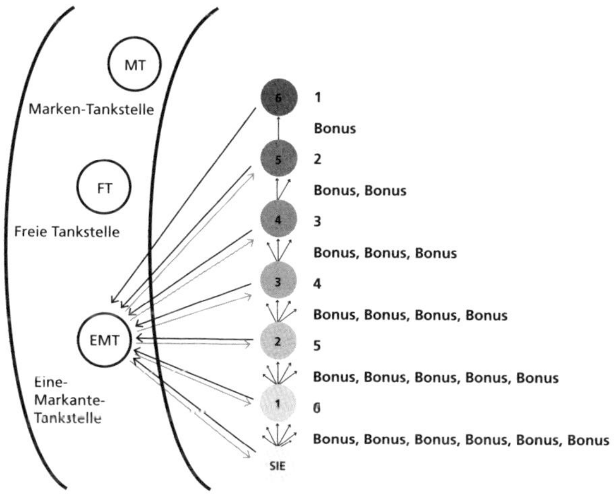

An der Marken- und Freien Tankstelle gibt es den gewöhnlichen Service, mit allem, was heute erwartet wird, zu unterschiedlichen Preisen. An der Einen-Markanten-Tankstelle können wir lediglich tanken. Es gibt keinen Tankwart und auch sonst keinen Service, allerdings können Sie mit dem Kraftstoff etwa 20-30 % weiter fahren. Darüber hinaus erhält der Kunde nach dem erstmaligen Tanken eine Kundenkarte, die ihm weitere Vorteile ermöglicht.

Diese Tankstelle hat jedoch noch eine besondere und einzigartige weitere Möglichkeit: Da die Tankstelle Kosten einspart, weil sie weder Personal, noch Miete oder Pacht zu zahlen hat, kann sie diese Ersparnisse an die Kunden, die die Eine-Markante-Tankstelle weiterempfehlen, auszahlen. Die hohen, eingesparten Kosten, die eben nicht für Personal, Miete oder Pacht ausgegeben werden, werden an die Kunden, die diese spezielle Tankstelle weiterempfehlen, als Bonus ausbezahlt.

Es wird an nachfolgendem Zahlenbeispiel verdeutlicht, warum Empfehlungsmarketing gegenüber anderen Vertriebsformen auch finanziell grosse Vorteile hat.

Einkommensgenerierung im Empfehlungsmarketing

Wie generieren Menschen Ihr Einkommen im Allgemeinen und im Speziellen im Empfehlungsmarketing? Dies lässt sich sehr leicht beschreiben:

Gruppe 1: Diese Gruppe von Menschen gehört zu den Jägern, Sammlern und Händlern – sie sammeln Arbeitsstunden und tauschen sie gegen Geld.

Gruppe 2: Sie leben nach dem Gesetz vom Säen und Ernten: Sie säen im Frühjahr und ernten im Herbst, dann säen sie im Frühjahr und ernten im Herbst. Geerntet wird das im Herbst, was vorher im Frühjahr gesät wurde – säen wir Getreide, wird auch Getreide geerntet! Säen wir Radieschensamen, werden wir nicht erwarten, Getreide zu ernten – alles nur nach seiner Art.

Gruppe 3: Diese Menschen pflanzen Bäume! Beim Empfehlungsmarketing legen wir die Grundlagen für einen Baum,

1. das **Fundament:** Wir suchen den Boden aus, graben erste Löcher und schauen, dass wir Wasser zum Gießen haben. Dann
2. pflanzen wir die ersten **Sprösslinge (Aufbauer).** Diese werden zu
3. **kleinen Bäumchen (Erbauer),** noch ohne große Erträge. Diese werden zu
4. **mittelgroßen Bäumen (Hausbauer),** wobei erste Erträge sichtbar werden, dann zu
5. **großen Bäumen (Villenbauer),** die schon gute Erträge erwirtschaften, um schließlich zu
6. **prächtigen Bäumen (Skyscraperbauer)** zu werden, die gute und stabile Erträge liefern.

Wenn die Bäume regelmäßig Früchte bringen, wird das **Passives Einkommen** genannt. Jedes Frühjahr zeigt der Apfelbaum seine Blüten und bringt im Herbst Äpfel hervor. Das sind im Empfehlungsmarketing die monatlichen Provisionszahlungen des Unternehmens, das seine Produkte über Empfehlungsmarketing verteilt. **Passives Einkommen wird durch das Pflanzen von Bäumen generiert!** Und diese Bäume müssen gewässert, gepflegt, gedüngt und manchmal auch zurechtgestutzt werden, damit sie in Form bleiben.

Wenn Sie Bäume pflanzen, dann lassen Sie diesen die Zeit zu wachsen und ziehen nicht an ihnen, wenn die ersten Sprösslinge zu sehen sind, im Glauben, der Baum würde so schneller wachsen. Wir dürfen im Empfehlungsmarketing die Bäume wässern, pflegen und düngen. Dann kommt die Zeit, dass der Baum Äpfel hervorbringt. In jedem Apfel ist wieder eine neue Existenz vorhanden, die eine automatische Multiplikation, d.h.

die Duplikation von Apfelbäumen, in sich trägt. Und dies ist wirkliches Passives Einkommen – der eigenständige Aufbau neuer Existenzen![8] Erkennen Sie den Wert von „Äpfeln“, denn die Kerne in einem Apfel kann man zählen, aber nicht die Äpfel in einem Kern![9] Die Effektivität dieses Systems soll im nachfolgenden Zahlenbeispiel verdeutlicht werden:

Zahlenbeispiel einer monatlichen 1er-Duplikation

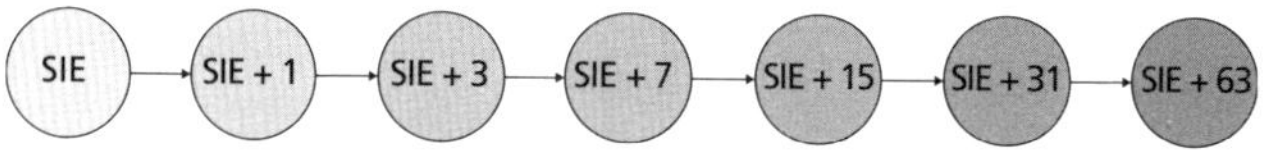

Nehmen wir an, dass wir jeden Monat nur einer neuen Person unser System weiterempfehlen und sie im Umgang mit diesem entsprechend schulen. Dabei wird zunächst ein monatliches Volumen von lediglich 40 Punkten angenommen. Bereits nach einem halben Jahr wächst das Netzwerk auf 63 Personen an, was einem Gesamtvolumen von 2.520 Punkten entsprechen würde. Dies könnte ein monatlicher Zuverdienst von circa 500 bis 700 € sein. Die Verdopplung des Grundumsatzes auf 80 Punkte würde entsprechend auch zu einer Verdopplung des Gesamtvolumens nach einem halben Jahr auf 5.040 Punkte mit denselben 63 Personen führen. Man sieht daher, dass eine Potenzierung des Gesamtumsatzes Ihres Empfehlungsnetzwerks eine Potenzierung Ihres monatlichen Zuverdienstes nach sich ziehen kann!

Gegenüberstellung unterschiedlicher Vertriebsformen

Vorteile des Empfehlungsmarketing gegenüber anderen Vertriebsformen zeigen sich besonders durch *systematisches Arbeiten mit einem System!*

Mit einem erfolgreichen System zu arbeiten ist wichtig, denn obwohl zu Beginn eines jeden Empfehlungsmarketinggeschäfts noch viel auf Zuruf und ohne System funktioniert – wie in einem Kleinbetrieb –, wird es mit wachsender Personenzahl wichtiger, das Vorgehen zu systematisieren, für jeden Teilnehmer nachvollziehbar zu gestalten und konsequent anzuwenden. Haben Sie dazu noch einen Vergütungsplan, der Provisionszahlungen in sehr vielen Ebenen zulässt (und nicht nach 6 Ebenen abbricht), dann bräuchten Sie lediglich 5 Menschen in Ihrem direkten

[8] Steiner, 2015, S. 18f.
[9] Steiner, 2014, S. 159

Kontakt (sogenannte Firstliner), die ernsthaft etwas bewegen wollen, und mit diesen dürfen Sie das System in die nächsttiefere Ebenen duplizieren. Damit jedoch Systeme überhaupt funktionieren, braucht es Regeln, die es einzuhalten gilt, denn: Die Freiheit ist dort am größten, wo die Regeln klar definiert sind.

Die untenstehende Abbildung verdeutlicht die finanziellen Unterschiede im Direktvertrieb, in einem Ebenen-begrenzten Empfehlungsmarketing und Ebenen-offenen Empfehlungsmarketing.

Tiefe der Provisionsausschüttung unterschiedlicher Vertriebsformen

Berechnung auf Basis eines Umsatzes von: 50,00 € bei einer 5 er - Duplikation
Annahme: Provisionsverteilung von 30% je nach Variantenbetrachtung!

1. Variante	**mit**	**50,00 €**	**Umsatz**	**bei**	**30% im Direktvertrieb für den Verkäufer**	15,00 €

2. Variante	**mit**	**5 Ebenen**	**zu 6%**	**Umsatzbeteiligung**	
1. Ebene	**5** Personen mit je	50,00 € Umsatz ergibt	**250,00 €** Umsatz.	Davon 6% ergibt	15,00 €
2. Ebene	**25** Personen mit je	50,00 € Umsatz ergibt	**1.250,00 €** Umsatz.	Davon 6% ergibt	75,00 €
3. Ebene	**125** Personen mit je	50,00 € Umsatz ergibt	**6.250,00 €** Umsatz.	Davon 6% ergibt	375,00 €
4. Ebene	**625** Personen mit je	50,00 € Umsatz ergibt	**31.250,00 €** Umsatz.	Davon 6% ergibt	1.875,00 €
5. Ebene	**3125** Personen mit je	50,00 € Umsatz ergibt	**156.250,00 €** Umsatz.	Davon 6% ergibt	9.375,00 €
					0,00 €
Gesamt	**3905** Personen mit je	50,00 € Umsatz ergibt	**195.250,00 €** Umsatz.	Davon 6% ergibt	11.715,00 €

3.Variante	**mit**	**6 Ebenen**	**zu 5%**	**Umsatzbeteiligung**	
1. Ebene	**5** Personen mit je	50,00 € Umsatz ergibt	**250,00 €** Umsatz.	Davon 5% ergibt	12,50 €
2. Ebene	**25** Personen mit je	50,00 € Umsatz ergibt	**1.250,00 €** Umsatz.	Davon 5% ergibt	62,50 €
3. Ebene	**125** Personen mit je	50,00 € Umsatz ergibt	**6.250,00 €** Umsatz.	Davon 5% ergibt	312,50 €
4. Ebene	**625** Personen mit je	50,00 € Umsatz ergibt	**31.250,00 €** Umsatz.	Davon 5% ergibt	1.562,50 €
5. Ebene	**3125** Personen mit je	50,00 € Umsatz ergibt	**156.250,00 €** Umsatz.	Davon 5% ergibt	7.812,50 €
6. Ebene	**15625** Personen mit je	50,00 € Umsatz ergibt	**781.250,00 €** Umsatz.	Davon 5% ergibt	39.062,50 €
Gesamt	**19530** Personen mit je	50,00 € Umsatz ergibt	**976.500,00 €** Umsatz.	Davon 5% ergibt	48.825,00 €

Der Unterschied, ob ein Unternehmen bis zur fünften Ebene 6 % auszahlt oder ob es auf sechs Ebenen „nur“ 5 % sind, ist für das Totalergebnis erstaunlich! Voraussetzung für dieses Beispiel ist eine 5er-Duplikation, mit einem Umsatz von lediglich 50 € pro Teilnehmer und einer Provisionsausschüttung von 30 %.

Beim klassischen Direktvertrieb erhält ein Verkäufer die gesamten 30 % Provision – je mehr direkte Partner er hat, umso größer ist sein Einkommen. Begrenzt wird dieses durch die (Lebens-)Zeit, die er in seinen Vertrieb steckt.

Im zweiten Teil der Abbildung für ein typisches Network-Marketing werden 30 % mit je 6 % Provision auf fünf Ebenen berechnet, was bei einem Umsatz von 50 € je Partner eine Auszahlung von 9.375,00 € entsprechen würde. Gegenüber 39.062,50 € im dritten Teil der Abbildung eines

Ebenen-offenen Empfehlungsmarketing, in der hier beispielsweise 5 % auf sechs Ebenen vergütet werden. Die Differenz beträgt 29.687,50 € und jede weitere Ebene bringt noch erstaunlichere Provisionen hervor! Schon zehn Ebenen mit lediglich 3 % Provisionen wären exorbitant.

Fazit

Empfehlungsmarketing ist ein ständig wachsendes Geschäftsmodell, das sich mehr und mehr Unternehmen für die Distribution von Gütern und Dienstleistungen zu eigen machen, denn das Empfehlen von Produkten und Dienstleistungen geht seit jeher von Mensch zu Mensch am besten. Ziel dieses Aufsatzes sollte es sein, Ihnen unterschiedliche Vertriebswege und deren Vor- beziehungsweise Nachteile aufzuzeigen.

Das Empfehlungsmarketing wird als spezielle Form des Network-Marketing vorgestellt, charakterisiert durch die genannten Vorzüge, wie beispielsweise keinen Kapitaleinsatz, keine Lizenzgebühren und ein bewährtes Erfolgsmodell. Durch mit Zahlen unterlegte Beispiele wird Ihnen verdeutlicht, wie eine Kreation von Erfolg für ALLE möglich ist, wenn Sie das Konzept mit erfahrenen Menschen im Empfehlungsmarketing umsetzen.

Zum Abschluss noch ein Hinweis: Den Erfolg können Sie erreichen durch Ihre eigenen Erfahrungen und die daraus entstehenden Empfehlungen. Denn jeder möchte eine gute Sache an andere Menschen weiterempfehlen.

Literaturverzeichnis:

Bundesverband, N. M. (Version 2.01 2005). Network Marketing - eine neue Selbstständigkeit. Abgerufen am 10. 5 2015 von http://mlm18.de/wp-content/uploads/2012/10/Bundesverband-Network-Marketing-und-Prof.-Dr.-Michael-M.-Zacharias-Was-ist-Network-Marketing.pdf

Clausius, E. (2014). BetriebsWirtschaftsLehre - Band 1 - Einführung. Norderstedt: BoD - Books-on-Demand

Clausius, E. (2015a). Paradigmenwechsel in der Wirtschaft - von der rationalen zur emotionalen Intelligenz. Norderstedt: BoD - Books-on-Demand

Clausius, E., (2015b). Das zweite Gehalt. Norderstedt: BoD - Books-on-Demand

Failla, D. (2002). Ihre Zukunft - Das Erfolgkonzept - Wie Sie jetzt ein zusätzliches Einkommen von 2.000,- € und mehr von Ihrem Wohnzimmer aus aufbauen! Fellbach: MOM Media Medien-& Verlagsges. mbH

Steiner, G. (2014). Von Mensch zu Mensch - Einkommen und Perspektiven durch Empfehlungsmarketing. Weinstadt: Andreas Steiner e.K.

Steiner, G. (2015). Von Mensch zu Mensch 2 - Erkenntnisse und Geschichten. Weinstadt: Andreas Steiner e.K.

Jos Donners

Jos Donners, Jahrgang 1959, Niederländer von Geburt, ist bereits seit seinem 19. Lebensjahr Vollblut-Unternehmer. Ursprünglich in der IT-Branche zuhause, entwickelte er sich parallel im Bereich Vertrieb und Marketing weiter und verknüpfte seine verschiedenen Talente schon früh, um erfolgreiche Unternehmen aufzubauen. Gerade sein auf internationalem Terrain gesammeltes Know-how (Niederlande, USA, Deutschland) macht ihn heute zu einem gefragten Berater. Seine strukturierte Denkweise gepaart mit ausgeprägter Kommunikationsfähigkeit in drei Sprachen trägt dazu bei, dass er schnell durchschaut, was in Unternehmen falsch läuft und wo passende Lösungsansätze liegen. Hinzu kommt seine markante Persönlichkeit, die er selbst beschreibt als „Mischung aus holländischem Humor und deutscher Effektivität."
Seit 2007 ist er Geschäftsführer der Management Akademie NRW. Es ist ihm mit seinem Team gelungen, etliche Veränderungen in der deutschen Trainingsszene anzukurbeln. Er hat das „Kernquadrat" nach D. Ofman als bedeutsames Persönlichkeitsentwicklungsmodell nach Deutschland gebracht und darauf basierend „Kerncoaching" als neue Coaching-Methode entwickelt. Von ihm sind auch „Sales Navigation" und das „Sales Challenge Programm". Jos Donners veröffentlichte zudem in mehreren Publikationen über Führung und Vertrieb.
Er ist stolz auf den erfolgreichen Abschluss all seiner Projekte. Verantwortung für sein Handeln zu übernehmen, das hat einen sehr hohen Stellenwert: „Ich habe viel falsch – allerdings mehr noch richtig gemacht. Ich habe sowohl aus meinen Fehlern als auch aus meinen Erfolgen gelernt. Deshalb fühle ich mich berufen, mein Wissen und meine Erfahrungen an Unternehmer, Manager und deren Mitarbeiter weiterzugeben und ihnen zu helfen, mit Hürden im Leben und mit Fehlern umzugehen – nicht zuletzt, um sich nicht den Spaß im Beruflichen wie im Privaten rauben zu lassen."

www.mak-nrw.de

Auch Kunden sind eigentlich nur Menschen

Sie als Verkäufer/in sind vermutlich ausgezeichnet darauf trainiert, Ihre eigenen Produkte oder Dienstleistungen an den Mann und die Frau zu bringen. Im Rahmen Ihrer Vertriebs-Prozesse wissen Sie die richtigen ‚Produktfragen' zu stellen (wie groß, welche Farbe, welche Extras usw.) und die Antworten in Kundenwünsche und Bedürfnisse umzusetzen.

Ist das wirklich die beste Strategie? Insbesondere basierend auf meinen Erfahrungen in u.a. der IT- und der Weiterbildungs-Industrie wage ich die These, dass Kunden vom Verkäufer in erster Linie als Menschen wahrgenommen werden möchten, mitsamt ihren menschlichen Bedürfnissen. Erst wenn sich der Kunde als Mensch respektiert fühlt, stellt sich bei ihm eine höhere Kommunikationsbereitschaft ein und er öffnet sich – nun positiv eingestimmt – dafür, Ihre Produkte oder Dienstleistungen in Betracht zu ziehen.

Hieraus ergeben sich für Sie als Verkäufer/-in Chancen. Stellen Sie ‚Mensch-Fragen', bevor Sie mit den ‚Produkt-Fragen' beginnen!

Was das für Sie als Verkäufer/-in bedeutet, erfahren Sie auf den folgenden Seiten.

Kunden sind auch nur Menschen

Wenn ich in Sachen Verkaufstrainings und Beratung unterwegs bin, höre ich oft die gleichen Beschwerden von Beraterkollegen über ihre Kunden:

- Kunden sind schwierig, meckern dauernd und wollen die unmöglichsten Dinge.
- Kunden ändern ständig ihre Meinung und als Berater/-in muss man sich immer wieder kurzfristig umstellen.
- Für den Kunden ist der Preis das Allerwichtigste, Inhalte bleiben zurück oder alles andere ist Beiwerk.

Natürlich können Sie als Verkäufer/-in sich weiterhin über Ihre Kunden beschweren und sich dadurch etwas mehr im Recht fühlen, wenn Projekte oder Verkaufsgespräche suboptimal laufen. Manche Verkäufer vermarkten derartige Rechtfertigungsgeschichten sogar besser als die eigentlichen Produkte oder Dienstleistungen, für die sie bezahlt werden.

Ich finde, das Erstaunliche ist, dass Kunden manchmal gar nicht mehr als Menschen wahrgenommen werden, sondern vielmehr als Spezies, die dafür erschaffen wurde, Verkäufer/-innen das Leben zu versaue(r)n. Eine Art Parasit, der Lebensfreude saugt und zufälligerweise aber das Gehalt des Verkäufers oder Dienstleisters zahlen soll.

Aber was wäre, wenn Sie als Verkäufer/-in sich einmal selbst bei der Nase fassen und zu sich sagen würden: „Schluss damit! Kunden sind Menschen und da kann nie zu 100 % vorausgesagt werden, was passiert. Ab jetzt werde ich immer als Erstes bei mir selbst schauen, was ich besser machen kann, sodass ich mich täglich weiterentwickle. Ich nehme die Begegnung mit Kunden als Herausforderung an, um zu schauen, was gemeinsam erreicht werden kann. Denn meine Kunden treten in Kontakt mit mir, weil auch sie etwas erreichen möchten, und somit muss es doch Überschneidungen geben, an denen wir partnerschaftlich arbeiten können.

So vollziehen Sie als Verkäufer/-in automatisch einen Perspektiv-Wechsel, mit dem Sie das Leben für sich selbst, als Verkäufer und als Mensch, und gleichzeitig für Ihre Kunden erleichtern. Sie betrachten das Verkaufen aus einer anderen Perspektive und identifizieren sich mit den Kunden und einer der Haupterwartungen von Kunden, nämlich der, als Mensch wahrgenommen zu werden.

- Sie behandeln Kunden genau so, wie Sie selbst als Kunde wahrgenommen werden möchten.
- Sie schaffen Vertrauen genau so, wie Sie selbst erwarten, dass ein Verkäufer eine gute Beziehung zu Ihnen aufbaut, sodass Sie ihm vertrauen können.
- Ebenso wie Sie selbst gerne ehrlich beraten werden möchten, verkaufen auch Sie nur genau das an Ihre Kunden, was diese brauchen und nicht das, was Sie loswerden möchten oder womit Sie die höchste Provision erzielen.

Denn letztendlich geht es um Menschen, die mit Menschen umgehen, und die menschlicheren Geschäftsbeziehungen sind die nachhaltigeren.

Verkäufer kochen auch nur mit Wasser

Der Berufsstand der Verkäufer/-innen hat bei vielen Kunden ein negatives Image. Verkäufer gelten als unzuverlässig, als Schaumschläger, die viel versprechen und sich später nicht an Versprechen halten. Außerdem befürchten viele Kunden, dass Verkäufer/-innen mehr am Umsatz interessiert sind als daran, etwas Geeignetes zu verkaufen. Im Großen und Ganzen fühlen sich Kunden wohl mehr als Goldesel denn als Menschen.

Demgegenüber erfahren Verkäufer/-innen ihre ganz eigenen Frustrationen. Sie empfinden Kunden regelmäßig als ‚black boxes', die nicht wissen oder nicht preisgeben, was sie wollen, und letztendlich doch alles nur zu Dumping-Preisen kaufen möchten. Und so manche/-r Verkäufer/-in ist über ihr/sein Image beim Kunden als ‚schaumschlagender Blutsauger' sicher verstimmt.

Wenn Sie die beiden unterstellten Frustrations-Profile vergleichen, dann fällt Ihnen vermutlich auf, dass das Spannungsfeld sich bei der Verständigung über die Kundenbedürfnisse und die vermuteten Verkäufer-Absichten befindet. Die Kunden möchten als Menschen mit ihren individuellen Bedürfnissen erkannt werden und die Verkäufer/-innen möchten wissen, was die Kunden wollen. Also unterhalten wir uns doch darüber.

Als Verkäufer/-in können Sie an den Stellen, an denen Ihre Kunden Wünsche, Bedürfnisse oder Probleme haben, helfen und gerade diese als Chancen nutzen. Machen Sie sich die Vorurteile Ihrem Berufsstand gegenüber bewusst und punkten Sie genau an diesen Stellen durch klare Kommunikation. Termintreue bei Lieferung von Waren, wie z.B. Möbeln, ist oft ein wunder Punkt, bei dem viele Geschäfte nur zögerlich und auf Nachfrage von Kundenseite Auskunft geben.

Ein/-e Verkäufer/-in, die hier unaufgefordert verbindliche, einhaltbare Aussagen trifft, überrascht positiv. Eine verbindliche Aussage kann auch sein, dass sich Lieferzeiten unerwartet verlängern können, verbunden mit der Ankündigung, sich sofort beim Kunden zu melden, wenn dies absehbar wird. Außerdem vermittelt die Abfrage, wann der Kaufgegenstand benötigt wird und wie der aktuelle Bedarf momentan gedeckt werden kann, den Kunden, dass ihre Bedürfnisse einbezogen werden. So gibt es bspw. Telekommunikationsanbieter, die einräumen, dass die Bereitstellungszeiten für Internet und Telefon an einem bestimmten Standort eine Weile dauern können, die aber für die Übergangszeit freie Datennutzung über zeitlich begrenzt nutzbare SIM-Karten zur Verfügung stellen.

So fühlt der Kunde sich und seine Bedürfnisse erkannt und mit einer Lösung versehen, obwohl auf die eigentlich angefragte Dienstleistung noch gewartet werden muss. Mit etwas Fantasie fallen Ihnen sicher auch in Ihrer Sparte Möglichkeiten ein, Vorurteile professionell in Chancen zur Kundenbindung zu wandeln.

Im Folgenden möchten wir Ihnen anhand von zwei Beispielen illustrieren, was uns beim Thema Verkaufs-Optimierung wichtig ist. Denn Theorie ist eine wichtige Grundlage unserer Arbeit, aber ihre praktische Umsetzung ist letztendlich unser Erfolgsmesser. Wir haben bewusst jeweils ein Beispiel aus dem Privat- und Firmenkundenbereich gewählt sowie die Leser-Perspektiven zwischen Kunden- und Verkäufer-Sicht variiert, so wie es eben auch im täglichen Leben vorkommt.

Es war einmal ein Berater ...

Stellen Sie sich einmal vor, Sie selber bräuchten einen Berater oder Trainer, um Ihr Vertriebs-Team auf neue Ziele auszurichten. Dieser Berater kommt in Ihre Firma hinein und macht als Erstes die Bemerkung, dass die Schreibtische der Mitarbeiter so voll „Müll" sind, dass die Neuausrichtung sicher eine große Herausforderung werden wird. Natürlich wussten Sie das schon.

Als Zweites stellt er Ihnen die Frage, welche Probleme Sie mit Ihrem Team erleben und welche Mitarbeiter nicht optimal funktionieren. Und nach einer etwas längeren Diskussion möchte er wissen, wo Sie potenzielle Probleme mit Kunden sehen und wie viele Tage Sie wohl brauchen werden, um das von Ihnen erwartete Ergebnis zu erreichen. Nach dem Versprechen, innerhalb von zwei Tagen ein Angebot zu unterbreiten, das das Problem zu 100 % sicher lösen wird, verlässt der Berater die Firma und Sie fühlen sich ausgepowert ...

Der Berater jedoch berichtet im Anschluss in seiner Firma, dass er genau das herausgefunden hat, was Sie brauchen, dass er eine gute Beziehung zu Ihnen aufgebaut hat und dass er in Kürze ein Angebot herausgeben wird, dass Sie mit fast 100%iger Sicherheit annehmen werden.

Leider (oder glücklicherweise) dauert die Erstellung des Angebots dann doch zwei weitere Wochen ...

Was haben Sie von diesem Berater gelernt? Wie hat er als Verkäufer Ihre (wirklichen) Bedürfnisse ermittelt? Wo hat er gezeigt, dass er Sie als Mensch wahrnimmt? Wann hat er Zuverlässigkeit gezeigt? Und wie sieht es mit Ihrer Zuversicht aus, dass Sie eine gute Leistung erhalten werden?

Von einer anderen Warte aus betrachtet, entsteht bei dem Berater im oben angeführten Szenario möglicherweise Frustration, wenn er zwei Tage nach dem Angebot anruft und Sie ihm sagen, dass Sie sich das Ganze noch einmal überlegen möchten. Er legt frustriert auf und denkt bei sich, dass Kunden sich auch immer anders verhalten, als man es erwartet. Nun hat er so viel Zeit in Ihrer Firma verbracht und Sie haben ihm nicht vermitteln können, was Sie wollen. Kunden sind einfach schwierig und ändern ihre Meinung ständig ... So sind also mindestens zwei Menschen voneinander enttäuscht ...

Wie hätte der Berater es besser machen können? Wie hätte er die Beziehung zu Ihnen als Mensch aufbauen können?

Eine Möglichkeit wäre, die vollen Schreibtische mit einer Prise Humor zu bemerken und das Beobachtete konstruktiv zu benennen. Er könnte z.B. anmerken, dass Sie in einer sehr dynamischen Umgebung arbeiten oder dass er schon viele Erfahrungen in solch dynamischen Arbeitsumgebungen gemacht habe. Weiterhin wäre die Frage nach dem Ziel oder nach Ihrer Vision/Ihrem Idealbild richtungsweisend: „Wie sieht für Sie das optimale Team aus und was würde das für Ihre Arbeit bedeuten?“ Fragen wie „Welche Änderungen haben Sie in den letzten Jahren schon durchgeführt und welche Ergebnisse kamen dabei heraus?“ oder „Welche speziellen Herausforderungen sehen Sie für sich und Ihr Team?“ übermitteln Interesse an Ihnen als Menschen, erforschen Ihre persönlichen Wünsche (Visionen, Träume) und wertschätzen Ihre Erfahrung.

Letztendlich wäre die Frage „Wie können wir einen Erfolg messen?“ genau diejenige, mit der Sie sich schon länger beschäftigen und die Sie bei Ihrem Problem abholt. Vor allem dann, wenn Sie kostenintensive externe

Spezialisten einsetzen. In diesem Sinne können Sie als Verkäufer/-in oder Berater/-in also die folgenden ‚Mensch-Fragen' (Fragen, die sich um den Menschen hinter dem Kunden, seine Träume, Wünsche und Bedürfnisse drehen) stellen:

Persönliche Werte: Wie tickt der Kunde? Was findet er wichtig, was findet er nicht wichtig? Außerdem Fragen wie „Welche Änderungen haben Sie in den letzten Jahren schon durchgeführt? Und welche Ergebnisse kamen dabei heraus?", „Was finden Sie persönlich wichtig an einer Beratungs- oder Trainings-Maßnahme?". (Fragen über das Privatleben werden schon oft genug in Verkaufstrainings besprochen und werden hier nicht einbezogen.)

Vision: Inwiefern geht es dem Kunden besser, wenn er die Leistung bekommen hat? Welches Bild oder Gefühl hat er dabei? Was verspricht er selbst sich davon? Für jedes Produkt, jede Leistung, jede Branche und jeden Kunden sind dies wieder unterschiedliche Fragen; so z.B. für Berater/Trainer: „Wie sieht für Sie das optimale Team aus und was würde das für Ihre Arbeit bedeuten?"

Umgebung: Wer wird von der Kaufentscheidung beeinflusst und welche anderen Menschen (Kollegen, Chefs) sollten wir berücksichtigen? Welche Entscheider, ‚Beeinflusser' usw. agieren im Hintergrund? „Welche Vorteile haben Ihre Kollegen, wenn die Maßnahme erfolgreich durchgeführt wird?" „Welche Erfahrungen machten Ihre Kollegen in der Vergangenheit mit Beratern/Trainern und was darf auf keinen Fall wieder passieren?" „Wie können wir Ihre Kollegen ins Boot holen?"

Vertrauen: Wie kann der Verkäufer dem Kunden glaubhaft versichern, dass er es wichtig findet, dass die Leistung die Erwartungen erfüllt und dass er sich persönlich darum kümmern wird, dass das Ergebnis so ist, wie der Kunde sich das wünscht? Hier sind Fragen wichtig wie: „Woran können wir den Erfolg messen?" oder „Wann ist für Sie unser/-e Produkt/Leistung erfolgreich?" und „Ab wann würden Sie ein Referenzschreiben für uns erstellen?". Diese können durch eine Vertrauens-Aussage ergänzt werden, wie z.B.: „Natürlich kann ich nie einen 100%igen und sofortigen Erfolg garantieren, denn wir arbeiten mit Menschen. Aber ich kann Ihnen versichern, dass ich mich persönlich darum kümmere, dass wir gemeinsam ein auf Ihre Abteilung zugeschnittenes Optimum entwickeln."

Bitte reflektieren Sie einmal, welche Fragen Sie als Verkäufer/-in normalerweise stellen: Sind es bisher ausschließlich Produktfragen oder darüber hinaus auch Menschfragen?

Bettgeschichte ... und sie schliefen noch lange und glücklich

Stellen Sie sich einmal vor, Sie möchten sich ein neues Bett kaufen. Sie betreten mit Ihrem Lebenspartner ein renommiertes Geschäft und werden von einer Fachverkäuferin beraten. Im Rahmen des Gesprächs fokussiert die Dame auf den Verkaufsgegenstand, das Bett, und fragt ab, welche Größe, Materialien und Ausstattung es aufweisen soll und was es kosten darf. Sie merken, die Verkäuferin ist ambitioniert, empfinden ihre Beratung aber nicht als Hilfestellung und verlassen leicht irritiert das Geschäft, während Sie den Ankauf erst einmal vertagen. Eigentlich wissen Sie ja noch gar nicht genau, was Sie wollen, denken Sie bei sich.

Und auch aus der Perspektive der Verkäuferin fühlte sich dieses Gespräch möglicherweise frustrierend an. Wieder einmal gerät sie an Kunden, die nicht genau wissen, was sie möchten. Dabei sind Größe und Material doch nun wohl wirklich nahe liegende Fragen beim Kauf eines Bettes. Wie soll sie denn innerhalb eines solchen Gesprächs zum Abschluss kommen? Unsichere Kunden nerven diese tatkräftige Verkäuferin einfach, da bekommt sie beinahe eine allergische Reaktion.

Was kann die Verkäuferin aus Ihrer Sicht besser machen? Uns fällt hierzu Folgendes ein:

Es stimmt vielleicht, dass Sie, als Kunde, sich nicht ausgiebig informiert haben, bevor Sie in das Geschäft gekommen sind, aber für die Fachverkäuferin ist das eine Chance. Denn Sie, als ihre potenziellen Käufer, sind offen für Beratung und noch flexibel in Ihrer Kaufentscheidung.

Die wichtigste Verbesserung an dieser Stelle ist wohl der Beziehungsaufbau zu Ihnen als Mensch noch vor der Darstellung des Produkts. Die Verkäuferin fragt nach Ihrem heutigen Wohlbefinden, erfragt im kleinen Small Talk ein wenig den Verlauf Ihres Tages und erfährt so etwas mehr über Sie. Sie kreiert damit eine freundliche Atmosphäre, lernt Ihre Bedürfnisse kennen und kann das vorhandene Angebot für Sie eingrenzen. Wer ist das eigentlich, der da kaufen möchte? Welchen Beruf üben Sie aus, wie sieht Ihr Alltag aus, haben Sie Rückenprobleme, in welcher

Haltung schlafen Sie? Diese Fragen transportieren nicht nur Interesse an Ihnen als Kunden, sondern demonstrieren gleichzeitig auch Fachwissen im Gebrauchs-Zusammenhang. Und letztlich hilft die Verkäuferin Ihnen, sich Ihrer eigenen Bedürfnisse bewusster zu werden, und erleichtert Ihnen die Kaufentscheidung.

Genau wie beim Berater im vorigen Beispiel können wir auch hier die folgenden ‚Mensch-Fragen' differenzieren:

Es geht in diesem praktischen Fall um drei Gebiete, die die Verkäuferin erschließen kann, um Sie persönlich anzusprechen und Sie als Menschen zu wertschätzen: Sie kann Ihnen helfen, Ihre Vision/Ihr Bild vom perfekten Bett zu skizzieren, Ihre persönlichen Werte, die die Kaufentscheidung beeinflussen, zu benennen und Ihre Umgebung bzw. Faktoren außerhalb Ihrer persönlichen Wünsche, die mit einbezogen werden müssen, zu klären:

Persönliche Werte: Welchen Beruf üben Sie aus? Wie sieht Ihr Alltag aus? Haben Sie Rückenprobleme? In welcher Haltung schlafen Sie? Was finden Sie persönlich wichtig an einem Bett?

Vision: Wie möchten Sie am liebsten schlafen? Was versprechen Sie sich von einem neuen Bett?

Umgebung: Wen müssen wir noch berücksichtigen? Schlafen Sie allein? Wo steht das Bett? Wie sieht das übrige Mobiliar aus?

Vertrauen: Möchten Sie das Bett (die Matratzen) einmal für zwei Wochen ausprobieren? Möchten Sie sich hier einmal für eine Stunde zur Probe hinlegen? Wenn Sie zu 120 % zufrieden sind, dürften wir Sie dann als Referenzkunden erwähnen?

Versuchen nicht. Tun ... oder nicht tun. Keinen Versuch es gibt.

Meister Yoda, Zitat aus Star Wars Episode V,
Das Imperium schlägt zurück, 1980

Wir wünschen Ihnen, dass unser Beitrag Sie inspiriert hat, Ihre Vertriebs-Praxis an bestimmten Stellen mit anderen Augen zu betrachten. Unsere übergeordnete Botschaft an Sie ist: Um noch erfolgreicher zu verkaufen, reflektieren Sie doch einmal, ob Sie schon alle richtigen Fragen stellen und ob Sie eine Produkt-/Dienstleistungs-orientierte oder eine Menschen-orientierte Person oder irgendetwas dazwischen sind.

Möchten Sie unsere Ansatze testen und Ihren Vertrieb noch weiter optimieren?

Dann ermutigen wir Sie in diesem Sinne dazu:

- Werden Sie zum Kunden, bevor Sie beginnen, mit Kunden zu sprechen, und betrachten Sie das Ganze aus der Kundenperspektive! Danach können Sie Ihren ‚Verkäuferhut' wieder aufsetzen.
- Bauen Sie menschliche Beziehungen zu Ihren Kunden auf!
- Stellen Sie Mensch-Fragen statt Produkt-Fragen!

Durch Ihre Verkaufs-Erfahrung sind Sie sicher bereits in der Lage, allein durch die Lektüre dieses Beitrags Ihre tägliche Arbeit einmal zu reflektieren. Viele unserer Kunden schätzen jedoch auch die hohe Effektivität und Effizienz der Erarbeitung von Verkaufsstrategien in Trainingsgruppen. Sollte es Ihnen ähnlich gehen, dann sprechen Sie uns gerne an und erörtern Sie Ihren Bedarf mit uns!

Wechseln Sie zur menschlichen Seite der Macht!

Ihr Jos Donners
Management Akademie NRW

Karl Drack

„Wer aufhört, besser zu werden, hat aufgehört, gut zu sein." (Seneca)

Studium an der Universität Passau (D) und Universität Linz (A).
Abschluss als Magister der Wirtschafts- und Sozialwissenschaften.

Zahlreiche Trainerlizenzen. Langjähriger Betriebsleiter im Gesundheitsheitsbereich. Spezialisierung im Kompetenzmanagement als Unternehmensberater und Coach. Seit 1998 über 60 Unternehmensberatungsprojekte und über 400 Einzelcoachings.

Seit 1998 an der BSA-Akademie und an der Deutschen Hochschule für Prävention und Gesundheitsmanagement (DHfPG) als Dozent und Prüfer (dhfpg-bsa-de) tätig.

Nähere Informationen und Kontakt unter
www.drack.com

„Das Glück bevorzugt den vorbereiteten Geist." Louis Pasteur

Zukunftsimpulse –
Marktpotenziale erkennen und nutzen

Konstante „Veränderung"

Die zunehmende Globalisierung, Internationalisierung, hohe Komplexität, steigende Dynamik und teilweise Unberechenbarkeit auf den Märkten erleben Menschen sowie Organisationen oftmals als Bedrohung, immensen Druck und Risiko. Verharrungstendenzen sind „menschlich" verständlich, bringen uns aber nicht weiter! Wie gelingt es uns, diesen beschleunigten Wandel eher als Herausforderung, Chance, unveränderliche Konstante zu sehen? Die einzige Konstante ist nun mal der Wandel. Und: Wer nicht mit der Zeit geht, geht mit der Zeit! Nur tote Fische schwimmen dauerhaft mit dem Strom. Sehr treffend schreiben Wilkes/Stange in ihrem Buch „Gnadenlose Erfolgskette": „Verantwortungsvolles und nachhaltiges Managen heißt, die Zukunft für das Unternehmen – wo weit es geht – vorhersehbar zu machen und das Unternehmen rechtzeitig darauf einzustellen." Es gibt grundsätzlich keine „schlechten" Zeiten. So manche Zeiten werden einfach nicht ausreichend genutzt. Beschäftigen Sie sich durchaus im Fachmagazin OrganisationsEntwicklung (www.zoe.ch) mit Themen wie „Das Selbst im Change Management" (1/2014), „Ausbruch aus dem Status quo", „Wir Gewohnheitstiere" (1/2013) und „Die neue Beweglichkeit" (1/2015). Erfolgreiche Menschen, Unternehmen gestalten proaktiv den nächsten Trend (mit), beschäftigen sich ausreichend mit Zukunftsfragen und vergleichen sich gerne mit den Besten. Wer sein Leben nicht proaktiv gestaltet, wird gestaltet, manchmal auch verunstaltet. (Karl Drack)

Der dänische Statistiker Björn Lomborg hat im Wirtschaftsmagazin brandeins (5/2015) mit dem Schwerpunktthema „Wo willst Du hin?" eine weltweite Befragung der UNO von 7.363.706 Menschen dargestellt. Die Rangfolge der wichtigsten fünf Punkte lautet:

- Bessere Bildung
- Bessere Gesundheitsversorgung
- Bessere Jobs
- Gutes Regierungshandeln
- Preiswerte und gesunde Nahrungsmittel

Wachstumsmärkte im 21. Jahrhundert

Laut Nefiodow (2007, S. 24) werden in den nächsten Jahrzehnten die vier Kandidaten

- Informationsmarkt
- Umweltschutz einschließlich regenerierbarer Energien
- Biotechnologie
- Gesundheitsmarkt

die gesamtwirtschaftliche Entwicklung und das Wachstum weltweit vorantreiben. Diese sogenannten langen Wellen der Konjunktur (40 bis 60 Jahre) und ihre Basisinnovationen nennt man auch Kondratieffzyklen. Solche Wellen frühzeitig zu identifizieren, bringt die Chance mit sich, neue veränderte Märkte relativ früh zu bearbeiten. „Wer sich mit der Zukunft beschäftigt, wird eine gute haben." (Laotse)

Fast alle Produkte, Dienstleistungen, Kompetenzen – die nicht dem Zeitgeist angepasst werden – verlieren an Attraktivität, Abläufe dauern zu lange, Preise müssen gesenkt werden. Sogenannte „Milchkühe" mit hohen Deckungsbeiträgen (Bruttogewinnen) werden zunehmend „Arme Hunde", die ein „Minus-Geschäft" werden. Durchaus neue Produkte/Dienstleistungen/Kompetenzen als „Fragezeichen" im Portfolio als Vorstufe zu „Stars" werden ignoriert mit möglichen Aussagen:

- Das kann nicht funktionieren!
- Das rechnet sich doch nicht!
- So ein Schwachsinn!
- Mal abwarten!

Viele Unternehmer, Führungskräfte, aber auch Angestellte ertrinken im „Tagesgeschäft" und erkennen nicht, rechtzeitig ihre Produkte, Dienstleistungen, Kompetenzen an den Zeitgeist anzupassen. Laut einer Untersuchung von der Gracht in der Lektüre „Survive" (2013, S. 11 f.) verbringen Manager gerade mal durchschnittlich 2,4 % der Zeit für die Zukunft. Es wird verabsäumt, rechtzeitig in „guten Zeiten" portfoliotechnisch in „Fragezeichen" zu investieren, die idealerweise zu „Stars" weiterentwickelt werden, um in der nächsten Stufe neue ertragsreiche „Milchkühe" zu generieren. Solange Sie mit bestimmten Produkten, Dienstleistungen, Kompetenzen „gutes" Geld verdienen, müssen Sie einen Teil davon für

„Neues/Innovatives“ investieren, um am „zukünftigen“ Markt bestehen zu können. *„Die Samen der Vergangenheit sind die Früchte der Zukunft.“ (Dalai Lama)*

Als Wissensquellen für zukünftige Entwicklungen dienen:

- Wirtschaftswoche, Brandeins, Handelsblatt, Spiegel ...
- Branchenreporte
- Kammern und Verbände
- Tagespresse
- Statistische Ämter (www.destatis.de)
- Wirtschaftsforschungsinstitute (www.gfk.de, www.prognos.com etc.)
- Bundes-/Landesministerien
- Messe und Kongresse
- Experten
- Internetrecherchen (Mitbewerber, ...)
- Fachbücher und Fachzeitschriften
- Netzwerke

Zukunftsszenarien

Beschäftigen Sie sich durchaus mal mit dem Zukunftsletter, Trendscanner, Futurezwei 2015/2016. Oftmals ist es hilfreich, Probeexemplare, Probeabos inklusive Datenbanken, Infoletter etc. anzufordern.

Interessante Zukunftsszenarien zu Themen wie

- Lernen im Jahr 2030 – Von Bildungsavataren, virtuellen Klassenräumen und Gehirn-Doping in der Führungs- und Fachkräfteentwicklung
- Zukunft. Managen – Trainieren – Gestalten: Lernen von und mit der Supply Chain
- Energy – quo vadis? 2035PLUS: Szenarien für die Energiebranche von morgen

finden Sie unter www.incore-education.org. Zahlreiche Zukunftschancen werden aufgezeigt.

Das Thema Bildung hatte ich im letzten GABAL Buchbeitrag „Impulse für eine lebensphasenorientierte Weiterbildung“ mit dem Titel „Am Puls der Zeit – Zukunftskompetenzen“ abgehandelt. Weiterführende Informationen finden Sie auch auf www.drack.com. Bildung ist die beste

Versicherung gegen Altersarmut. „Eine Investition in Wissen ergibt noch immer die besten Zinsen.“ (Franklin Benjamin)

Eine sehr interessante Fachlektüre zur Thematik „Gesundheitswirtschaft als Wachstumsmotor im 21. Jahrhundert“ empfehle ich von Granig/Nefiodow. Ebenso sind die jährlich erscheinenden Fehlzeitenreporte von Badura et al. sehr lesenswert. Jede Menge Statistiken aus allen Branchen der Wirtschaft und Zukunftsaspekte sind interessant und fachlich fundiert aufbereitet. Die Ausgabe 2014 beschäftigt sich mit „Erfolgreiche Unternehmen von morgen – gesunde Zukunft heute gestalten“. Zahlreiche Szenarien der künftigen Arbeitwelten (Jahr 2030) mit ihren vielfältigen Herausforderungen inklusive Lösungsansätze werden aufgezeigt. „Im Gesundheitssektor liegt in den nächsten 30 Jahren das größte Innovationspotential“, so die Aussage des Zukunftsforschers Eike Wenzel im Unternehmermagazin Impulse (1/2014). Big Data beschleunigt weiterhin die Revolution der Wirtschaft und Gesellschaft. Laut McKinsey Global Institute Analysis (Handelsblatt 13. 6. 2014 mit Titel „Die Zukunftsmacher“) lauten die zehn Technologien für die Welt von Übermorgen:

- Mobiles Internet
- Automatisierung der Wissensarbeit
- Das Internet der Dinge
- Cloud-Technologie
- Selbstfahrende Autos
- Genforschung
- Fortgeschrittene Roboter
- Energiespeicher
- Unkonventionelle Öl- und Gasförderung
- Erneuerbare Energien

Nichts ist unmöglich. Die Unternehmensberatung Arthur D. Little schätzt, dass der E-Health-Markt 2020 rund 233 Milliarden Dollar erwirtschaften wird (Handelsblatt online vom 10.4.2015). Die Apple Watch ab 399 Euro, nach oben 11.000 Euro verbindet die digitale Welt mit Gesundheit & Co. Apple verkaufte im Vorjahr sagenhafte 61 Millionen iPhones. Mit Apple Watch wird Cook vermutlich den nächsten Rekord einstellen (Handelsblatt 10.3. und 29.4.2015). Schlaue Winzlinge verbergen sich in den neuen Schlüsselprodukten der Digitalwirtschaft. Sie registrieren, ob der Beton bröckelt, messen den Abstand zur nächsten Stoßstange, messen den Herzschlag, berechnen den Kalorienverbrauch, analysieren die Schlafqualität. Der Elchtest von Mercedes ging einerseits als „Unglück“ in die Geschichte der Automobilbranche ein, andererseits führte dies zur elektronischen Stabilitätskontrolle durch Bosch. Heute beliefert Bosch fast jede Industrie mit Sensoren. Die Hälfte aller Smartphones ist mit den Sensoren von Bosch aus Reutlingen ausgestattet. In der nächsten Smartphone-Generation können dank Weltmarktführer im Sensorgeschäft Handys auch riechen (DER SPIEGEL vom 14.3.2015). Made in Germany. Deutschland ist in vielen Dingen weltweit ein wichtiger „Benchmark“. Einige Untertitel der interessanten Lektüre „Deutschland: sehr gut“ von Schlesinger/Werner lauten:

- Made in Germany zieht wie nie
- In der Unruhe liegt die Kraft
- Kein Europäer ist erfinderischer
- Andere kopieren unsere Berufsausbildung
- An unseren Messen kann man uns messen

„Deutsche Biotechnik im Aufwind“, so die Headline in der Wirtschaftswoche vom 22.4.2015. Der Umsatz kletterte 2014 erstmals über die Marke von drei Milliarden Euro. Ein Plus von 5,8 % gegenüber dem Vorjahr (www.biotechnologie.de). Auch die Branchenstudie „Eckdaten 2015 der Deutschen Fitnesswirtschaft“ zeigen nach Capelan et al. ein Mitgliederwachstum von beachtlichen 6,1 %. Im Jahr 2014 haben rund 9,08 Millionen Menschen in Gesundheits- und Fitnessanlagen trainiert und einen Umsatz von rund 4,7 Milliarden Euro generiert. Der Zukunftsmarkt Prävention, Fitness, Sport und Gesundheit entwickelt sich stetig weiter und bietet mit zahlreiche Chancen (www.dhfpg.de; www.aufstiegskongress.de).

Auch die Zeitschrift Wirtschaftspsychologie aktuell bietet immer wieder interessante Informationen zu Themen wie „Fit für den Erfolg“ (1/2015), „Wert der Werte“ (4/2014), „Potenziale erkennen“ (2/2014). Nicht wegzudenken ist auch der Zukunftsforscher Opaschowski mit „Deutschland 2030“, „So wollen wir leben“ und „Gebote des 21. Jahrhunderts“. In „Deutschland 2030“ beschäftigt sich Opaschowski ausführlich, fundiert und konstruktiv-kritisch auf 800 Seiten zu den Themen

Leben und Überleben – Zeitenwende, Arbeiten ohne Ende. Armut ohne Grenzen. Leben ohne Sicherheiten – Risikoszenario, Chancen und Probleme – Sozialer Wandel, Dilemma von Zeit und Geld – Konsumwelt 2030,

Formel: 0,5x2x3 – Arbeitswelt 2030, Vom Klimawandel zur Verhaltensänderung – Umwelt 2030, Generation @ – Medienwelt 2030, Vom Vereinsmeier zum Sporthopper – Sportwelt 2030, Imagination. Attraktion. Perfektion. – Erlebniswelt 2030, Zwischen Sonnen- und Seelenbaden – Urlaubswelt 2030, Zukunft findet Stadt! – Wohnwelt 2030, E plus U gleich I – Kulturwelt 2030, Lernen für ein langes Leben – Bildungswelt 2030, Mehr Pakt als Krieg – Generationenwelt 2030, Gebraucht werden – Sozialwelt 2030, Von der Beliebigkeit zur Beständigkeit – Wertewelt 2030, Zukunft menschlich gestalten – Vorsorge 2030, Zukunftsforschung gegen Zukunftsangst – Vorausschau 2030

„Eine Hand misst den Puls – die andere zeigt die Richtung: Opaschowski gelingt ein ungewöhnlicher Spagat." (R. Diez-Hochleitner, Ehrenpräsident des Club of Rome)

Auch die kritische Auseinandersetzung mit Big Data, (vermeintliche) Freiheit, Idiotismus, … des Philosophen Byung-Chul Han mit dem Buchtitel „Psychopolitik" finde ich für Zukunftsbetrachtungen hochinteressant.

Benchmarking

Der gezielte grenzüberschreitende Blick nach außen beschleunigt oftmals Erkenntnisse und kann die eigene Performance erheblich steigern. Man muss das Rad nicht immer wieder neu erfinden. Nach Siebert et al. ist Benchmarking „ein Referenzpunkt einer gemessenen Bestleistung". Diese ermittelten Bestleistungen (benchmarks) werden mit eigenen Ist-Werten verglichen und durch weitere Analysen werden Optimierungspotentiale für das eigene Unternehmen abgeleitet. Benchmarking-Objekte können

- Produkte/Dienstleistungen
- Methoden/Verfahren
- Prozesse
- Kernkompetenzen
- Konzepte
- Strategie

sein. Das Benchmarking Center Europe (www.bmc-eu.com) kommuniziert auf der Einstiegsseite (Zugriff am 25.5.2015): „Unternehmen, die ihre Business Performance durch Benchmarking mit anderen Unternehmen vergleichen, erreichen ein um 69 % größeres Wachstum und eine um 45 % höhere Produktivität." (Quelle: Price Waterhouse Coopers, Huntington Industries).

Elementare Zusammenhänge im Performance-Benchmarking zeigt das EFQM-Modell (EFQM= European Foundation for Quality Management, www.efqm.org) auf. Eine besonders wichtige Rolle nimmt natürlich die Führungskompetenz ein. Sie hat maßgeblichen Einfluss auf die (Zukunfts-) Strategie, Auswahl, Weiterbildung der Mitarbeiter, Wahl der Partnerschaften, Einsatz der Ressourcen, Management der Prozesse etc. Das Zusammenwirken der ersten fünf Kriterien führt zu bestimmten Ergebnissen bei Kunden, Mitarbeitern und der Gesellschaft. Schlüsselergebnisse sind exemplarisch Umsatz, Rendite, Liquidität, Innovationsrate, Wertschöpfung, Marktanteil, Markenwert, Attraktivität als Arbeitgeber, ...

Die Ergebnisse werden wieder mit Benchmarks (Spitzenwerten) verglichen. Sogenannte „Leistungslücken“ werden erkannt und über „Lernen, Kreativität und Innovationen“ eliminiert bzw. verringert. Manchmal werden auch Gegner überholt. Denken Sie an „Nichts ist unmöglich!“ von Toyota.

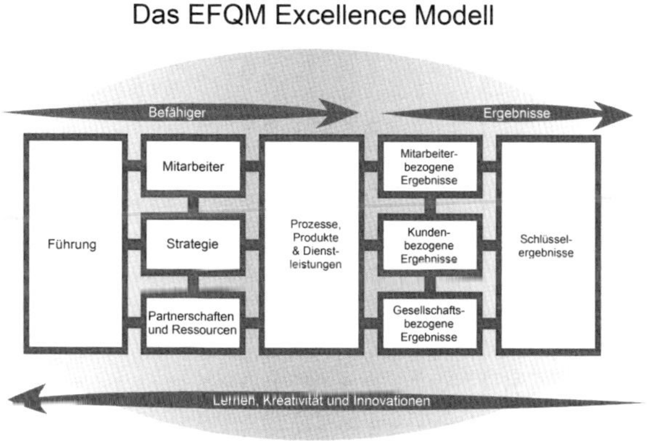

Abbildung 1: EFQM-Modell – eigene Darstellung von Karl Drack nach Kamiske

Storytelling

Im Handelsblatt werden regelmäßig Unternehmen analysiert. Am 12.5.2015 war es BMW mit der Headline „In neue Dimensionen – 5. Rekordjahr in Folge“. Wichtige Schlüsselergebnisse wie der Umsatz, Gewinn vor Zinsen und Steuern (EBIT), Umsatz nach Regionen, Gewinn im Langfristtrend etc. wurden aufgezeigt und mit anderen Herstellern verglichen. Als Stärke 1 wurde die sehr hohe Wertschöpfung mit 166.650 Euro je Mitarbeiter mit Daimler 103.606 Euro und VW mit 899.681 Euro dargestellt. Stärke 2 war die hohe Attraktivität als Arbeitgeber. Auch ein Stresstestvergleich mit VW und Daimler in Richtung Zukunft hat BMW klar für sich entschieden. Konkurrenz belebt das Geschäft. Daimler hat die Aufholjagd schon begonnen. „Das Beste oder nichts" als Mission. Das Jobnetzwerk XING kürte den bayerischenAutobauer zum dritten Mal zum besten Arbeitgeber Deutschlands. Auch in der Wirtschaftswoche vom 27.4.2015 ist BMW im Spitzenfeld vertreten (Nr. 1 bei Wirtschaftswissenschaftlern, Nr. 2 bei den Ingenieuren, Nr. 6 bei den Informatikern, Nr. 12 bei den Naturwissenschaftlern). Benchmarks und Anregungen in Sachen „Attraktiver Arbeitergeber" finden Sie auch unter www.greatplacetowork.de.

Auch im deutschen Markenranking 2014 war BMW vor Audi, Porsche, Volkswagen, Bosch, Siemens und Daimler gelistet (Wertung „Deutsche Unternehmensmarke International"). Gefragt sind laut Handelsblatt bei BMW nicht nur Spezialisten für den klassischen Autobau, sondern zunehmend werden Menschen aus der IT-Industrie eingestellt, um den Sprung in die Digitalisierung zu meistern. Ein neues Forschungs- und Entwicklungszentrum (FIZ) könnte im Norden Münchens langfristig bis zu 15.000 zusätzlichen Entwicklern Platz bieten. Ja, wo brummt die Wirtschaft – und wo gehen die Lichter aus? Der Kommunen-Check (Wirtschaftswoche vom 1.12.2014) beschert München im Städte-Ranking 2014 wie im Vorjahr Rang 1 vor Erlangen, Ingolstadt, Wolfsburg, Stuttgart und Regensburg, Frankfurt am Main. Aufgenommen wurden alle kreisfreien Städte über 100.000 Einwohner mit den Beurteilungskriterien (Gewichtung in Klammern) Arbeitsmarkt (40 %), Wirtschaftsstruktur (30 %), Immobilienmarkt (20 %), Lebensqualität (10 %). Auch Zukunftsplaner in der Politik – egal auf welcher Ebene – müssen sich noch effizienter mit Zukunftsszenarien beschäftigen, um Deutschland weiterhin unter den wichtigsten 5 Volkswirtschaften weltweit zu sehen.

Die „Spiegel-Serie Deutschland 2030" beschäftigt sich mit möglichen Entwicklungen (Spiegel vom 14.3.2015). „Deutschland wird nicht scheitern!", so meine Prognose. Die noch nicht genannten rund 1500 Hidden Champions als Weltmarktführer im deutschsprachigen Raum werden dafür sorgen. Jede Menge Inspirationen erhalten Sie über den Spezialisten Simon mit der Lektüre „Hidden Champions – Aufbruch nach Globalia".

Zahlreiche Best-Practice-Beispiele finden Sie auch im Buch „Marketing jenseits vom Mittelmaß“ von den Autoren Halene/Scherer. Benchmarking ist kein Ersatz für eigene mangelnde Kreativität. Durch Benchmarking wird uns oftmals erst bewusst, dass andere Unternehmen, Organisationen, Teams, Menschen (vielleicht auch nur in Teilbereichen) wesentlich produktiver und leistungsfähiger sind. Produktivitätsfortschritte sind nicht aufzuhalten und sichern die Existenz. Das Bessere ist des Guten Feind. Wir sollten auf den Zukunftswellen surfen und nicht dagegen ankämpfen. Ich hoffe, ich konnte Sie in Sachen Zukunft etwas inspirieren. „Leben ist Veränderung. Für Wachstum musst Du Dich entscheiden. Wähle klug.“ (Karen Kaiser Clark)

Ihr Karl Drack

Literatur:

Becker, M./von der Gracht, H.: Lernen im Jahr 2030 – Studie 2014

Badura et al: Fehlzeiten-Report 2014 – Erfolgreiche Unternehmen von morgen – gesunde Zukunft heute gestalten

Capelan,R./Fütterer,S./Gronau, N./Hollasch, K./Kamberovic, R./Papathanassiou,V.: Eckdaten 2015 der deutschen Fitnesswirtschaft – DSSV/Deloitte/DHfPG

Drack, K.: Am Puls der Zeit – Zukunftskompetenzen. In: Impulse für eine lebensphasenorientierte Weiterbildung. 2015

Halene, J./Scherer, H.: Marketing jenseits vom Mittelmaß – 100 Best-Practise-Beispiele. 2015

Granig, P./Nefiodow, L. A.: Gesundheitswirtschaft – Wachstumsmotor im 21. Jahrhundert. 2011

Heyse, V.(Hrsg.): Aufbruch in die Zukunft: Schlüsselkompetenzen in Schulen und Hochschulen 2014

Heyse, V./Giger, M.: Erfolgreich in die Zukunft. Schlüsselkompetenzen in den Gesundheitsberufen. 2015

Kamiske, G. F.: Handbuch QM-Methoden. 2012

Nefiodow, L.A.: Der sechste Kondratieff. 2007

Opaschowski, H. W.: Deutschland 2030 – Wie wir in Zukunft leben. 2013

Opaschowski, H. W.: So wollen wir leben. 2014

Rumpf, J./Eilers, S.: Die jüngere Generation in einer alternden Arbeitswelt. 2013

Schlesinger, C./Werner, M.: Deutschland: sehr gut. 2010

Simon, H.: Hidden Champions – Aufbruch nach Globalia. 2012

von der Gracht, H.: Survive – So bleiben Manager auch in Zukunft erfolgreich. 2013

Wilkes, M. W./Stange, K.: Gnadenlose Erfolgskette. 2008

Internetquellen:

www.brandeins.de, www.drack.com, www.efqm.org, www.geowissen.de, www.greatplacetowork.de, www.handelsblatt.de, www.impulse.de, www.incore-education.org, www.managerseminare.de, www.spiegel.de, www.wirtschaftspsychologie-aktuell, www.wirtschaftswoche.de, www.zeitwissen.de, www.zoe.ch, www.zukunftsletter.de

Thomas Eckardt

„Mit 17 las er Sigmund Freud, mit 20 wusste er, dass er selbstständig sein will, mit 22 Jahren wusste er, dass als Psychologe freiberuflich arbeiten will. Und so ist es gekommen. Der heute 55-Jährige Diplom-Psychologe coacht international Führungskräfte, leitet Workshops für Fachkräfte und trainiert Außendienstmitarbeiter für Verkaufsgespräche. Zu seinen Kunden zählen die Lufthansa, Bosch und die Paul Hartmann AG. Diese besucht er seit vier Jahren im eigenen Flugzeug, mit einer 22 Jahre alten TB9." (Zitat aus dem Handelsblatt)
Seit 1989 ist er ein freier Mitarbeiter von renommierten Unternehmensberatungen und Trainingsinstituten, außerdem ist er freiberuflich als Trainer und Dozent im Bereich Beratung, Training & Coaching tätig.

Geschäftsführer
eckardt global Ltd.

www.eckardt-training.de

Verkaufserfolg ist eine Sache der richtigen Strategie

Verkaufen, erfolgreich verkaufen. Das will jeder Verkäufer, zumindest jeder, dem der Verkauf wirklich am Herzen liegt. Gehen wir doch einfach mal davon aus, dass Sie ein Vollblut-Verkäufer sind bzw. werden wollen. Dann bringen diese 10 Strategien Sie weiter – zu Ihren ganz persönlichen Verkaufserfolgen!

Die heutige Marktgeschwindigkeit und der steigende, internationale Wettbewerbsdruck sind die Vorboten für das, was in den nächsten Jahren als sogenannter „Hypermarkt" auch in unserem Land verstärkt Einzug halten wird. Nur „gut" zu sein, reicht nicht mehr aus. Kunden fordern außergewöhnliche Leistungen, ob als Produkt oder als Dienstleistung. Sie sind extrem preiskritisch und werden immer unberechenbarer. Die Kunden von „morgen" lassen sich nicht mehr so leicht in kleine Marktsegmente einsortieren. Vor diesem Hintergrund ist effiziente Vertriebsarbeit ein unternehmerischer Erfolgsfaktor. Die Aufgaben, die heute in den Unternehmen gelöst werden, bestimmen häufig die unternehmerische Zukunft.

Strategie Nr. 1: Benutzen Sie Ihre Vorstellungskraft!

Haben Sie den Mut, in größeren Dimensionen zu denken, Ihre Fantasie zu nutzen und sich die höheren Verkaufserfolge schon einmal gedanklich attraktiv auszumalen? Diesen Mut müssen Sie finden. Je klarer, emotionaler und dauerhafter Ihre Vorstellung von größeren Verkaufserfolgen ist, umso eher werden sie Wirklichkeit. Stellen Sie sich daher nicht nur das „Ende der Reise" – also etwa das Umsatzziel am Jahresende – vor, sondern erwarten Sie auch, dass genau das eintreffen wird, was Sie in Gedanken bereits erreicht haben. Alles, was Sie tun, sollten Sie aus dem Glauben an diese künftigen Verkaufserfolge tun!

Fragen Sie sich in jeder Situation: Handle ich aus dem Glauben heraus, diese größeren Aufträge auch zu erreichen? Ergänzen Sie dann Ihre Vorstellung durch ein ganz wichtiges Erfolgsgesetz: Man muss mit dem, was man erreichen will, in Einklang sein!

Sie müssen sich schon vorher sowohl gedanklich als auch konkret mit den Fragen und Besonderheiten auseinandersetzen, die mit größeren und ehrgeizigeren Verkaufszielen unweigerlich auf Sie zukommen.

1. Mit den Veränderungen hinsichtlich potenterer Kunden:
   - Was denken sie?
   - Welche Art von Kundentypen sind sie?
   - Nach welchen Kriterien entscheiden sie?
   - Auf welche Referenzen legen sie Wert?

2. Mit den Veränderungen hinsichtlich der neuen Angebots-Erwartungen:
   - Wie sehen ihre speziellen emotionalen Bedürfnisse aus?
   - Welchen besonderen Nutzen erwarten die Kunden?
   - Wie sehen ihre speziellen sachlichen Bedürfnisse aus?
   - Mit welchen Wettbewerbern bzw. Wettbewerbsleistungen vergleichen sie?

3. Mit den Veränderungen hinsichtlich der neuen, notwendigen Strategien:
   - Wie gewinnen Sie sofort die Aufmerksamkeit dieser Zielgruppe?
   - Wie erreichen Sie einen Termin bei dieser Zielgruppe?
   - Was überzeugt sie am besten? Facts oder Geschichten?
   - Welches Abschlussverhalten zeigen sie?

Strategie Nr. 2: Probieren Sie etwas Neues, um größere Aufträge zu generieren!

Top-Verkäufer sind vor allem deshalb so erfolgreich, weil sie immer bessere Strategien entwickeln. Ein Beispiel für einen außergewöhnlichen Umsatzsprung ist der Versicherungsmakler, der dank neuer Strategien seinen Umsatz verdoppeln konnte:

1. Er änderte seine Büro-Öffnungszeiten
Dadurch erreichte er zehn Verkaufsgespräche mehr im Monat, was bei einer Abschlussquote von 60 % sechs Geschäfte mehr im Monat und ca. 60 Verträge mehr im Jahr bedeutete.

2. Er veränderte sein Vertriebskonzept
Auf der Basis einer klaren Wochenplanung aller Gespräche konzentrierte er sich darauf, zuerst emotionale Beziehungen zu seinen Kunden herzustellen, notierte deren Wünsche und Interessen, um in seiner Argumentation direkt darauf eingehen zu können.

3. Er analysierte alle Verkaufsgespräche
Er führte eine genaue statistische Auswertung hinsichtlich Kontaktzahl, Abschlussquote und anderer Quoten durch, um so die Ursachen seiner

Erfolge und Misserfolge sowie Verbesserungsmöglichkeiten zu erkennen.

4. Er stellte eine Vertriebsassistentin auf Minijob-Basis ein

Sie rief zweimal pro Woche 3-4 Stunden lang 40 Adressen an und erreichte dabei eine Erfolgsquote von 1/3. Diese Termine ermöglichten dem Finanzberater einen motivierenden Wochenstart am Montag.

5. Er spezialisierte sich auf Jugendliche, Kinder und deren Großeltern Sie brachten ihm nicht nur einen Sofort-Umsatz, sondern verjüngten auch seinen Kundenstamm. Außerdem legte er damit die Grundlage für ein großes Umsatzpotenzial in der Zukunft.

Strategie Nr. 3: Arbeiten Sie auf ein bestimmtes Ergebnis hin!

Um größere Aufträge zu erreichen, kommt es nicht darauf an, was Sie tun, sondern was für Ergebnisse Sie dabei erreichen. Fragen Sie sich daher immer wieder: „Bringt mich das, was ich gerade tue, meinem Ziel (größere Aufträge) einen Schritt näher?"

Der beste Weg, um größere Aufträge zu erreichen, besteht darin, dass Sie Ihr Unbewusstes auf diese gewünschten Ergebnisse hin programmieren. Beispiel „telefonische Terminierung": Telefonieren Sie so lange, bis Sie die gewünschte Anzahl von Terminen erreicht haben. Nur wenn Sie so lange akquirieren, bis Sie die gewünschten Termine oder die geplanten Tagesumsätze erreicht haben, programmieren Sie Ihr Unbewusstes auf den Erfolg.

Mit dieser permanenten Programmierung auf konkrete Ergebnisse hin treten Sie künftig bereits beim ersten Kontakt mit fester Entschlossenheit auf. Genau diese feste Entschlossenheit verschafft Top-Verkäufern einen uneinholbaren Vorsprung vor mittelmäßigen Verkäufern, die erst dann wach werden, wenn die notwendigen Umsätze fehlen.

Ihre Entschlossenheit hat noch einen weiteren Vorteil: Ihre Kunden nehmen Ihre Entschlossenheit wahr. Das verstärkt auch die Entschlossenheit Ihrer Kunden, wirklich zu kaufen.

Ihr Unbewusstes können Sie hinsichtlich der „größeren Aufträge" am besten durch drei Schritte einbinden:

1. Durch eine klare Willensdeklaration („Ich will am ... das Ziel X erreichen!")
2. Durch eine bildhafte Ziel-Vorstellung („Ich stelle mir einen Platz unter den Top 10 vor!")

3. Durch den Glauben an den Erfolg („Ich beweise meinen Glauben, indem ich z.B. mit einem Seminar in meinen Erfolg investiere!")

Strategie Nr. 4: Setzen Sie auch Ihre Willenskraft ein!

Emil Coué (Begründer Autosuggestion) sagte: „Im Widerstreit zwischen Wille und Vorstellungskraft siegt immer die Vorstellungskraft. Aber wenn Wille und Vorstellungskraft in die gleiche Richtung zielen, so addieren sich ihre Energien nicht, sondern multiplizieren sie sich!" Nur wenn Ihr Wille (Bewusstsein und Verstand) und Ihre Vorstellungskraft (Unbewusstes mit Wünschen, Sehnsüchten und Antrieben) das Gleiche wollen, haben Sie eine echte Chance zu Spitzenleistungen.

Definieren Sie daher Ihr Ziel, größere Aufträge zu erreichen, in Form einer klaren Affirmation: „Ich will bis zum Jahresende meinen Umsatz um 30 % erhöhen!" Wiederholen Sie diese Willensdeklaration, bis sie in Ihr Unbewusstes eingedrungen ist. Stellen Sie sich dabei auch die Realisierung Ihres Ziels so bildhaft wie möglich – also in allen Einzelheiten – vor und schreiben Sie diese Deklaration auf!

Strategie Nr. 5: Mobilisieren Sie Ihre stärkste Motivation!

Erfolgreiche Verkäufer tun alles, um ihre Motivation vor unnötigen Beschädigungen (z.B. durch Misserfolge) zu schützen und sie immer wieder mit neuen Motivationsimpulsen (z.B. Erfolgserlebnissen) zu füttern.

• Durch gezielte Selbstmotivation auch andere motivieren

Die Fähigkeit, sich und andere zu motivieren, ist ein Schlüsselfaktor für die wirksame Teamarbeit. Selbstmotivierte Menschen haben immer ein Ziel vor Augen, eine sogenannte „Vision". Sie sehen sich und ihre Aufgabe in eine große Zielsetzung integriert. Tipp: Stellen Sie sich regelmäßig, einmal pro Tag, Ihre Unternehmens- und Lebensvision vor. Nutzen Sie diese Kraft und vermitteln Sie sie auch Ihren Mitarbeitern. Sprechen Sie regelmäßig mit Ihren Mitarbeitern über Ihre Visionen. Nicht selten stellt sich heraus, dass die einzelnen Menschen unterschiedliche Sichtweisen dieser Vertriebs-Vision besitzen. Je übereinstimmender diese Vorstellungen sind, desto wirksamer sind sie.

Tun Sie tagtäglich etwas für Ihre Motivation, damit sie nicht schwindet. Lassen Sie sich nicht durch negative Gedanken von Ihrem Ziel abbringen. Stoppen Sie jeden negativen Gedanken der Resignation, der Hilflosigkeit, der Selbstabwertung oder der eigenen wie fremden Schuldzuweisung nach Misserfolgen. Bauen Sie sich stattdessen trotz aller Schwierigkeiten mit positiven, ermutigenden und konstruktiven Aussagen wieder auf, um den nächsten Kundenbesuch starten zu können. Die Qualität Ihres positiven Selbstgesprächs entscheidet über die Qualität Ihres Erfolges!

So motivieren Sie sich dauerhaft:

1. Bereiten Sie sich am Freitagnachmittag auf die kommende Woche vor. Je genauer Sie sich vorher auf bestimmte Ergebnisse vorbereiten, umso eher werden Sie sie auch erreichen.
2. Stellen Sie sich vor, wie Sie die gewünschten Abschlüsse erreichen. Ein attraktives Vorstellungsbild zieht auch die entsprechenden, erfolgreichen Handlungen an.
3. Verstärken Sie Ihre Kompetenz durch Lektüre, Seminare oder Erfahrungsaustausch. Alles, was Sie neu erfahren, motiviert Sie auch, es anzuwenden.
4. Bauen Sie sich in schwierigen Situationen immer wieder durch positive Affirmationen („Ich gebe nicht auf! ... Ich erreiche mein Ziel!“) auf.
5. Treten Sie auch nach Misserfolgen (körpersprachlich) so auf, wie jemand, der erfolgreich ist. („Handle erfolgreich und Du wirst erfolgreich werden!“)
6. Ermutigen Sie sich durch optimistische Selbstgespräche. Sagen Sie sich, dass Misserfolge schnell vorbeigehen, dass sie Einzelfälle darstellen und vor allem auf negative Umstände zurückzuführen sind.
7. Denken Sie an Ihre stärksten Wünsche. Bilden Sie aus Ihren drei stärksten Wünschen eine Wunschcollage, die Sie z.B. vor dem Telefon aufhängen können.
8. Erinnern Sie sich an frühere Erfolge. Führen Sie z.B. eine Kopie Ihres größten Auftrags oder Provisionsschecks als Erinnerung mit sich.
9. Besuchen Sie gute (freundliche) Stammkunden. „Tanken“ Sie nach Misserfolgen oder an besonders schlechten Tagen bei solchen Kunden wieder geistig und emotional auf.
10. Mobilisieren Sie nach Misserfolgen eine starke Wut- und Trotzreaktion. Setzen Sie die Wut über „verlorene Aufträge“ oder nicht eingehaltene Versprechungen in eine echte Trotzreaktion um, mit dem Ziel, bei den nächsten Kunden die Scharte wieder auszuwetzen.

- In 5 Minuten sich selbst spontan motivieren

Ein Tipp für Sie zur Selbstmotivation: Schließen Sie die Augen, stellen Sie sich eine Lebenssituation vor, in der Sie sehr viel Energie entwickelt haben, im Sport, im privaten Leben, im Hobby, u. U. auch in schweren Lebenssituationen. Stellen Sie sich diese Situation vor Ihrem inneren Auge präzise und absolut genau vor. Wenn Sie den Moment deutlich visualisiert haben, in dem Sie am stärksten fühlen, ballen Sie bitte dreimal die rechte Faust und merken sich ganz genau diesen Zustand. Ballen Sie tagsüber regelmäßig die Faust und erzeugen Sie wieder diesen energiegeladenen Zustand. Wenn Sie merken, dass Ihr Motivationsniveau absinkt, ballen Sie mehrmals die Faust und Sie werden sofort spüren, dass Sie wieder kraftvoller sind.

Strategie Nr. 6: Verkaufen Sie mit Begeisterung

Erfolgreiche Verkäufer sehen in ihrem Beruf ihre „Berufung". Deshalb strahlen sie Begeisterung aus und können diese Begeisterung auch auf ihre Kunden übertragen. Hier gilt: Je mehr Sie von Ihrem Beruf wissen, desto begeisterter sind Sie, und je begeisterter Sie sind, desto schneller können Sie Ihre Kunden begeistern.

Top-Verkäufer wissen, dass 2/3 aller Industriekunden und 3/4 aller Privatkunden erst dann abschließen, wenn der Verkäufer es verstanden hat, sie zu begeistern. Begeisterung erzielen Sie, indem Sie dem Kunden sagen, wie gut er sich mit Ihrem Produkt fühlen wird, wie es sein Leben positiv verändern wird, wie er von Ihnen als echter Partner profitieren wird.

Und: Gute Verkäufer lassen es langsam angehen. Sie schalten in Abhängigkeit von der Stimmung des Kunden langsam hoch. Sie wissen, dass ihre „innere Begeisterung" wesentlich wichtiger ist als eine aufgesetzte, zur Schau getragene Show!

Strategie Nr. 7: Lernen Sie aus Ihre Erfolgen und Misserfolgen – aber tun Sie das schnell!

Je schneller Sie aus Ihren Erfolgen und Misserfolgen lernen, desto schneller erreichen Sie auch die angestrebten größeren Aufträge.

Vermeiden Sie die schlimmsten Erfolgsfallen:

- Ruhen Sie sich nach Ihren ersten Erfolgen nicht auf Ihren Lorbeeren aus.

- Lassen Sie es nach Erfolgen auf keinen Fall langsamer angehen.
- Setzen Sie sich nach Erfolgen immer wieder neue Ziele und größere Herausforderungen.

Erfolgreiche Verkäufer sind Meister des Feedbacks, denn sie orientieren sich an den besten Erfolgsquoten, und solange sie die nicht erreichen, suchen sie permanent nach besseren Strategien.

Strategie Nr. 8: Optimieren Sie den Nutzen für Ihren Kunden!

Wenn Sie größere Aufträge wollen, müssen Sie Ihren Kunden auch einen größeren Nutzen bieten. Sie müssen aus Ihren Produkten „Ihr individuelles Angebot" machen, das nur Sie dem Kunden anbieten können:

- Machen Sie aus Ihrem Produkt in Verbindung mit Ihrer Beratung, Ihrem Service und Ihrer Betreuung ein „einzigartiges Angebot".
- Fühlen Sie sich nie als Produktverkäufer, sondern vor allem als Problemlöser und Zukunftspartner Ihrer Kunden.
- Sehen Sie es als Ihre wichtigste Aufgabe an, Ihrem Kunden durch Ihren Einsatz zu dem gewünschten Endresultat zu verhelfen.

Der Kunde erwartet von Ihnen nur eins: einen maximalen Nutzen. Dieser Nutzen besteht in Ihrer hohen Fachkompetenz, mit der Sie Ihrem Kunden sofort die gewünschten Auskünfte geben, und in Ihrer absoluten Zuverlässigkeit, was Ihre Produkt- und Serviceversprechungen betrifft.

Diese Schlüsseleigenschaften helfen Ihnen auf dem Weg zu größeren Aufträgen – ohne zusätzlichen Stress. Kunden kaufen deshalb so gern von erfolgreichen Verkäufern, weil sie ihnen neben ihren Top-Produkten noch sechs weitere, ganz entscheidende Vorteile bieten:

Die drei Kosten-Vorteile:

1. Die Kunden sparen Zeit, weil sie keine Produktaussagen nachprüfen müssen. Sie können sich auf den Verkäufer verlassen.
2. Die Kunden sparen Kosten, weil sie keine zusätzlichen Alternativ-Angebote einholen müssen. Sie vertrauen dem Verkäufer.
3. Die Kunden sparen Energie, weil sie auch bei Schwierigkeiten mit der gewünschten Problemlösung rechnen können und keine zusätzlichen Anstrengungen unternehmen müssen.

Die drei Gewinn-Vorteile:

1. Die Kunden haben einen Stimmungsgewinn, weil sie sich auf den Verkäufer freuen. Er ist kein Abstauber, der ihnen etwas aufdrängen will.
2. Die Kunden haben bessere Aussichten, weil die Produkte des Verkäufers sie erfolgreicher werden lassen.
3. Die Kunden gewinnen mehr Lebensqualität, weil der Verkäufer ihnen genau die Produkte anbietet, die exakt zu ihren Lebensentwürfen passen oder ihnen das Leben leichter machen.

Strategie Nr. 9: Gehen Sie individuell auf die unterschiedlichen Kundentypen ein!

Top-Verkäufer haben gegenüber mittelmäßigen Verkäufern um bis zu 100 % höhere Erfolgschancen, weil sie mit allen Kundentypen umgehen können. Schwächere Verkäufer können dagegen nur mit den Kunden gut umgehen, die ihnen angenehm sind oder mit denen sie von vornherein harmonieren.

Sehen Sie sich diese Kundentypen und ihre Kaufentscheidungen an:

- Der Direktor: Er möchte genau wissen, ob er mit Ihrem Angebot auch die von ihm angestrebten Resultate erreicht.

Hören Sie daher genau hin, welche Ergebnisse der Direktor erzielen möchte, und beweisen Sie ihm, dass er mit Ihrem Angebot genau diese Ergebnisse erreichen wird.

- Der Unterhaltungstyp: Er möchte bereits den Kauf als „Erlebnis“ genießen und dabei seinen Spaß haben.

Versuchen Sie alles, um das Gespräch und vor allem die Präsentation Ihres Angebots so unterhaltsam wie möglich zu machen.

- Der Beziehungstyp: Er legt vor allem auf eine gute, persönliche Beziehung zu dem Verkäufer Wert.

Beginnen Sie bei diesem Kunden erst dann Ihr Fachgespräch, nachdem Sie für eine angenehme und vertrauensvolle Atmosphäre gesorgt haben.

- Der Analytiker: Er möchte seine Entscheidung aufgrund von „harten Tatsachen“ wie Zahlen, Beweisen und Statistiken treffen.

Versorgen Sie diesen Kunden vor allem mit ausführlichen Unterlagen, damit er sich selbst überzeugen kann. Überzeugen Sie ihn vor allem mit Referenzen, die für ihn von Bedeutung sind.

Strategie Nr. 10: Bleiben Sie auch in kritischen Situationen gelassen!

Ihre Gelassenheit in kritischen Situationen entscheidet darüber, ob Sie einen Auftrag bekommen oder nicht. Denn nur die Gelassenheit ermöglicht Ihnen einen überlegten Umgang mit Schwierigkeiten, eine volle Konzentration auf die optimale Kundenlösung und die Unterstützung des Kunden durch echte Entscheidungshilfen.

Hier gilt die Erfolgsregel: Je mehr Erfolge jemand erreicht hat, je größer seine Kompetenz ist und je ehrlicher er an der optimalen Problemlösung für den Kunden interessiert ist, desto besser sind seine Voraussetzungen, in allen kritischen Situationen ruhig und gelassen zu reagieren.

Ihre innere Einstellung gegenüber allen kritischen Situationen, die im Verkauf und vor allem in der Abschlussphase auftauchen können, ist von ganz entscheidender Bedeutung. Denn Gewinner sehen Schwierigkeiten als Herausforderung.

Nur wer in kritischen Situationen gelassen und kundenorientiert bleibt, statt in Angststarre zu verfallen, schafft auch die Abschlüsse, die ein mittelmäßiger Verkäufer (selbst bei günstigen Konditionen) verliert.

Setzen Sie in kritischen Situationen vor allem auf ihre unbeirrbare Kundenorientierung. Schwächere Verkäufer denken normalerweise nur an „ihren" Erfolg und haben in kritischen Situationen sofort Angst um den Abschluss. Diese Angst strahlen sie aus und ziehen dadurch genau das Ergebnis an, vor dem sie sich fürchten.

Top-Verkäufer zeigen Gelassenheit und bewirken einen positiven Übertragungseffekt.

Fazit

Trainieren Sie Ihre geistigen und mentalen Stärken. Stellen Sie sich sehr klar das zu erreichende Ziel visualisiert vor. Nutzen Sie bewusst Ihre emotionalen Stärken. Auch Misserfolge können Teil einer positiven Lernkurve sein. Konzentrieren Sie sich auf den Kundennutzen, erkennen Sie diesen und optimieren Sie ihn. Gehen Sie bewusst in schwierige Verkaufssituationen, um sie zu trainieren und an ihnen zu wachsen. Suchen Sie stets innovative Ansätze, Ideen und Impulse, die auch gern außerhalb Ihrer Branche liegen können. Dann steht Ihrem Erfolg nichts mehr im Weg.

Marina Friess

Marina Friess ist seit 2005 Unternehmerin. Mit ihrem Weiterbildungsinstitut Feminess – Female & Business unterstützt sie Geschäftsfrauen und Frauen mit Führungsverantwortung beim Aufbau und Ausbau ihres Unternehmens. In diesem Zusammenhang hält Frau Friess unzählige Vorträge und veranstaltet jährlich Kongresse im ganzen deutschsprachigen Raum.

Seit 2015 ist sie Dozentin für Eigenmarketing an der Steinbeis Hochschule Köln.
Zahlreiche Publikationen in Online-und Printmedien wie Focus, Stern, Cash, Handelsblatt und Wirtschaftswoche sowie das jüngst erschienene Buch – Die Alpha DNA – machen sie zu einer gefragten Expertin zum Thema „Status-Prinzip" – der Erfolgsgarant für Geschäftsbeziehungen. Anhand von anschaulichen Beispielen aus ihrer Praxis erläutert sie die Wirksamkeit dieses Prinzips: Denn je höher der eigene Status, desto wahrscheinlicher ist der geschäftliche Erfolg.

Ihre Kunden lesen sich wie das Who is Who der deutschen Wirtschaft: Deutsche Bahn AG, s.Oliver, Timberland, Deutsche Bank AG, ...

Das Profil von Marina Friess runden unabhängige Expertenmeinungen ab, die ihr Know-how schätzen und ihr die Qualitätszertifizierungen „QualitätsExperte" und „TopSpeaker" verleihen.

www.feminess.eu

Kundenmagnet Kongress –

Neue Wege für mehr Sichtbarkeit am Markt

Ein Farmer, dessen Mais auf Landwirtschaftsmessen immer den ersten Preis gewann, hatte die Angewohnheit, seine besten Samen mit allen Farmern der Nachbarschaft zu teilen. Als man ihn fragte, warum er das täte, sagte er: „Eigentlich liegt es in meinem ureigensten Interesse. Der Wind trägt die Pollen von einem Feld zum anderen. Wenn also meine Nachbarn minderwertigen Mais züchten, vermindert die Kreuzbestäubung auch die Qualität meines Korns. Darum liegt mir daran, dass sie nur den allerbesten Samen pflanzen." (Methaphern-Box, Junfermannsche Verlagsbuchhandlung GmbH & Co. KG; Auflage: 1 Paderborn 30. Oktober 2005)

„Aber was hat Mais mit Marketing zu tun?", fragen Sie sich jetzt. Dann entführe ich Sie nun einmal auf den nächsten Seiten in meine Marketing-Welt. Als Firmengründerin von Feminess | Female Business veranstalte ich jedes Jahr mehrere Frauenkongresse mit 300-500 Teilnehmerinnen. Hier ist ein ausgefeiltes Marketing natürlich entscheidend für den Erfolg. Dabei setze ich nicht nur auf meine eigenen Fähigkeiten, sondern wie der Farmer in dem oben genannten Beispiel auch auf ein stabiles und starkes Umfeld, das mich dabei unterstützt, meine Ziele zu erreichen.

Ich baue mir ein starkes Netzwerk an Partnern und Helfern auf, um die einzelnen Etappen umzusetzen. Ich habe etwas Wichtiges erkannt und verinnerlicht. Ich bin nur so gut wie mein Umfeld und die Menschen, die mich unterstützen. Und wie das genau aussieht, erfahren Sie in diesem Beitrag. Eine klare, einzigartige Positionierung und ein ausgefeiltes zielgruppenorientiertes Marketing sind elementar wichtig, um potenzielle neue Kunden zu begeistern und für sich zu gewinnen, doch dazu später mehr.

Zunächst geht es darum zu wissen, was Sie mit dem Markting eigentlich erreichen möchten. Stellen Sie sich daher die Frage: „Was ist mein konkretes Ziel?" Nachdem Sie die wichtige und alles entscheidende Frage nach Ihrem Marketing-Ziel beantwortet haben, kommt die spannende zweite Frage: „Wer kann mir dabei helfen, mein Ziel zu verwirklichen?"

Wie ist es sonst, wenn wir uns ein Ziel setzen? Wenn wir etwas erreichen möchten? Wir fragen uns: „Wie kann ich dieses Ziel erreichen?"

Die meisten kommen gar nicht auf die Idee, sich unterstützen zu lassen. Wie wäre es aber, wenn der Farmer in meinem Beispiel die anderen Felder nicht mitbedient hätte? Hätte er sein Ziel erreichen können? Nein. Schauen Sie also über den Tellerrand, entdecken Sie mögliche Unterstützer und überzeugen Sie sie, Ihre Verbündeten zu werden. Ihre Zukunft planen Sie selbstverantwortlich für sich allein, aber Sie gestalten sie nicht alleine. Mit einem starken Netzwerk erreichen Sie Ihre Ziele schneller und nachhaltiger. Ich erlebe in meiner Tätigkeit als Beraterin immer wieder, dass Unternehmer und Unternehmen sich selbst einschränken, indem sie Überzeugungen haben wie: „Wenn ich mich auf andere verlasse, dann funktioniert es nicht" oder „Ich möchte unabhängig von anderen sein". Und so weiter.

Das Schlimmste an einschränkenden Überzeugungen ist, dass sie wahr werden können. Denn alles, worauf wir unseren Fokus lenken, trifft ein. Ist unser Zielfokus durch einschränkende Glaubenssätze getrübt, gewinnt der Glaubenssatz und nicht das Vorhaben. Und ganz besonders das, Alles-können-und-alles-machen-Müssen' ist der Anfang vom Ende. Die Aufgaben und Anforderungen im Marketing werden immer mehr und größer, die Kunden immer wählerischer, da sie unendlich viele Angebote bekommen. Irgendwann stellt sich die Frage: „Wie komme ich dann am besten an sie heran?"

Ich habe die Durchführung des Feminess Business Kongresses – spezialisiert für meine Zielgruppe – als effektivstes Werkzeug für die Vermarktung meiner Firma entdeckt. Und diese Vorgehensweise möchte ich Ihnen nun schmackhaft machen.

Folgende Vorteile hat ein Kongress:

- Positionierung als Experte, da Sie für Ihren Bereich einen Kongress durchführen.
- Breite Marketingmöglichkeit durch Pressepräsenz.
- Durch namhafte Referenten kann die eigene Expertise ausgebaut werden.
- Gute Plattform, um persönlich bei den Teilnehmern Werbung für die eigenen Produkte zu machen.
- Zusatzeinnahmen durch Teilnehmer und mögliche Messeaussteller.

Marketingmaßnahmen sind zeitweise sehr kostenintensiv. In Amerika heißt es sogar, dass bis zu 80 % der Einnahmen in Marketing und Vertrieb fließen sollten. Das ist eine wahnsinnig hohe Zahl. Doch stellen Sie sich einmal vor, Sie verdienen an Ihrer Marketingaktivität sogar noch Geld. Durch einen Kongress haben Sie die Möglichkeit, die Marketingkosten sofort wieder zu erwirtschaften, und zusätzlich treffen Sie ein breites Publikum, um Ihre Produkte zu vermarkten. Denn es geht doch darum, für Rentabilität zu arbeiten, nicht für Liquidität. Liquidität bedeutet im Allgemeinen die Fähigkeit, im Markt ein Wirtschaftsgut schnell gegen ein anderes zu tauschen. Auf das Marketing übersetzt bedeutet es, man tauscht Geld gegen zum Beispiel eine Zeitungsanzeige. Das sorgt dann möglicherweise kurzfristig für Neukunden, doch eine einmalige Anzeige hat keinen Langzeiteffekt. Ein Kongress hingegen ist noch Monate danach im Internet, in den Medien und vor allem in der Erinnerung der Teilnehmer präsent. Nicht zu vergessen die positiven Emotionen, die in dem Kunden an diesem Tag geweckt werden. Und Menschen treffen zu 95 % emotional eine Kaufentscheidung. Die Angebote an einem Kongresstag oder auf einer Messe werden daher viel schneller angenommen. Dadurch erhöht sich die Rentabilität exorbitant. Es geht immer um Wirtschaftlichkeit im Marketing. Kurzfristig ist ein Kongress vielleicht viel Arbeit, langfristig spielt er Ihnen immer wieder durch eine breite Öffentlichkeit zu.

Und weil ein Kongress viel Arbeit ist, empfehle ich Ihnen: Holen Sie sich als Unterstützer jemanden ins Boot, der bereits das erreicht hat, was Sie noch erreichen möchten. Erkundigen Sie sich, wer erfolgreich Kongresse durchführt, und rufen Sie seine beziehungsweise ihre Erfahrungen und Tipps ab. Sie werden feststellen, man wird Ihnen gerne helfen. Menschen mögen es, gebraucht zu werden. Sie fühlen sich dann nicht ausgenutzt, sondern wertvoll und geschätzt. Nutzen Sie dieses Phänomen für Ihre Ziele.

Eine weitere wichtige Frage lautet: Wer hat die Zielgruppe, die ich brauche, um mein Ziel zu erreichen?

Bauen Sie genau dort und gemeinsam Kontakte auf. Es ist eine Frage der Kooperation. Wichtig dabei ist allerdings, genau zu wissen, wer Ihre Zielgruppe ist. Umso konkreter die Zielgruppe feststeht, umso leichter finden Sie sie. Malen Sie sich einfach einmal Ihren Wunschkunden im Detail aus. Wie heißt er? Wie alt ist er? Der Familien.- und Berufsstand ist ebenfalls wichtig. Wo findet man diesen Kunden? Wo hält er sich auf? Was macht er in seiner Freizeit? Auch die Frage nach dem Einkommen ist wichtig. Erträumen Sie sich Ihren Wunschkunden und suchen Sie dann Menschen, die diesen Kunden bereits haben.

Ich mache das zum Beispiel beim Feminess Business Kongress jedes Jahr genau so. Ich gehe Kooperationen mit Businessnetzwerken für Frauen ein. In diesen Netzwerken sind eben die Frauen, die sich für den Kongress interessieren. Ich mache im Gegenzug Werbung für das Frauennetzwerk, während das Frauennetzwerk Werbung für meinen Kongress macht. Es ist ein reines Win-win-Verhältnis. Und genau darauf gilt es zu achten: Win-win – beide Seiten gewinnen. Überlegen Sie sich einfach, was Sie im Rahmen Ihrer Veranstaltung oder Ihres Unternehmens bieten können, welche Branche oder welcher Bereich davon profitieren könnte, und nehmen Sie zu diesen Personen Kontakt auf.

Zusammenfassung der 3 Fragen:

1. Was ist mein Marketing-Ziel?
2. Wer kann mir dabei helfen, dieses Ziel zu erreichen?
3. Wo finde ich diese Person/-en oder Unternehmen?

Danach beginnen Sie in diesen Kreisen aktiv Netzwerke und damit „Unterstützer" aufzubauen.

Natürlich ist diese Vorgehensweise nicht nur bei der Durchführung eines Kongresses geeignet, sondern sie sollte zu Ihrer Standartvorgehensweise im Marketing werden. Gemeinsam werden große Ziele ganz leicht. Sie können Unterstützer oder Netzwerke allerdings nur begeistern, wenn Sie zuerst eine klare Vision für Ihre Firma oder Veranstaltung haben. Diese Vision sollten Sie auch unbedingt mit allen Beteiligten teilen, damit diese Ihnen bei der Erreichung helfen können. Ihre Vision sollte zum Allgemeinwohl beitragen, damit sich viele Helfer angesprochen fühlen.

Diese Vorgehensweise hebt Sie von vielen Veranstaltern oder Mitbewerbern ab, da es hier nicht nur darum geht, Ihre Firma groß zu machen oder auch Geld damit zu verdienen, sondern einen wichtigen Beitrag in Bezug auf ein höheres Ziel zu leisten. Menschen möchten einen Sinn hinter Ihrer Tätigkeit erkennen und sich damit identifizieren.

Meine Vision mit dem Feminess Business Kongress war es, ein Statement für weibliche Trainerinnen zu setzen. Ich wollte beweisen, dass auch Frauen ein großes Publikum begeistern und mitreißen können. Bisher waren 80 % der Referenten auf Großveranstaltungen Männer. Als ich diese Vision bei den Frauennetzwerken geteilt habe, stieß ich auf große Befürwortung. Ich habe Ihnen mit dem Anliegen quasi aus der Seele gesprochen und somit war die Begeisterung sofort groß.

Auch Unternehmen wie Apple sind ein gutes Vorbild dafür. Ich nehme bewusst Apple, da jeder dieses Unternehmen kennt und damit leichter meine Ausgangsbasis versteht. Steve Jobs hat nie darüber geredet, welche Produktstärken zum Beispiel ein iPhone hat. Er hat immer davon gesprochen, warum es das iPhone gibt. Schauen Sie sich mal seine Präsentationen an. Herkömmlich findet man im Marketing Aussagen wie: „Wir haben fantastische Computer mit einen super Design und einer kinderleichten Bedienung! Möchten Sie einen kaufen?“ Wir sagen, was wir tun, wir sagen, was der Käufer davon hat, und das war es dann meistens auch schon. Aber das ist nicht inspirierend.

Steve Jobs hingegen hat inspiriert. Es ging ihm immer nur um seine Vision. Sein Statement war: „Bei allem, was wir tun, glauben wir daran, dass wir den Status quo verändern können. Wir glauben daran, anders zu denken. Wir ändern den Status quo, indem wir ein tolles Design kreieren und eine leichte Bedienung anbieten. Wir möchten fantastische Computer herstellen. Möchten Sie einen kaufen?“ Ähnlicher Inhalt, komplett andere Wirkung. Und genau darum geht es.

Auch Dell hat zur selben Zeit sehr hochwertige MP3-Player auf den Markt gebracht, doch was haben die Menschen gekauft? Die Vision von Steve Jobs. Warum tun Sie das, was Sie tun? Und was haben die Menschen in Ihrem Umfeld davon?

Es geht nicht in erster Linie darum, zu wissen, was man tut oder wie man es tut, sondern darum, warum man es tut. Das ist das Erfolgsgeheimnis. Simon Sinek – ein amerikanischer Experte – bringt es auf den Punkt: Start with Why!

Marketingmöglichkeiten im Überblick

Nachfolgend möchte ich Ihnen ein paar Möglichkeiten anbieten, um auf der einen Seite bessere Werbung für Ihr Unternehmen zu machen und auf der anderen Seite Zusatzeinnahmen zu generieren. Die Auflistung soll als Übersicht dienen, damit Sie sich in die interessanten Themen noch tiefer einlesen können. Wichtig ist allerdings zunächst einmal zu wissen, was es für Möglichkeiten gibt. Ich wähle die Beispiele wieder anhand einer Veranstaltung bzw. eines Kongresses. Natürlich sind auch diese Tipps wieder viel breiter anwendbar.

Sponsoring

Eine interessante Möglichkeit ist das Thema Sponsoring. Hierbei gibt es unterschiedliche Einsatzmöglichkeiten. Einer meiner Kunden, eine große Zahnarztpraxis, plant gerade ein großes Event, um neue Zahnärzte für ihr speziell entwickeltes Franchisekonzept zu begeistern. Hierbei setzten sie auf Referenten zu allgemeinen, aber auch fachspezifischen Themen. Die Kosten für Marketing und Location finanzieren sie sich durch einen kleinen Eintrittspreis. Ihr Ziel ist es, 500 Zahnärzte anwesend zu haben. Natürlich ist hierfür Unterstützung notwendig. Deswegen stellten wir uns die Frage: Wer hat ein großes Netzwerk an Zahnärzten und ebenfalls einen Vorteil davon, sich vor vielen Zahnärzten auf einer Veranstaltung zu präsentieren? In dieser Branche wäre es ein sogenanntes Depot, also ein Großlieferant für Praxen, weswegen wir diesem Depot ein Sponsoringkonzept vorgeschlagen haben. Unterm Strich hat das Depot in ein 5-stelliges Werbebudget investiert und bewirbt noch zusätzlich die Veranstaltungen bei seinen Kunden.

Im Gegenzug darf sich das Depot als Hauptsponsor auf der Internetseite, in den Medien und an dem Kongresstag selbst präsentieren.

Bitte beachten Sie dabei unbedingt, dass Ihr Partner viele Adressen oder am besten E-Mail-Adressen Ihrer potenziellen Kunden haben sollte, damit er Ihre Veranstaltung bewerben kann. Nur dann kann ein faires Win-win-Verhältnis gewährleistet werden. Natürlich kann man hier auch außerhalb einer Veranstaltung in Kooperation miteinander gehen.

Aussteller

An diesem Punkt kommen die Aussteller einer Messe oder Veranstaltung ins Spiel. Hier gibt es auch eine sehr gute Möglichkeit, um seinen Bekanntheitsgrad zu steigern. Meist bezahlen die Aussteller ihre Standfläche und bekommen zusätzlich Freikarten für ihre Kunden, damit diese kostenfrei teilnehmen können. Häufig ist es so, dass die Erscheinungsquote der eingeladenen Gäste eher gering ist oder die Kunden nicht einmal eingeladen werden. Um diese Herausforderung zu meistern, habe ich folgendes Konzept beim Feminess Business Kongress eingeführt:
Die Aussteller mieten nicht rein die Standfläche, sondern sie nehmen ein Kartenkontingent für meine Veranstaltung in Höhe des Messestandpreises ab und können diese dann weiterverkaufen. Somit haben wir automatisch mehr Aussteller und mehr Teilnehmer. Sie können den Ausstellern auch vergünstigte Karten zum Weiterkauf überlassen und zudem den Aussteller an den Verkäufen anteilig beteiligen. Beiden Varianten funktionieren sehr gut, da die Aussteller motivierter sind, die Karten weiterzugeben.

Folgende drei Vorteile ergeben sich:

1. Vorteil: zusätzlicher Gewinn
2. Vorteil: bessere Erscheinungsquote
3. Vorteil: Aussteller schließen sich leichter Ihrer Veranstaltung an, da die Investition geringer wird.

Durch die gesteigerte Werbung erhalten Sie natürlich mit Ihrem Unternehmen auch mehr Aufmerksamkeit der Öffentlichkeit. Wichtig dabei ist allerdings, dass Sie auch Ihr Unternehmen immer wieder sichtbar und erkennbar machen. Rücken Sie es in den Mittelpunkt.

Facebook

In vielen Köpfen ist noch der Irrglaube verankert, dass Facebook nur eine Plattform für private Zwecke der Jugendlichen und jungen Erwachsenen ist. Dies hat sich allerdings in den letzten Jahren deutlich verändert. Wenn Sie eine Facebook-Fanseite erstellt haben, können Sie damit auch einen weiteren interessanten Werbekanal nutzen, da Sie dort ungefiltert genau an Ihren Wunschkunden gelangen können. Es geht mir in diesem Abschnitt jetzt nicht darum, dass Sie eine Fanpage erstellen, diese haben Sie sicher schon. Es geht jetzt darum, wie Sie diese Plattform noch effektiver für Ihre Kunden nutzen können. Facebook hat ein weiteres sehr spannendes Tool. Sie können dort nämlich direkt Werbung bei Ihrer Zielgruppe schalten. Das ist eine Art Weiterentwicklung von Google AdWords. Sie schalten darauf gezielte Werbekampagnen für Ihre Zielgruppe. So können die Anzeigen nicht nur auf das Alter und den Wohnort, Familienstand oder Beruf eingegrenzt werden, sondern sie können auch direkt auf Fanpages ähnlicher Anbieter erscheinen. Das heißt, wenn Sie wissen, wer Ihre Mitbewerber sind, können Sie direkt auf deren Fanpage Werbung für Ihr Produkt, Ihre Dienstleistung oder Ihre Veranstaltung machen. Wird zum Beispiel eine Veranstaltung für Zahnärzte geplant, können Sie bei ähnlichen Anbietern eine Werbung für Ihren Termin schalten lassen. Sie können in diesem Fall auch direkt bei einem Depot Werbung schalten. Wenn Sie im Coachingbereich tätig sind, können Sie die Marktführer in diesem Bereich recherchieren und ebenfalls dort eine Werbeanzeige schalten. So haben Sie Ihre Zielgruppe ohne Streuverluste erreicht. Natürlich benötigen Sie auch einen ansprechenden Text und ein aussagekräftiges Bild, damit die Klickrate hoch ist. Hierfür gibt es ebenfalls Experten, oder Sie lassen sich direkt bei Facebook inspirieren. Hier finden Sie jede Menge gute Anzeigenvorlagen. Bezahlt wird wie bei Google AdWords lediglich, wenn ein Interessent klickt. Dieser wird dann z.B. auf Ihre Fanpage oder Ihre Homepage geleitet. Doch im Gegensatz zu Google AdWords kostet der Klick wesentlich weniger.

Es gibt unendlich viele Möglichkeiten, um mit wenig Geld viel zu erreichen. Die Frage ist, welche davon zu Ihnen passt. Einige meiner Vorschläge setzen Sie vielleicht schon um, während der ein oder andere Ihnen möglicherweise ungewöhnlich vorkommt. Bevor Sie die Entscheidung treffen, welche Sie zukünftig zusätzlich integrieren, bedenken Sie immer:

„Wahnsinn ist, wenn man immer wieder das Gleiche tut, aber andere Resultate erwartet.“

Rita Mae Brown

Suzanne Grieger-Langer

Profiler

Profiler Suzanne Grieger-Langer ermittelt als Verlegerin in Sachen Potenzial.
Die erfolgreiche Publizistin und Bestseller-Autorin ist Herzblut-Unternehmerin. Mit ihrem Verlag Profiler's Publishing fordert sie den Status quo der Verlagslandschaft heraus.
Ihr Credo 'Persönlichkeit. Macht. Sinn' kombiniert mit ihrer Arbeitsweise '007 statt 08|15' ist der Masterplan für neuzeitliche Autoren-Alchemie: Expertenwissen wandelt sich in wirtschaftlichen Erfolg.

Presse

Die Presse über Profiler Suzanne Grieger-Langer: Cosmopolitan: „Der Coaching-Guide!" | Focus: „Die Profilerin!" | Deutsche Welle: „Das Orakel!" | BR: „Höchstbegabt!" | Süddeutsche Zeitung: „Begehrter Rat!" | Querdenker: „Mit Grieger-Langer ist es eine Mission Possible!"...

Professionalität

Profiler Suzanne Grieger-Langer – Diplom-Pädagogin, Psychologin, Psychotherapeutin – Bestseller-Autorin, Herausgeberin, Lehrbeauftragte – erfolgreiche Unternehmerin seit 1993. Die Frontfrau der Grieger-Langer-Gruppe – mit einem Mitarbeiternetzwerk, das sich mit 150 Experten um den Globus spannt – ist spezialisiert auf Führung. Weltweit entwickelt sie Personen zu Persönlichkeiten. Ihr Profiling: Schlüssel zu 7 Milliarden Menschen. Ihr Betrugsschutz: stärkt die Gesellschaft. Ihr USP: Berechnung von Charakterprofilen auf dem Niveau des psychogenetischen Codes.
Wenn nicht sie, wer dann kann Ihnen helfen, durch die Untiefen der Menschheit zu steuern?

www.grieger-langer.com

MiniMaxMarketing

Minimaler Einsatz für Maximalen Effekt

Autsch, wo bleiben meine Aufträge?

Wenn Du Beratung – oder auch Coaching, Training oder Speaking – verkaufst, dann weißt Du, wie schwer es ist, etwas an den Mann zu bringen, das man nicht 'anfassen' kann. Und da es dem potenziellen Kunden auch nicht hilft, Dich zu betatschen, musst Du Dir was einfallen lassen.

Ich frage Dich: „Hast Du etwas vorzuweisen?" Und damit meine ich nicht tausend Zettel, auf denen Zertifikat steht. Ich meine damit auch nicht die natürlich notwendigen Testimonials zufriedener Kunden. Ich denke da an etwas Fassbares, etwas Erlebbares. Es geht darum, dass der Kunde sicher sein kann, dass er bekommt, was Du vollmundig versprichst.

Da die wenigsten Berater etwas 'herzeigen' können, verlangt der Kunde nicht selten eine Leistung 'auf Probe', also eine kostenlose Leistung, in der Du beweist, was Du kannst. Es ist legitim, dass ein Kunde sich der Richtigkeit seiner Entscheidung versichert. Es bedeutet aber für viele unerfahrene oder 'neue' Berater, dass sie ausgenutzt werden. „Unzählige Stunden an unbezahlten Blindleistungen sind die Folge. Endlose Vorarbeit bis hin zu ganzen Projekten, die ohne Bezahlung erbracht werden, sind die traurige Wahrheit in großen und kleinen Beratungsorganisationen", so Stephan Heinrich (Vertriebsexperte).

Da ich mir als Unternehmerin einen ausgewachsenen Effektivitätswahn leiste, weil er mir meinen Erfolg garantiert, rufe ich dazu auf, den Spieß umzudrehen und mit MiniMaxMarketing zum SmartSeller zu werden. MiniMaxMarketing meint, mit minimalem Aufwand einen maximalen Verkaufseffekt zu generieren.

Damit wir uns richtig verstehen: Die Verkaufsfrüchte fallen erst von den Bäumen, wenn sie reif sind. Sie werden reif, weil Du den Baum gut gepflegt hast. Bevor Du etwas pflegen kannst, musst Du es anpflanzen. Du hast davor logischerweise das Feld gut beackert. Uff! Oder, wie es Dirk Nowitzki sagt: „Die Erfolgreichen haben die Arbeit schon vorher gemacht!"

Im Folgenden geht es darum, welche Arbeit wirklich zum Erfolg führt, wie Du sie mit dem geringsten Aufwand erledigst und wer und was Dir dabei hilft, im Kopf der Entscheider zu landen. Da ich hier nicht nur 'quatschen', sondern auch beweisen will, berichte ich Dir dies an einem – meiner Meinung nach – optimalen Produkt, dem KarriereQuickie. Vor der Produktion eines Produkts habe ich als Verlegerin des KarriereQuickies aber eine Handvoll Fragen an Dich, die das Fundament Deines Erfolges gießen. Auf geht's also – zu Deinem Erfolg.

Wer, wie, was ...

Bevor Du irgendwem irgendetwas – ob Produkt oder Dienstleistung – verkaufen kannst, musst Du demjenigen verkaufen, dass Du das auch kannst. Ich frage Dich also:

- Wer bist Du?
- Wobei kannst Du mir helfen?
- Und warum kannst Du das?

Wenn Du mir diese drei sehr einfachen Fragen – die extrem schwierig zu beantworten sind – in einem Satz auf den Punkt bringen kannst, dann hast Du eine der wichtigsten Hürden genommen. Und! Dieser eine Satz gehört gleich als Erstes auf Deine Website, auf Deine Broschüren, auf Deine Produkte ... Wie jetzt? – Ja, Du musst den Leuten klipp und klar erklären, was es ihnen bringt, sich mit Dir abzugeben. Und das knackig auf ihren Problem-Punkt benannt.

Das ist aber noch lange nicht alles. Im Gegenteil, wenn Du ganz vorne mitmischen möchtest, dann musst du tiefer gehen. Darum tauchen wir nun ein in den Goldenen Kreis von Simon Sinek.

Die meisten Berater können benennen, WAS sie anbieten: Coaching hier, Consulting da ... Tja, und? Es gibt endlos viele Berater, Coaches und Trainer – wie bitte grenzt Du Dich und Deine Expertise von der Masse ab? Hier kommen die erfahrenen Anbieter mit ihrem Fachwissen ins Spiel. Sie wissen, dass sie mehr liefern müssen als das WAS. Und das tun sie auch gern. Jetzt legen sie los mit ihrem WIE sie ihr WAS liefern. Phänomenalerweise geht das regelmäßig schief. Und wie! Denn das WIE ist etwas für Experten. Doch ist Dein Kunde ein Experte?

In bester Absicht zur Abgrenzung von der Angebotsmasse wird der Kunde nun nicht bedient, sondern belästigt – mit endlosen Traktaten zur Expertise. Das geht so weit, dass mir der ein oder andere Coach erst einmal zwei Kilometer Text auf seine Website schmeißt, um mir zu erklären, was Coaching überhaupt ist. Was soll das? Ich will keine Wissenschaft, ich will Lösungen, und zwar pronto!

Es ist schon richtig, das das 'WIE arbeite ich' irgendwo erscheinen sollte. Dennoch ist das etwas für die Schmökerer und für die kompetenten Kunden, für die, die nicht irgendeinen Coach wollen, sondern einen mit XY-zertifizierten Coach. Aber, was glaubst Du, wie viele Kunden da draußen so kompetent in Sachen unterschiedliche Coach-Expertisen sind, wie Du das gerne hättest?

Und ich lasse nicht locker an dieser Stelle. Was ist das Problem mit dem WIE? Das Problem mit dem WIE ist, dass es Dich in eine Konkurrenzlage bringt. Sofort bist Du skalierbar, sofort bist Du als XY besser oder schlechter als XYZ. Selbst im seltenen Falle eines USP (unique selling proposition, also im Falle eines Alleinstellungsmerkmales) bist Du im Konkurrenzdruck zu den Kollegen, die nachrücken und Vergleichbares billiger anbieten. Und meistens musst Du Deinen Vorsprung langatmig erklären – wo bleibt da Dein Vorteil?

Ich rate also dringend dazu, Dein WIE sehr dosiert und weit hintendran, also lediglich auf Abruf zu platzieren. Warum? Weil es mehr ungute Gefühle macht als gute. Und wer kauft denn schon den Schmerz? Ich komme doch zu Dir, um meinen Schmerz loszuwerden. Das ist grundsätzlich ein Bedürfnis, das dringend ist und das sehr persönlich ist, wenn nicht gar intim. Wie kann ich aber sicher sein, dass ich Dir vertrauen kann, Dir als Person?

Merke: Ein SmartSeller fokussiert keine Themen. Ein SmartSeller fokussiert Menschen! Und Menschen werden von ihren Bedürfnissen gelenkt. Viele HardSeller liefern den Käufern daher ein WOZU – wozu kannst du das Ding gebrauchen. Sie kommunizieren den Nutzen des Produkts und der Dienstleistung. Und sie haben recht damit, dass genau das gemacht werden muss. Was ist der Nutzen Deiner Dienstleistung? Was hat der Kunde davon? Wie macht es seine Welt besser? Und hast Du jetzt verkauft? Nein, und warum nicht? Weil das WARUM fehlte! Doch lies weiter und überzeuge Dich selbst:

… wieso, weshalb, warum …

Die meisten von uns – und das ist definitiv eine deutsche Macke – fokussieren viel zu stark auf die fachliche Kompetenz. Doch mir als Kunden geht es im ersten Schritt um Deine menschliche Kompetenz, denn bei der fachlichen Kompetenz kann ich ja gar nicht mitreden. Da verlasse ich mich auf mein Bauchgefühl. Das reagiert aber nicht auf Theorien, sondern auf Typen, also auf Menschen mit Kontur (meinetwegen auch Ecken und Kanten). Ich will also nicht nur wissen, WAS es ist, bei dem Du mir helfen kannst, und WIE Du vorhast, das zu tun. Ich will wissen, wie Du so 'drauf' bist und welche Einstellung Du hast. Ich will wissen, WARUM Du mir helfen willst. Ich will Deine Beweggründe kennenlernen. Denn wenn die zu mir passen, dann ist der Preis nicht mehr so wichtig.

Hier zwei Beispiele, die Du aus Deinem Leben kennst:

- Martin Luther King Jr. lockte 1963 eine halbe Million Amerikaner im heißesten August über Tausende von Meilen nach Washington. Das war zu einer Zeit, in der es weder Klimaanlagen für Automobile gab noch viralen Informationsaustausch im Internet. Er war sogar in der Lage, viele Weiße zu mobilisieren (ein Drittel seiner Zuhörer) – das, was quasi die Obama-Präsidentschaftswahl im letzten Jahrtausend ausmachte. Warum sind sie alle zu einer einzigen Rede gekommen? Weil Martin Luther King Jr. darüber sprach, was er glaubte. Er sprach über sein WARUM. Er hielt seine berühmte „I have a dream"-Rede. Sie hat Massen mobilisiert und bis heute ist sie ein Begriff. Denn Martin Luther King Jr. hatte begriffen, dass es um das WARUM geht. Das WARUM ist es, das Menschen zu einer Community, besser noch zu einem Tribe (Seth Godin), zusammenschweißt – bis heute. Mit einer „I have a plan"-Rede kann niemals gelingen, was eine „I have a dream"-Rede erreicht.

- Steve Jobs verkaufte uns – und tut es post mortem noch immer – ziemlich teure digitale Geräte. Und nicht nur das. Er hat drei Branchen revolutioniert: 1984 begann er mit der Computerbranche mit dem Mac, dann die MusikBranche mit dem iPod und zuletzt die Telekommunikationsbranche mit dem iPhone. Interessanterweise hat er diese Geräte ja auch gar nicht selbst erfunden. Wie aber kommt es, dass seine Käufer keine User, sondern Fans sind? Wie kommt es, dass keiner seiner Käufer die hohen Kaufpreise hinterfragt? Und wie kommt es, dass wir ihm abkaufen, sensationelle Geräte aus drei Branchen überhaupt produzieren zu können? Kein anderer Hersteller hat das bisher erreicht. Nun, Apple User sind anders. Apple User sind ein Tribe. Sie sind von dem überzeugt, was Steve Jobs postulierte: „Ich stelle den Status quo infrage!" Wer also mit seinem WARUM etwas anfangen kann, der fühlt sich angezogen. Das ist emotionale Attraktion auf höchstem Niveau, weil es uns in unserer tiefsten Seele anspricht. Wir spüren: Ja, das ist meine Truppe, mein Clan, meine Community. Es gibt ein neues iWasAuchImmer? Ja, los, her damit. Ich bin dabei. Es funktioniert nicht perfekt? Macht nichts. Ich bin dabei. Die anderen lachen uns aus? Was soll's. Wir stellen den Status quo infrage – das kapiert halt nicht jeder.

Willst Du Kunden, die mit Dir durch dick und dünn gehen? Willst Du Kunden, die nicht nach dem Preis fragen? Willst Du Kunden, die grundsätzlich für alle Deine Angebote offen sind? Dann gib Deinen Kunden Dein WARUM.

Ich frage Dich also: Warum trittst Du an? Warum bist Du Berater, Coach, Trainer, Speaker? Warum willst Du mir helfen?

… wer nicht schreibt, ist dumm!

Bis hierhin hast Du in Vorleistung schon einiges geleistet. Wie schaffen wir es, dass sich diese Leistung auch bestmöglich lohnt? Indem Du etwas für die Ewigkeit schaffst! Nachdem jetzt also das Gröbste an Fragen geklärt wäre, stellt sich nun die Frage, wie Du sichtbar wirst, und zwar dauerhaft sichtbar. Du kennst ja den Spruch „Wer schreibt, der bleibt!" Und darum schreibe ich auch hier diesen Buchbeitrag.

Autorität kommt von Autor und daher geht es ran an die Autorenschaft. Als ich mit meinem ersten frischgedruckten Buch vor meinem nächsten Kunden stand, war der erst einmal schwer beeindruckt. Wow, jemand, der einen Verlag überzeugen kann, sein Buch zu veröffentlichen, kann ja schon mal gar nicht so schlecht sein. Aha, jaja, beim Durchblättern lesen sich die Satzfetzen auch gar nicht so blöd. „Ja, okay, machen wir – was kosten Sie? Aha, naja gut." Und soll ich etwas verraten? Ich hatte damals ganz frech 1.000 DM auf meinen Tagessatz draufgeschlagen und bin glatt damit durchgekommen. Das ist ein episches Gefühl, sage ich Dir. Wie wäre es? Möchtest Du das auch haben? Und ich meine nicht nur das tolle Gefühl, sondern auch einen super Tagessatz? Dann musst Du noch mal investieren, indem Du Deine Expertise in Text wandelst, der immer und immer wieder von Deinen Kunden konsumiert werden kann. Bücher sind nach wie vor ein herausragendes Medium, um Deine Expertise zu beweisen, egal ob als Print-, E-Book- oder Audiobook-Variante.

Doch was ist, wenn sich das Buch gar nicht verkauft? Und es darum niemand zu lesen bekommt? Habe ich dann alles umsonst geschrieben?

Im Rudel jagen

Damit nicht alle Marketinglast allein auf Deinen Schultern ruht, empfehle ich Dir, im Rudel zu jagen. Auch dieses Buch ist ein Kompendium vieler Autoren und das Wunderbare daran ist, dass wir uns gegenseitig nichts nehmen, sondern geben. Wir bereichern uns gegenseitig mit Lesern und Reputation.

Viele Berater, Coaches, Trainer, ... sind Einzelkämpfer. Das macht sie zu Selbstständigen – sie arbeiten selbst und ständig. Doch ist das wirklich Dein Ziel? Warum machst Du es Dir nicht leichter?

Je konturierter Dein Profil, je klarer Dein WARUM, je konsequenter Deine Lösungsfokussierung für Deinen Kunden, desto weniger musst Du Konkurrenz fürchten. Im Gegenteil! Ich selbst habe sehr gute Erfahrung damit gemacht, mich mit mehreren Kollegen – gern auch unterschiedlicher Expertise – zusammenzutun. Wir unterstützen uns mit Know-how, Markt- und Marketingmacht. So erreichen wir mit Spaß und Leichtigkeit mehr, als es jeder Einzelne von uns je hätte erreichen können.

Auch die Autoren des KarriereQuickies sind ein Rudel. Wahrscheinlich klingt es professioneller, wenn ich es einen Expertenpool nenne, doch es geht tatsächlich darum, als Rudel – also als Gruppe – mit viel Kraft in den Markt zu treten. Im Rudel zu jagen bedeutet eine maximal erweiterte Infrastruktur, die sich mit vervielfachter Manpower kombiniert, das bedeutet mehr vom Kuchen für alle.

Wie wir das machen? Das will ich gern erklären und ich lade Dich dazu ein, dies als Blaupause für eigene Projekte zu übernehmen.

Geist statt Geld

Die erste Frage, die sich uns stellte, war: Welches Problem lösen wir alle unabhängig voneinander beim Kunden? Welches Bedürfnis bedienen wir alle gleichzeitig? Inwieweit machen wir alle die Welt unserer Kunden besser? – Das, was alle unsere Kunden gemeinsam haben, ist, dass sie im beruflichen Bereich mehr Erfolg wollen: ob leichtere Kommunikation, effektivere Organisation oder schnellere Karrieresprünge. Das ist unsere gemeinsame Klammer: der KarriereQuickie!

Wie kommen wir nun aber an den Kunden heran? – Erst einmal liefern wir – und zwar auf beachtlichem Niveau und vollkommen kostenfrei und! wöchentlich neu. Denn wir wollen überzeugen. Jeden Tag der Woche, das ganz Jahr über liefern wir Know-how in Sachen Karriere. Du siehst, das kann einer alleine gar nicht schaffen. Im Gegenteil muss die Losung lauten: MiniMaxMarketing – minimaler Aufwand bei maximalem Marketingeffekt. Um sich nicht aufzureiben, braucht es daher eine maximale Produktgenerierung aus jeder einzelnen Idee und viele Leute, die das Produkt über all ihre Kanäle powern.

Grundsätzlich gilt, dass gutes Marketing immer über mehrere Produkte stattfinden muss. Diese Produkte steigern sich in Wert, Pricing und Wertschöpfung. Dabei dienen die niedrigschwelligen, also kostenfreien Produkte zum Vertrauensaufbau, um den Kunden für einen späteren Kauf anzuleckern. Was wir brauchen, sind Geschmacksproben, die den Kunden anfixen, den Kaufknopf zu klicken! Es geht also darum, Appetit anzuregen, statt anstrengend zu akquirieren!

Pull statt Push

Tja, aber wo sind sie denn, die Kunden? Wie kann ihnen etwas gefahrfrei anbieten? Und was lasse ich sie als Teaser testen?

Sicherlich ist es nur sinnvoll, so viele Kontaktkanäle zu nutzen wie nur irgend möglich. Diese vielen Kanäle kombinieren wir mit einer Medien-Triangulation für einen maximalen Lead-Trichter. Herrje, alles Fremdworte?! Noch mal von vorn: Eine Medien Triangulation ist eine Produktverwertung in mehreren Medien. Du schreibst also ein Dutzend Karrieretipps aus Deiner Expertise. Daraus macht unser Verlag mehr als ein Dutzend Produkte. Es entstehen PodCast und Blogbeitrag, Hörbuch und Expertenvideo, Printbuch und E-Book, virtuelle Konferenz online und eine Life-Konferenz im echten Leben und und und ...

Mit dieser Medien-Triangulation spannen wir einen maximalen Trichter auf. Es ist vergleichbar mit einem Spinnennetz. Je mehr Fangmaschen wir durch unterschiedliche Produkte in verschiedenen Kanälen aufbauen, desto mehr Leads (Kunden, die kaufen) werden sich in unserem Informationsnetz einfangen lassen.

Noch einmal das Prinzip ganz in Ruhe am Beispiel, sodass Du auf Ideen kommst, was Du selbst mit einer guten Community auf die Beine stellen kannst: Aus einem Dutzend Toptipps jedes einzelnen Karriere-Experten machen wir als Verlag mehr als ein Dutzend Produktformen und Marketingmöglichkeiten im Serienformat 'KarriereQuickie'.

- Aus allen 12 Toptipps zusammen produzieren wir als Verlag in redaktioneller Rundumversorgung in unserem Tonstudio ein erstklassiges Hörbuch.
- Der KarriereQuickie motiviert die Hörer durch den lebendigen Interviewstil zwischen Profiler Suzanne Grieger-Langer (Interviewer) und dem Experten. Das bedeutet: Kein lahmer PodCast, kein laues Plauderstündchen, sondern knackiges konzentriertes Know-how!
- Der Expertenpool mit Verlag und Verlegerin schafft für jeden einzelnen Experten ein optimales Cross-Branding.
- Das Hörbuch erhält eine reguläre ISBN mit voller Autorennennung des Experten. Das ist ein wichtiges Reputationselement. Und! Bereits mit vier Werken (ausgenommen Eigenverlagspublikationen) kann ein Autor bei Wikipedia eingetragen werden – eine der wichtigsten Währungen im Web.
- Was machen wir mit dem Hörbuch? Die CD wird über den Buchhandel und auch über die wichtigsten Online-Händler wie Amazon regulär vertrieben.
- Zusätzlich ist das gesamte Hörbuch auch als digitaler Download über iTunes, Audible ... zu kaufen.
- Entscheidend ist dabei der sehr günstige Verkaufspreis, was ihn zum No-Brainer macht. Das schafft neue Kunden, die erst einmal ausprobieren wollen, was Du so bringst. Und er fängt auch neue Kunden ein, die sich für das Thema interessieren. Wenn Deine Tipps also überzeugen, dann hast Du überzeugt und bleibst in bester Erinnerung – die optimale Voraussetzung für weitere Geschäfte.

- Jetzt hören wir aber noch lange nicht auf, im Gegenteil, wir legen erst so richtig los, indem wir die 12 Tipps aufsplitten und weiterverwerten.
- Den stärkten der 12 Tipps wählen wir als Teasertipp aus und veröffentlichen ihn zum Anleckern als freien PodCast bei iTunes, Stitcher etc. Das schafft allein schon bei iTunes über 1.000 Downloads pro Experten.
- Diesen freien PodCast streamen wir unserem Experten auf seine Website, für seinen Blog und das Sharing seiner Fans.
- Fünf weitere Toptipps werden als Videointerview für YouTube produziert.
- Dieses streamen wir ebenfalls auf die Website des Experten – für Blog und Fans.
- Beide freien Formate, PodCast und Video, senden wir an Audio-, Text- und VideoBlogger, die weitere Blogbeiträge, PodCast- und Videointerviews auf vielen Kanälen schaffen.
- Und dann richten wir selbst auch zwei Karriere-Kongresse aus und vermitteln an weitere Kongresse – virtuelle wie auch Life-Kongresse.
- 500 CDs jedes Experten werden auf ausgewählten Events und Kongressen als Gastgeschenk überreicht – macht weitere Leads.
- Sind wir nun am Ende unseres Lateins? – Längst nicht! Wir bestücken bei der Huffington Post eine KarriereQuickie-Kolumne – jede Woche machen wir einen Experten dort einem Millionenpublikum zugänglich.
- Im E-Magazin 'Karrierebeschleuniger' erscheint ein ganzseitiges Expertenportrait inklusive Ton- und Videospur, sodass Leser alle freien Inhalte verfügbar haben – und zwar auf ihrem Handy.

Nachdem wir gemeinsam so viele Menschen erreicht haben, können unsere Experten nicht mehr übersehen werden. Im Gegenteil, „sie werden gebeten, statt bitten zu müssen!", sagt Carmen Brablec – eine unserer KarriereQuickie-Expertinnen.

Und Du hast jetzt eine Idee davon, was man mit einer guten Truppe aus einem Dutzend Expertentipps machen kann. Mach Dich auf und gestalte Deine Sichtbarkeit!

Dr. Harald Hauschildt

Entwicklungsleiter der A-Competence-Profile: ACP bzw. ACprofile: Ein Set von kleinen, mittleren und umfangreichen Big-5-Tools mit diversen USP (Alleinstellungsmerkmalen) für Seminare, Workshops, Coaching, Resilienz, Personal-Auswahl und -Entwicklung. Leiter Institute Human Resources, „Urkunde Innovationspreis der Deutschen Wirtschaft". Personalberater, Trainer, Coach in Wirtschaft und Verwaltung bis OB und Ministerrang. Experte für Persönlichkeitsentwicklung und Verhaltenstraining, Ausbilder von Trainern, Coaches, Beratern.

Studium (Wirtschafts-, Sozial-, Ingenieur- und Natur-Wissenschaften). Sachverständiger beim Wissenschaftlichen Beirat der Bundesregierung, Managementerfahrung: u.a. Aufgabenplanung und Koordinierung für einen großen Bundesverband, Personalberater. PR, Ghostwriting, Vortrags-, Verkaufs-, Verhandlungs-Rhetorik, Ausbildungen/Seminare u.a.: DISG, Struktogramm/ Biostrukturanalyse, NLP-Master, Lernstile (Grinder), Gordon-Training, Projekt-Management, Gruppendynamik, GRID, TA, TZI, AFW, Kinesiologie, EDU-Kinesthetik, u.a. – Vor allem: Pfadfinder-Geist und studierter Entwicklungshelfer.

www.ACProfile.com

Warum viele Verkaufstrainings versagen und wie man es richtig macht

Big 5⁺/ACProfile

Warum viele Verkaufstrainings nur Strohfeuerwerk erzeugen

Kennen Sie den? Aus den USA: Ein Verkäufer bewirbt sich. „Ihre bisher beste Leistung?“, will man wissen. „Habe kürzlich einem Farmer mit nur einer Kuh eine Melkmaschine verkauft!“, prahlt der Bewerber. - „Beeindruckend!“, der Kommentar. „Es kommt noch besser“, trumpft der Topverkäufer stolz und läuft zur Hochform auf, „die einzige Kuh habe ich dafür in Zahlung genommen!“

Aha, die Gewinner-Verlierer-Strategie; „Überwältigender“ Sieg zulasten des anderen. Einem Eskimo einen Kühlschrank verkaufen. Kann man machen. Aber meist nur einmal. Für Menschen mit Fairness-Haltung und dem Wunsch nach dauerhafter Kunden-Beziehung ist die Win-win-Strategie die richtige.

Was passiert bei Verkauf und Verhandlung? Verschiedene Welten begegnen sich, die eigene – und die Welt des Kunden: Verschiedene Absichten, Ansichten, Werte, Gegebenheiten usw. Brückenbau ist angesagt, nicht Eroberung, wie viele Verkaufstrainer behaupten, sich als Beispiel eines (angeblich) erfolgreichen Eroberers in Szene setzen und zur Nachahmung aufrufen.

Warum geht das meistens schief? Weil eigene Erfolgsmuster nicht pauschaliert und generalisiert mit dauerhafter Erfolgswirkung weitergegeben werden können – an Menschen mit anderer Persönlichkeitsstruktur, mit anderen Denk-, Sprach- und Verhaltensmustern. Was der eigenen Persönlichkeit fremd ist, kann nicht stabil verinnerlicht werden, wirkt „aufgesetzt“ – und fällt beim nächsten Stress in sich zusammen, wenn Emotionen stärker sind als Angelerntes.

Nur wer so „tickt“ wie sein Vorbild, kann vom Vorbild persönlichkeitsgebundene Erfolgsmuster übernehmen. Es gilt also, das eigene „Ich“ zu erkennen (Selbstkenntnis), das „Ich“ der Gesprächspartner (Menschenkenntnis) und die Kommunikation (communis = gemeinsam) zwischen diesen verschiedenen „Welten“ so zu steuern (Wirkungskenntnis und Wirkungsmanagement), dass ein stabiles „Wir“ sich bildet – wenn man eine dauerhafte, auch in Krisen stabile Kundenbeziehung nach Win-win anstrebt – statt nach von Verkaufs-“Kanonen“ gern propagiertem Winner-Verlierer-Modell „Veni, vidi, vici“ („Ich kam, ich sah, ich siegte“) des Julius Cäsar, der seinen absoluten Herrschaftanspruch mit seinem Leben bezahlte.

Erfolg im Kundengespräch: Big 5+/ACProfile, ACP-NLP

„Ich bin ein Mensch, nichts Menschliches ist mir fremd“, erkannte und bekannte vor mehr als 2000 Jahren schon Terenz, bedeutender römischer Komödiendichter mit großem Einfluss auf die Weltliteratur, berühmt durch seine von großer Menschlichkeit getragenen Stücke. 2000 Jahre brauchte es dann noch, das „Menschliche“ handfest zu messen, mit mathematisch-statistischen Verfahren wie der Faktorenanalyse freizuschaufeln von subjektiven Modellen. Was in den 1930er-Jahren mit Sprachuntersuchungen begonnen wurde, ist heute zu den berühmten, weltweit führenden „Big Five“ (Big 5, FFM, Fünf-Faktoren-Modell) gereift:

Aus über 18.000 mit Persönlichkeit in Zusammenhang stehenden Begriffen verschiedener Sprachen wurden durch objektive mathematisch-statistische Verfahren (Faktorenanalysen) 4.504 Persönlichkeitsmerkmale extrahiert und diese wiederum zu 5 Hauptfaktoren (Clustern, Merkmalsbündeln) aggregiert, den Big 5. Hieraus wiederum sind durch Ergänzungen (Additive) und Verbesserungen (Mess-Optimierungen, Qualitätssicherungen u.a.) die ACProfile oder das A-Competence-Profile (ACP) hervorgegangen – „das beste Profil, was es auf dem Markt gibt“ (Stephan Landsiedel, Diplom-Psychologe und einer der erfahrensten NLP-Ausbilder weltweit, mit 25 % Marktanteil der erfolgreichste NLP-Anbieter Deutschlands).

NLP (Neuro-linguistisches Programmieren) setzt sich trotz (ungerechtfertigten) Anfeindungen unaufhaltsam international durch, entstanden als Kurzzeittherapie aus den Erfolgen weltweit führender Therapeuten, pragmatisch verdichtet für den „Normalgebrauch“ im Alltag. Bekannt ist u.a., dass NLP die Wahrnehmungs- und Kommunikationskompetenz exorbitant erhöht, hinsichtlich verbaler und nonverbaler Sprache, und sehr stark die Modalität, die sinnesspezifischen Äußerungen untersucht und verwendet (vakog: visuell/sehen – „ erscheint mir auch so“, auditiv/hören – „klingt gut“, kinästhetisch/fühlen – „das liegt auf der Hand“, olfaktorisch/riechen – den kann ich nicht riechen“, gustatorisch/schmecken – „das schmeckt mir nicht“). Menschen verwenden in ihren Sprachmustern Formulierungen, meist unbewusst, die auf die o.g. fünf Sinne hinweisen, und fühlen sich verstanden, bauen Vertrauen auf, wenn ihr Gesprächspartner sprachlich die gleichen Sinneskanäle verwendet. Dieses Phänomen wird u.a. in Verkauf und Verhandlung genutzt, neben etlichen anderen Techniken, die Verständnis und Nähe signalisieren.

Wer die herausragende Analyse-Kompetenz der ACProfile (Selbst- und Menschenkenntnis) mit der hocheffektiven NLP-Kommunikationskompetenz (Wirkungs-Management) kombiniert, beherrscht ein maximal wirksames Toolset für Verkauf, Verhandlung, Führung und alle anderen Gebiete, wo Erkennen, Verstehen und Beeinflussen stattfindet. Wir bieten dazu spezielle Ausbildungen an.

Die typischen Gesprächsphasen

BETA - GAMMA - ALPHA

Verkaufen basiert auf der anspruchsvollen Kunst, Sozial- und Sachkompetenz erfolgreich zu kombinieren – im Hinblick auf Gesprächspartner, Situation und Ziel. Ist Ihnen schon mal aufgefallen, dass bei näherem Hinsehen alle Gespräche, auch die außerhalb des Verkaufens und Verhandelns, international nach gleichen Mustern in drei typischen Phasen ablaufen? Warum? Jeder hat alle Persönlichkeitsanteile, jedoch unterschiedlich ausgeprägt.

Typischerweise treten die drei Kernanteile/Hauptfaktoren der Persönlichkeit in eigentlich immer gleicher Abfolge in der Kommunikation (Verkauf, Verhandlung usw.) auf, das ist auch bei Tieren zu beobachten. Siehe dazu die Abbildung (1), dort als BETA-GAMMA-ALPHA-Abfolge dargestellt, die Bezeichnung „(0) Vorprägung“ verweist auf die Kommunikation, die dem Gespräch vorausgegangen ist, sich eingeprägt hat. Je erfolgreicher sie war, desto höher die Wahrscheinlichkeit, dass diese Begegnung ein Erfolg wird. Die drei Kernanteile der Persönlichkeit suchen Antworten auf drei Kernfragen:

(1) WER ist mein Gegenüber?

Das ist die BETA-dominierte Phase: Sie läuft immer auf das Erkennen der Persönlichkeit des bzw. der anderen hinaus, denn die Persönlichkeit als innerer Kern des Menschen bestimmt seine Absichten, Ziele, Werte, Motive usw. Wer die Persönlichkeits-Anteile erkennt, die sich „äußern", - der erkennt, was im Innern angelegt ist. Menschen sind nicht zufällig zusammengewürfelt, sondern bilden ein (psycho)logisches System, das nach Stimmigkeit und Gleichgewicht tendiert – und auffällt, wenn es im Ungleichgewicht ist. Gefragt ist Menschenkenntnis und Selbstkenntnis: Welche Persönlichkeitsanteile zeigen sich bei mir und wie ist ihre Wirkung auf die Anteile des Gegenübers? Nicht nur aktuell wichtig, sondern beziehungsprägend, das Zusammenpassen entscheidet über die Sympathie.

Abb. (1): BETA-ALPHA-GAMMA-Abfolge

(2) WAS ist unser Thema?

Die GAMMA-dominierte Phase: Hier ist die sachliche Beurteilung das zentrale Anliegen. Wie ist die Sachlage, wie die Randbedingungen, welche Vorgaben, Konditionen, Taktiken, Argumentationsketten treten auf, welche Alternativen, Ersatzstrategien können entwickelt werden? Wichtig hier ist fundierte Sachkenntnis.

(3) WIE ist zu entscheiden?

Die ALPHA-dominerte Phase: Persönliche und sachliche Aspekte begegnen sich, mischen sich. „Sozialkompetenz dominiert Sachkompetenz", sagt ein Leitspruch. Wer Sympathie erzeugt, bekommt mehr Spielraum, mehr Toleranz und Hilfestellung. Sympathie bzw. Antipathie beeinflusst z.B. die Härte, Unnachgiebigkeit und Bereitschaft, es gegebenenfalls zum Scheitern einer Verhandlung kommen zu lassen. Flexibilität, Kreativität, Kompromissfähigkeit und gleichwohl höchstmögliche Zielerreichung sind hier das Thema. Jetzt entscheidet sich, ob eine Win-win-Situation oder ein Verlierer-Gewinner-Ergebnis herauskommt. Hier treffen sich Sachzwänge, Gruppensolidarität, Verhandlungskompetenz und menschliche Reife.

DIE A-Competence-Profile (ACProfil, ACP) – die Weiterentwicklung der Big 5 -

In der Abbildung (2) ist beispielhaft das kleinste A-Competence-Profil abgebildet, unser Smart, das ACP I. Und zwar stark vereinfacht, mit nur vier der fünf Hauptfaktoren; die Einzelfaktoren wurden in der Abbildung weggelassen, auch diverse andere Vorzüge (ausführlich zu sehen auf www.acprofile.com). Die Hauptfaktoren werden jeweils aus fünf Einzelfaktoren errechnet, dadurch sind sie zuverlässig: Ein Durchschnittswert, aus lauter Einzelwerten errechnet (z.B. eine Zeugnisnote aus einer Reihe von Klassenarbeiten), ist weitaus stabiler, zuverlässiger, als ein einzelner Wert (z.B. eine einzelne Klassenarbeit).

Das Persönlichkeitsmerkmal BETA wird aus fünf Einzelfaktoren ermittelt, nämlich Warmherzigkeit, Einfühlungsvermögen, Gefühlsorientierung, Fürsorglichkeit und Rücksichtnahme. GAMMA wird aus Gewissenhaftigkeit, Genauigkeit, Ordnungsliebe, Zuverlässigkeit und Pflichtbewusstsein errechnet. ALPHA setzt sich aus Dominanz, Durchsetzungsvermögen, Initiativkraft, Entschlusskraft und Schnelligkeit zusammen. DELTA resultiert aus Unempfindlichkeit, Psychosomatischer Robustheit, Positiver Grundstimmung, Stressresistenz und Emotionaler Stabilität

In der ersten Phase eines Verkaufsgesprächs – und jedes anderen Gesprächs ebenso – kommen besonders die Bedürfnisse des BETA-Persönlichkeitsanteils zum Tragen. Ein Blick auf die Abbildung (3), linke Spalte, zeigt eine Reihe von Elementen aus Begrüßung, Bewegungs- und Sprechweise, Bedürfnissen und Absichten usw.

Daran schließt sich die GAMMA-Phase an. Einzelheiten dazu wiederum in Abbildung (3).

Zum Schluss, in der Entscheidungsphase, kommt vor allem der ALPHA-Anteil zum Zug.

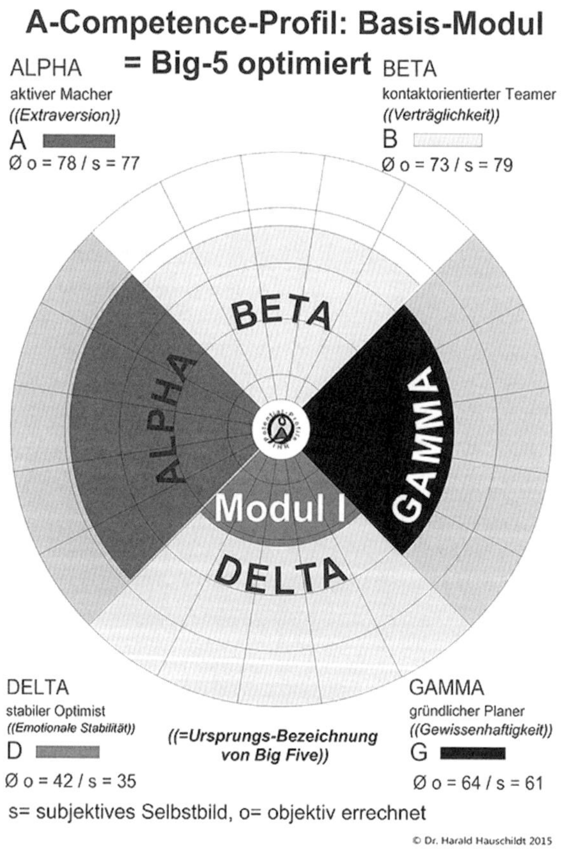

Abb. (2): ACPI

KUNDEN-Gespräch Signale in den 3 Phasen: B > G > A	Phase I BETA	Phase II GAMMA	Phase III ALPHA
Begrüßung	herzlich empathisch	sachlich distanziert	kraftvoll energisch
Bewegungsweise	gemütlich fließend	ruhig steif	dynamisch sprunghaft
bei Meinungs-Unterschieden	interessiert freundlich	beharrlich stur, pikiert	energisch kämpferisch
Lautstärke	mittel	verhalten	laut
Geschwindigkeit	langsam fließend	bedächtig überlegt	schnell druckvoll
Satzbau	unbestimmt fließend	lang, verschachtelt	kurz effektiv
bevorzugte Wortart	Adjektive	Substantive	Verben
Denk-Pausen	kaum	viele	keine
Klang	angenehm	sachlich	dynamisch
Modulation	warm verbindlich	nüchtern monoton	lebhaft betont
Energie	freundlich fließend	beharrlich zäh	tatkräftig schwungvoll
Stärken	ausgleichend kooperativ Verbündeter	durchdacht vorbereitet präzise Stratege	schlagfertig pragmatisch Taktiker
Absicht	den Menschen fühlen, einig sein	die Sache verstehen sie vertreten	sich durchsetzen gewinnen, besser sein
Zielt auf	Einvernehmen	Information Erkenntnis	Wirkung Führung
Erfolg durch	Nähe Vertraut sein Sympathie Verbundenheit	Sachlichkeit Kompetenz Beharrlichkeit Sachlösung	Mitreißen Bewunderung Pragmatismus Schnelligkeit
Haupt-Stärke in dieser Gesprächs-Phase	Gespür Achtsamkeit Empathie Vertrauen Anteilnahme	Erläuterung Pro-Kontra Kenntnisse Gründlichkeit Plausibilität	Abschluss Entscheidung Ergebnis Flexibilität Spontaneität

Abb. (3)

Systematisches Weiterentwickeln

Die A-Kompetenzen und der ACP-Entwicklungszyklus

Veränderungen erfolgen meist durch Zufall, Entwicklungen nach Reiz-Reaktions-Prinzip. Ein Außenereignis (Krankheit, Unfall, Trennung) bewirkt eine Innen-außen-Reaktion (Nachdenklichkeit, Umzug, Berufswechsel). Die wenigsten Verkäufer wissen, welches ihre wichtigsten Kompetenzen sind. Kennen Sie Ihre? Bitte Augen zu und mal kurz aufzählen. Wie viele können Sie spontan in einer Minute nennen? Ihre spontan aufgezählten Kompetenzen sind Ihnen bewusst, bestimmen Ihr Bewusstsein über sich selbst. Sind Sie damit zufrieden? Oder wollen Sie mehr? Dann weiter: Welches Potenzial schlummert ungenutzt in Ihnen? Was fällt Ihnen

Abb. (4): Der ACP-Entwicklungszyklus für Verkäufer

dazu spontan ein? Was ahnen Sie? Wenig bis nichts, wahrscheinlich. Wir sind wie die Erdkugel: Eine einigermaßen bekannte dünne Oberfläche (5 cm Humusschicht ernähren die ganze Welt), eine wenig bekannte dünne Zone, in der wir nach Bodenschätzen graben, tauchen, bohren, fracken – und ein unbekannter flüssiger Riesenraum, unsichtbar unter uns, der alles vermeintlich „Feste" trägt und als Vulkan hin und wieder in Erscheinung tritt wie ein Pickel auf der Haut. So ungefähr kann man sich vorstellen, was so alles in uns liegt als Abkömmling und Teil dieser Erde, aus deren Mineralien, Wasser und Gasen wir gebaut sind ...

Jeder Mensch hat einen unerschöpflichen Reichtum an unbekannten und ungenutzten Bodenschätzen. Wenige stoßen zufällig auf diesen Fundus, werden bekannt, berühmt, reich, erfolgreich, zufrieden, glücklich, leben ihr Potenzial aus. Die Allermeisten erfahren nie, was so alles möglich und gut gewesen wäre. Ist das nicht schade? Falls das Ihr Weg ist, können Sie das folgende Kapitel überschlagen. Sofern Sie sich jedoch effektiv und effizient weiterentwickeln wollen ...

Was sind Ihre A-Kompetenzen? Gemeint ist, vereinfacht gesagt, Ihre größte Problemlöse-Fähigkeit und -Bereitschaft (vgl. Motivation). Was man gut kann, das macht man normalerweise auch gern. Falls „gut" und „gern" nicht zusammenpassen, ist Klärung angesagt: Vielleicht lässt sich die aus Negativ-Erfahrung resultierende Ressourcen-Blockade (auf-)lösen? Ein typisches Beispiel: Ein für Mathematik hochbegabter Schüler langweilt sich unter Normalbegabten, hört nicht mehr zu, ist gedanklich „abwesend", wird gerügt, verweigert sich, verliert den Anschluss, bekommt schlechte Noten, verweigert sich vollends – ein Spitzen-Potenzial geht sich und der Gesellschaft verloren ... Das Beispiel ist so selten nicht, in der Sonderschule finden sich sogar Hochbegabte – und in Unternehmen Desinteressierte und Verweigerer.

Sieben Schritte zum Optimum

A-Competence-Profile sind darauf ausgelegt, die persönlich wichtigsten Kompetenzen zu erkennen, sie intelligent zu kombinieren zu einem individuellen Stärken-Bündel – und sie stetig zu optimieren, weiterzuentwickeln, denn „die Konkurrenz schläft nicht“. Vergleichbar einem Zehnkämpfer beim Sport, der so trainiert, dass er in jeder Einzel-Disziplin die Mindestpunktzahl erreicht und seine Gesamtpunktzahl insgesamt maximiert. Die folgenden Schritte sind in Abbildung (4) dargestellt.

- Schritt 1: Bestandsaufnahme, Ausprägung der Hauptfaktoren (Hauptmerkmale, z.B. ALPHA) der eigenen Persönlichkeit und der zugehörigen Einzelfaktoren (z.B. Entschlusskraft und Durchsetzungskraft), erster Vergleich der Unterschiede und Klärung, wie sie zusammenhängen und welches sonstige Potenzial mit ihnen womöglich verbunden ist.
- Schritt 2: Fokussierung auf die individuellen Schlüsselkompetenzen und ihr Zusammenwirken, diese zusammenstellen zu einem idealen Bündel (Cluster) für die Praxis.
- Schritt 3: Klären, was der Erfolgssteigerung bisher im Wege stand bzw. künftig stehen könnte: Probleme lösen können (Fähigkeit) und wollen (Motiv). Entweder die Beeinträchtigung abbauen (z.B. Konzentrationsfähigkeit üben) oder sie in einem neuen Kontext zu einem Vorteil machen (z.B. sie als vielseitige Sprung-Kreativität einstufen und Einsatzfelder finden).
- Schritt 4: Einen Entwurf erstellen, wie wann wo mit wem warum die gefundene Lösung in die Praxis transferiert werden soll.
- Schritt 5: Praxis-Erprobung, wiederholt unter wechselnden Bedingungen.
- Schritt 6: Erfahrungs-Auswertung, Rückschlüsse auf die Zusammenhänge aus der Praxiserprobung. Kreative systemische Betrachtung von Ziel(en) und Maßnahmen, im Zusammenhang, ohne abschließende Bewertung, Ideenfluss anregen.
- Schritt 7: Entscheidung über das weitere Vorgehen. War das gesetzte Ziel realistisch genug? Ist es hinreichend erreicht worden? Hätte (auf welche Weise) mehr oder anderes erzielt werden können? Das Ende des Zyklus ist erreicht – oder der Beginn eines neuen Durchlaufs mit veränderten oder neuen Zielen und Maßnahmen.

Jörg Heller

Jörg Heller studierte Spanische Philologie, Erwachsenpädagogik und Sport. 2001 startete er seine berufliche Laufbahn als Abteilungsleiter im Sporteinzelhandel. Nach erfolgreichem Abschluss eines Fernlehrgangs zum Sportfachwirt trat er als Assistent der Geschäftsleitung in das neue Berufsfeld des Soccerhallenmanagements ein. Bundesweit war er für die Konzeption und Durchführung der Schulungen von Franchisepartnern zuständig.

Es folgte eine Ausbildung zum Trainer in der Erwachsenenbildung und die Gründung von Heller Training im Sommer 2008. Schon bald zeichnete sich der Schwerpunkt Handel und Handwerk ab und mündete im Jahr 2010 manifestierend in eine Spezialisierung auf diese Zielgruppe. Die Entscheidung, den Fokus auf die bislang von vielen Beratern und der Trainerbranche vernachlässigten Bereich Handel und Handwerk zu legen, erwies sich als sehr erfolgreich.

Durch die stetige Expansion von Heller Training mit im Hause ausgebildeten Trainern, einem festen Team in Bremen und einem bundesweiten Trainer-Netzwerk bietet Heller Training alle Bereiche einer wertschöpfenden Personalentwicklung für die Kunden der Zielgruppe an. Inhaltliche Schwerpunkt von Jörg Heller sind Emotionales Verkaufstraining und Führungskräfteentwicklung, sowie Motivation und Innere Einstellung. Ebenso hält Jörg Heller Vorträge zu diesen Themen.

www.heller-training.de

Emotionales Verkaufstraining –

Entwicklung eines individuellen Verkaufsstils

Ausgangssituation

Heutzutage haben bei Weitem nicht alle Menschen, die im Verkauf tätig sind, diesen Beruf erlernt.

Daher kommen viele Quereinsteiger in die Verkaufstrainings und haben die Erwartungshaltung, hier die richtigen Verkaufstechniken zu lernen und Verkäufer-Tipps zu bekommen. Am besten wäre ein Taschenbuch der „Gewinn garantierenden Verkaufstechnik", für den Verkaufserfolg bei jedem Kunden.

Verkaufstechniken zu kennen, sie zu verstehen, sie situativ und automatisch anwenden zu können, ist für eine erfolgreiche Karriere im Verkauf unabdingbar, keine Frage. Doch wie fühlt man sich als Kunde, wenn die Techniken zwar sicher beherrscht werden, aber vor lauter richtiger Anwendungspraxis die Persönlichkeit der Verkäufer auf der Strecke bleibt?

Die Red-Bull-Geschichte

Es ist schon einige Jahre her, als ich nach einem Impulstraining, ca. 500 Kilometer von unserem Büro entfernt, eine Tankstelle betrat, um meinen vollen Tank für die anstehende Rückfahrt zu bezahlen. Es ereignete sich folgendes Szenario:

Ich betrat den großen vollklimatisierten Verkaufsraum und außer mir war nur die Servicekraft hinter der Kasse anwesend. Sie war intensiv mit ihrem Handy beschäftigt. Als sie schließlich merkte, dass sich ein Kunde vor ihrem Verkaufstresen befand, wechselte sie den Blick von ihrem Mobiltelefon auf den Computerbildschirm. Bei dem nun folgenden „Verkaufsgespräch" schaute ich sie unverwandt an, doch sie mich leider nicht

„Säule?"

„Nummer 5."

Sie nannte den Preis. „Zahlen Sie bar oder mit Karte?"

„Bitte mit Karte."

„Hier das Lesegerät: Sie kennen sich aus?“ (Noch immer ohne den Blick auf mich zu richten.

„Ja, durchaus, danke!“

„Gut, alles klar.“

(Dann schaute sie mich erstmals an und stellte mir die Frage der Fragen:)

„Und, möchten Sie noch zwei Red Bull zu Ihrer vollen Tankladung?“

Da war sie also, die Frage nach dem Zusatzverkauf, zwar richtig gestellt, aber mit so viel Freude und Lust vorgetragen, wie es nur von einem „Wareaushändiger“ kommen kann. Meine Antwort lautete dementsprechend dann auch: „Sehe ich um 14:30 Uhr schon so fertig aus, dass ich ZWEI Red Bull nötig hätte?“

Ich weiß, was Sie jetzt denken: Ich könnte doch Testkäufer sein, und wenn sie nicht nach Zusatzverkauf fragt, dann gibt es eine schlechte Bewertung. Stimmt, aber es bleibt dabei: Ich will als Mensch wahrgenommen werden und nicht als Opfer von Zusatzverkaufskampagnen aus der Unternehmenszentrale. Denn wer mich als Mensch wahrnimmt, zu dem komme ich wieder und sage es auch anderen Menschen.

Aber wie diese Erkenntnis in einem Verkaufstraining systematisch und erfolgreich den Teilnehmern vermitteln?

Das „Drei-Säulen-Modell"

Wir, die wir uns intensiv mit der Vermittlung von Wissen und Können zum Thema Verkaufen beschäftigen, wissen alle: Verkaufen ist eine sehr komplexe Angelegenheit, die sich aus vielen Teilaspekten unterschiedlichster Disziplinen zusammensetzt. Um diese Komplexität zu veranschaulichen, haben wir ein Schaubild zu unseren Grundüberzeugungen eines emotionalen Verkaufstrainings entwickelt:

Grafik 1: Was/Wie/Wozu (eigene Darstellung)

Anhand dieser Grafik verdeutlichen wir den Teilnehmern, dass der Erfolg im Verkaufen sich immer aus der Kenntnis und der Beherrschung verschiedenster Teilgebiete ergibt.

Die drei Handlungs- und Verhaltensfelder des emotionalen Verkaufens

Themenfeld „Fachliches Wissen"

Diesem Themenfeld ordnen wir persönliche, unternehmerische und gesellschaftliche Rahmenbedingungen zu, deren Kenntnisse unabdingbar sind, wie Arbeit- und Selbstorganisation, systematische Aneignung von Waren- und Produktkenntnissen, Problemlösungskompetenzen. Ferner Rahmenbedingungen des Verkaufens allgemein, wie Kenntnisse aus der BWL, der VWL, rechtliche Grundlagen sowie relevante Marktsegmente (auf die Teilnehmergruppe bezogen) und Studien zum Kaufverhalten. Des Weiteren werden Zukunftstrends beleuchtet und die eigene strategische Unternehmenspositionierung im Markt der jeweiligen Teilnehmer erörtert.

Themenfeld „Verkaufs-Know-how“

Auf der Können-Seite werden hier alle relevanten Techniken eines formal erfolgreichen Verkaufsaktes behandelt, also von der Begrüßung (Geschäftsanbahnung) bis zum After-Sales-Service, sowie der Umgang mit schwierigen Kunden. Auf der Wissensseite werden die Teilnehmer an Themenbereiche wie Verkaufspsychologie, Kaufmotive, Kundentypen, Kaufverhalten, Kauf(t)reue und kundenorientierte Sprache herangeführt.

Themenfeld „Innere Einstellung“

Jetzt geht es um die Innere Einstellung, also die Motivation, Leistung im Verkauf zu erbringen. Hier entscheidet sich, ob die Teilnehmer weiter auf der Ebene der Warenaushändiger verweilen oder bereit sind, ihr Potenzial auszuschöpfen.

Die Themenkomplexe sind hier: Meine Werte, Glaubenssätze (erlauben und verbieten), Grundlage der Motivation (Freude suchen und Schmerzen vermeiden), das eigene soziale Umfeld (Bremser oder Puscher), Umgang mit Emotionen. Ferner die Entwicklung eines persönlichen Handlungs- und Haltungsplan, und für echte Könner die Entwicklung einer Vision für die berufliche Zukunft im Verkauf.

Wir bei Heller Training sind zu tiefst davon überzeugt, dass in den heutigen Massenmärkten mit ihren nahezu identischen Leistungsmerkmalen (das gilt sowohl für Produkte, Dienstleistungen als auch für das produzierende Gewerbe) der Faktor Mensch den entscheidenden Wettbewerbsvorteil im Markt ausmacht. Darum wenden wir uns so intensiv dem Thema der inneren Einstellung im Verkauf zu.

Woher kommt diese Überzeugung?

Der Wandel vom Verkäufer- zum Käufermarkt

Oder: Warum soll ich trainieren, emotional zu verkaufen?

Die Einwände der Teilnehmer an dieser Stelle des Trainings sind stereotyp:

„Der Kunde kauft doch eh nur über den Preis, was soll ich da noch Emotionen investieren?"

„Reicht es nicht, wenn ich fachliches Wissen und die Verkaufstechniken sicher beherrsche?"

„Die wollen Rohre bei mir kaufen und keine Gefühle!"

„Wir haben so viel zu tun, da bleibt keine Zeit für großes Drumherum!"

Das mögen aus Teilnehmersicht alles berechtigte Bedenken gegen emotionales Verkaufen sein. Die Stimmungslage wechselt jedoch schlagartig, wenn folgende Grafik zum Thema Verkäufer- und Käufermarkt mit den Teilnehmern thematisiert wird:

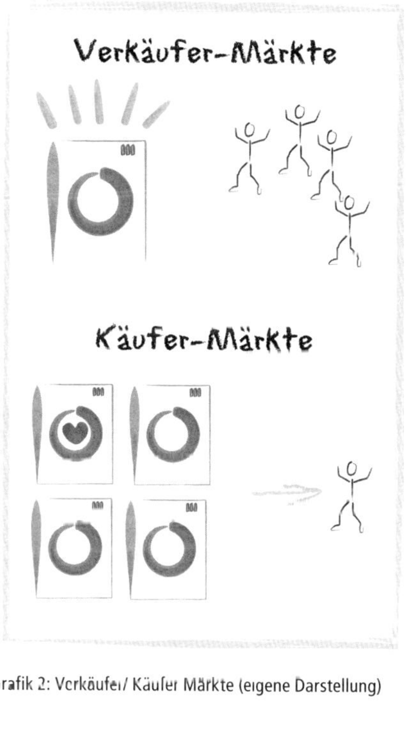

Grafik 2: Verkäufer/ Käufer Märkte (eigene Darstellung)

Nach Darstellung und Diskussion der Fakten aus dem Schaubild wird den Teilnehmern rasch klar, dass die Mehrzahl der Teilnehmer in einem Massenmarkt tätig ist mit den Folgen, dass die Deckungsbeiträge nicht so groß und die Leistungen vergleichbar sind. Vielen wird deutlich, dass auch der Wettbewerb in der Lage ist, die Preise, die Verfügbarkeit und die Qualität, die von den Kunden erwartet wird, anzubieten, denn sonst hätte der Markt bereits seine bereinigenden Mechanismen hier geltend gemacht.

Genau an dieser Stelle wird den Teilnehmern durch die simple Frage „Wenn alles gleich zu sein scheint, was macht dann noch den Unterschied im Verkauf aus?“ deutlich, dass sie es sind, die den Unterschied ausmachen, denn: MENSCHEN KAUFEN VON MENSCHEN!

Innere Einstellung

Werte und Sinn als Erfolgsfaktoren

Doch wie nun den Teilnehmern weiche Faktoren wie „Innere Einstellung“ und „emotionales Verkaufen“ vermitteln? Jetzt heißt es als Trainer gut zu sein, wenn es darauf ankommt! Denn ob Sie als Trainer Überzeugungstäter sind und dadurch die Inhalte glaubhaft und nutzbringend vermitteln können, dafür haben die Teilnehmer sehr feine Antennen entwickelt.

Als sehr gut hat sich ein schrittweises Heranführen der Teilnehmer an den Themenkomplex erwiesen.

1. Eine Aufwärmübung zum Selbstverständnis und persönlichem Standpunkt am Point of Sale in Form der KAWA Methode nach Vera F. Birkenbihl.
2. Daran schließt sich das Thema „Werte“ als wichtige und prägende Faktoren des authentischen Verkaufsstils an.
3. Um dann je nach Kundenwunsch und Gruppendynamik mit den oben dargestellten Inhalten fortzufahren.

Achtung: Bei Thema „Werte“ heißt es als Trainer „dranbleiben“. Das heißt, nicht zu philosophisch werden, damit die Teilnehmer, die eher Wert auf Verkaufstechniken legen, nicht verloren gehen, und auf der anderen Seite gilt es sich mit den wissensorientierten Teilnehmern nicht auf Grundsatzdiskussionen zum Thema einzulassen! Aus diesem Grund folgen wir hier gerne der altbewährten PITT-Formel:

Problematisieren
(Was sind Werte?)

Informieren
(Wozu dienen Werte und was bringen Werte im Verkauf?)

Trainieren
(Einzelübung: Meine Wertepyramide)

Transferieren
(Kleingruppen: Erstellen einer gemeinsamen Darstellung der Gruppenwerte, hier ließe sich noch eine Plenumsarbeit anschließen, wenn Zeit und Lust vorhanden ist.)

Bei der gesamten Arbeit zum Thema Innere Einstellung achten wir im Training darauf, den Teilnehmern zu vermitteln, dass es um den SINN geht. Es geht in erster Linie nicht um Umsatz, Geld oder um Verkaufserfolge. Nein, es geht darum, den Teilnehmern ihren ganz persönlichen Beitrag, warum sie im Verkauf tätig sind, zu verdeutlichen. Was ist es, was ich als Verkäufer bereit bin, jedem Kunden an Mehrwert zu verschaffen? Wenn diese Frage geklärt ist für die Teilnehmer, dann geht es nicht um Umsatz, sondern um SINN und Spaß am Verkaufen.

Verkaufen macht Spaß

Vielen der Teilnehmer sind die Vorteile des emotionalen Verkaufens auf der kognitiven Ebene dann meist transparent, allein es fehlt der Glaube an die Machbarkeit im Tagesgeschäft. Dieses wird deutlich durch die gängigen Einwände:

„Ich werde nach Umsatz bezahlt, nicht nach Kundenzufriedenheit."

„Und wann soll ich damit anfangen, wenn ich jeden Tag so viele Kunden habe?"

Oder: „Wenn das so einfach wäre, warum macht es dann nicht jeder?"

An dieser Stelle lassen wir uns im Training gar nicht auf Machbarkeitsdiskussionen ein, denn nun heißt es schlicht: fordern, nicht fördern. Wir weisen freundlich aber bestimmt auf die Eigenverantwortlichkeit im Leben der Teilnehmer durch die nachfolgende Grafik hin:

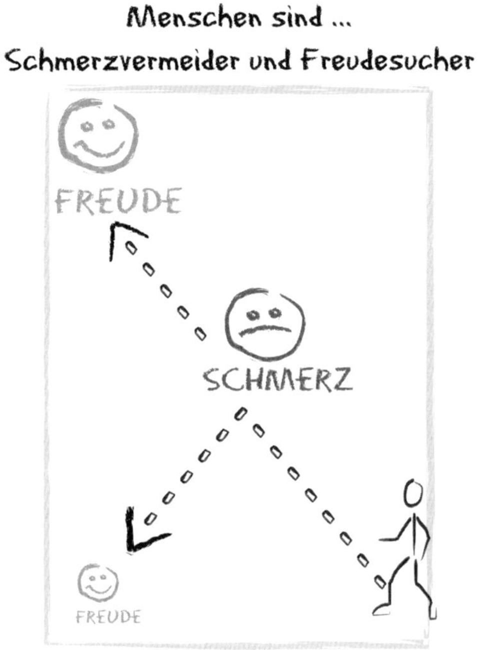

Grafik 3: Freude/ Schmerz (eigene Darstellung)

Mit der Grafik machen wir deutlich, dass es für die Persönlichkeitsentwicklung im Leben unvermeidbar ist, immer wieder durch den Schmerz zu gehen, um die große Freude im Leben zu erreichen. Und das können die Teilnehmer nur selbst erarbeiten.

Jane Khazal

Jane Khazal ist Diplom-Informatikerin mit Schwerpunkt Neuronale Netze und Natürliches Lernverhalten, ergänzend hat sie Kommunikationsforschung, Phonetik und Linguistik studiert. Anschließend arbeitete sie als Projektentwicklerin und Vermögensberaterin im Vertrieb verschiedener Banken.
Nach langjähriger Erfahrung wechselte Jane Khazal ins Zentrale Personalmanagement der HypoVereinsbank AG München, wo sie ihr Wissen aus der Kommunikationsforschung bei Personalmarketing, Rekrutierung sowie Auswahl und Entwicklung von Führungsnachwuchs einbrachte. Hiernach führte sie als Personalleiterin den Bereich Human Resources bei Ernst & Young Wirtschaftsprüfungs- und Steuerberatungsgesellschaft in Bayern.
Im Jahre 2006 gründete sie mit Jane Khazal Coaching · Consulting · Competency ihr eigenes Unternehmen mit Sitz in Hamburg. Als Organisationsberaterin, Business und Executive Coach sowie psychologische Beraterin führt sie Consultings, Seminare und Workshops vor allem mit Blick auf Führung und Personalentwicklung für Industrie-, Handels- und Dienstleistungsunternehmen sowie Nonprofit-Organisationen. Als Dozentin hat sie Lehraufträge u.a. in den Bereichen Personalmanagement, Personalpsychologie, Leadership und Change Management.

www.jane-khazal.de

Glückwunsch – der erfolgreiche Vertragsabschluss!

Innere Blockaden und Hindernisse im Verkaufsprozess lösen

Wer sich beruflich mit Vertrieb, Marketing oder Verkauf beschäftigt, kennt das Thema Ziele. Dabei wird Ziel zumeist als „der erfolgreiche Verkaufsabschluss" für Dienstleistungen oder Produkte definiert.

„Wer sein Ziel kennt, findet den Weg." Der Spruch von Laotse wird „überall" umgesetzt: Topdown bricht das Management Unternehmensziele auf Bereiche, Abteilungen usw. herunter, z. B. mit SMART[1]en Zieldefinierungsmethoden. Bis letztlich der erwartete individuelle Beitrag einzelner Mitarbeitender beschrieben ist. Auch Vertriebs- und Verkaufsziele werden für Einzelne festgehalten, sei es mit sogenannten Zielvereinbarungen oder durch Zielvorgaben für einzelne Verkaufsgebiete.

Und dennoch zeigt sich zum Ende des Monats oder Quartals, dass viele Beschäftigte die vereinbarten (oder vorgegebenen) quantitativen oder qualitativen Ziele häufig nicht oder nur teilweise erreichen, auch wenn die Zielbedingungen auf den ersten Blick „stimmen".

Was also ging schief? Wurde der Weg nicht gefunden – oder versperrten Hindernisse und Blockaden diesen Weg? Wenn ja, welche?

Als Beraterin und Coach interessieren mich im Interesse der Unternehmen und Mitarbeitenden zwei Aspekte:

1. Was sind die Ursachen des Problems?
2. Wo liegen Lösungen oder Alternativen hierfür?

Diese Vorgehensweise verbindet Vergangenheit und Zukunft, sodass unter Hinzunahme neuer Informationen und wissenschaftlicher Erkenntnisse in der Gegenwart optimale Verhaltensweisen und Ergebnisse erarbeitet werden. Verbesserungen bei der Zielerreichung stellen sich dann zügig und nachhaltig ein.

[1] SMART: Specific, Measurable, Accepted, Realistic, Timely

Unbewusste Denkprozesse und Beliefs blockieren die Zielerreichung

Wer sich mit Change-Prozessen beschäftigt, kennt das Phänomen des kritischen Wertes: Das Gesamtsystem wehrt sich gegenüber Veränderungen oft so lange, bis eine kritische Masse an Change oder Change-Bereitschaft erreicht ist. Bis dahin bleibt dem veränderungswilligen oder -ersehnenden Einzelnen zunächst nur der Change im eigenen „Hoheitsgebiet“: das Ich, die Identität, die eigenen Sichtweisen und Ressourcen.

Eine besondere Art von Sichtweisen sind Glaubenssätze (engl. Beliefs). Das sind mächtige und tiefe Grundüberzeugungen, die zusammen mit unseren Werten einen Großteil unserer Identität formen – und unsere Identität beeinflusst uns in unserem Denken, Fühlen und Handeln.

Ein Mensch „denkt“ jeden Tag etwa 20.000 Gedanken, sagt die aktuelle Hirnforschung. Der Münchner Hirnforscher Ernst Pöppel setzt diese Gedanken mit Entscheidungen gleich.[2] Denn ob es die Entscheidung ist, frühmorgens die Beine aus dem Bett zu schwingen, sich beim Verkaufsgespräch dem Kleidungsstil des Kunden anzupassen, einer ungewöhnlichen Marketingstrategie zu folgen oder im Vertriebsmeeting der Führungskraft (k)ein kritisches Feedback zu geben – hinter all diesen Entscheidungen muss zunächst ein Gedanke gelegen haben. Dieser Gedanke ist häufig auf einen Glaubenssatz zurückzuführen, weil diese weitgehend als unbewusste Muster in Denkprozessen mitwirken.

Glaubenssätze können alle Bereiche des Lebens fördern oder behindern: Autorität, Macht, Karriere, Erfolg, Gesundheit, Partnerschaft, Möglichkeiten, Grenzen, Ethik u.v.m. Sie werden unterschieden in Bezug auf Ursachen, Bedeutungen und Identität: Wodurch glaube ich, dass etwas Bestimmtes verursacht wird, z.B. Erfolg oder Misserfolg? Was bedeutet es, dass ich nicht verkaufe? Was glaube ich über mich? Sie wirken zumeist unbewusst und können deshalb erst hinterfragt und ggf. verändert werden, wenn sie einen Weg in unser Bewusstsein gefunden haben.

Hinderliche Glaubenssätze schränken ein und können unangenehme Gefühle und/oder inneren Stress auslösen. Sie erschweren dadurch bewusst oder unbewusst die Zielerreichung, manchmal sabotieren sie das Ziel sogar. „Geld stinkt nicht“ „Lob verweichlicht“ „Das Leben ist ein Kampf“ „Die Konkurrenz schläft nicht“ „Es ist nie wirklich gut genug“

[2] Vgl. Wirtschaftswoche Nr. 44, S. 62

„Ich kann es alleine nicht schaffen" „Ich darf nicht lügen" „Einem geschenkten Gaul, schaut man nicht ins Maul" „Schuster bleib' bei deinen Leisten" Das sind einschränkende Gedanken und Sichtweisen, Beispiele für hinderliche Glaubenssätze.

Förderliche Glaubenssätze hingegen erweitern und öffnen Perspektiven. Sie entspannen, vermitteln Kraft und geben positive Gefühle auf dem Weg zum Ziel. Es entsteht mehr Ausdauer und Zielstrebigkeit. „Geld ermöglicht, Gutes zu tun" „Ehrliches Lob ist Anerkennung, die motiviert" „Das Leben ist bunt und vielfältig" „Konkurrenz nehmen wir sportlich" „Gut ist gut genug" Versuchen Sie gern als Übung für die restlichen o.a. Beispiele passende förderliche Glaubenssätze zu finden. Was verandert sich?

Haben Sie es bemerkt? Glaubenssätze sind Chance und Crux zugleich! Das erklärt sich bereits im Namen: Glaubenssätze sind keine „Wissenssätze". Wir glauben zu wissen, doch erst wenn sich dieser Glaube bewahrheitet, entsteht echtes Wissen. Doch was ist „Wahrheit"? Auch hier haben Glaubenssätze ihre Hände mit im Spiel: Auf dem Weg zur Wahrheit können sie die Wahrnehmung beeinflussen und austricksen. Die Fähigkeit und Bereitschaft, etwas für „wahr" zu nehmen, z.B. Sachverhalte, Umfeld, Gefühle etc., kann durch einen Glaubenssatz gefiltert werden. So entstehen anhand der inneren Bilder Wahrnehmungsverzerrungen oder -lücken, die dann Basis für unsere Entscheidungen und unser tägliches Verhalten sind.[3] Welche Auswirkungen kann das haben?

Hier ein Praxisbeispiel aus der Beratung:

Eine junge Vertriebsmitarbeiterin eines Logistikbetriebs erhielt vor eineinhalb Jahren von der Geschäftsführung die Aufgabe, das Unternehmen im chilenischen Markt bekannt zu machen. Sie sollte Repräsentanten für den Vertrieb gewinnen und von Deutschland aus Ware vermitteln und verkaufen. Die Mitarbeiterin ist gebürtige Chilenin, hat in Deutschland studiert und spricht beide Sprachen fließend. Verkaufsabschlüsse blieben jedoch aus. Der Chef fliegt zusammen mit ihr und dem Vertriebsleiter nach Chile, damit die Geschäfte „endlich mal losgehen". Vor Ort soll die Mitarbeiterin Telefonate mit potenziellen Repräsentanten führen. Gleich das erste Telefonat entgleist und endet in einem Fiasko: Mit-

[3] Vgl. Hüther [2014]

arbeiterin und Repräsentant beschimpfen sich wüst, die Mitarbeiterin empfindet den Mann als „unverschämt", beendet das Gespräch abrupt und legt grußlos auf. <<

Was war geschehen?

Der Repräsentant zeigte grundsätzliches Interesse an einer Zusammenarbeit und erbat die Waren- und Preisliste, bevor er in ein persönliches Treffen einwilligen würde. Die Mitarbeiterin argumentierte, die Preisliste sei im Moment nicht so wichtig, ein persönliches Treffen wäre der entscheidende Punkt. Darin ließe sich abklären, ob „die Chemie" zwischen ihm und dem Unternehmen stimmte, mit der richtigen Chemie würde sich der Rest von selbst ergeben. Der Interessent bestand auf Informationen über Ware und Preise. Die Mitarbeiterin bestand auf persönlichem Treffen als ersten Schritt. Die Fronten verhärteten sich, die Gefühle eskalierten, und der „Verkaufsabschluss" wurde nicht erreicht.

Welche Wahrnehmungen, Verzerrungen und Blockaden waren auf dem Weg zum Ziel entstanden? In der Beratung zeigten sich zwei Glaubenssätze als wesentliche Ursachen:

1. Die Mitarbeiterin hatte noch nie im Vertrieb gearbeitet und fühlte sich dort „unter Männern" sehr unwohl. Preisverhandlungen waren ihr extrem unangenehm, sie fühlte sich so, als ob „sie sich verkauft" und „den Männern anbietet". Dieses innere Bild erzeugte bei ihr negative Gefühle und Abwehr. Der verborgene Glaubenssatz war: „Anständige Frauen bieten sich nicht an." Hier waren Aspekte wie „Vertrieb und Preisverhandlungen" innerlich mit dem Wert „Anstand" verknüpft und behinderten das Unternehmensziel.
2. Der Repräsentant verlangte die Waren- und Preisliste. Die Mitarbeiterin besaß eine solche nicht. Es gehörte allerdings zu ihren Aufgaben, diese zu erstellen und die Warenbezeichnung auf Spanisch zu übersetzen. Hierzu hätte sie jedoch eng mit dem Vertriebsleiter zusammenarbeiten müssen, ihn mied sie aber, weil sie keine Kenntnis von Ware und Preise besaß und dies nicht offenbaren wollte. Sie hatte Angst, dass, wenn ihre Unerfahrenheit erkenntlich würde, sie für das Unternehmen nicht mehr „nützlich" wäre und das Unternehmen sie dann kündigen würde. Der Glaubenssatz dahinter war: „Unerfahrene Mitarbeiter sind nutzlos (und verlieren ihren Job)."

Ergebnis: Die hinderlichen Glaubenssätze der Mitarbeiterin blockierten das offizielle Ziel „Verkaufsabschluss". Indem die Mitarbeiterin den Repräsentanten auf „das Chemie-Parkett" zog – weg von prekären Preislisten und Preisverhandlungen –, hatte sie ihr persönliches Ziel jedoch erreicht: nicht mit Männern über Preise zu reden („sich nicht anzubieten") und fehlendes Know-how („Schwäche") nicht zuzugeben. Unbewusst und unrealistischerweise erhoffte sie dadurch ihre Unerfahrenheit verbergen zu können, zeigte diese im Telefonat aber umso mehr und gefährdete damit ihre Anstellung bei dem Unternehmen ganz real (denn der Chef spricht Spanisch und hörte beim Telefonat mit).

Dieser Fall zeigt beispielhaft, wie Glaubenssätze unsere Identität mitbestimmen und zu psychologischen Blockaden und Konflikten führen können. Als innere Bilder können sie äußere Konflikte kreieren. Warum? Weil es unsere inneren Bilder sind – also all die Ideen, Visionen und Vorstellungen, die wir in uns tragen –, die unser Denken und Fühlen bestimmen und demzufolge unser Verhalten beeinflussen.

Gedanken erzeugen Gefühle und Gefühle steuern Handlungen auf dem Weg zum Ziel.

Wie nutzen Sie Glaubenssätze am besten für sich und Ihre Zielerreichung?

Wann immer Sie feststellen, dass Sie (beispielsweise) ein Verkaufsziel nicht erreichen, machen Sie sich auf zu einer Glaubensschatz-Suche. Zunächst bei sich, also in Ihrem eigenen Hoheitsgebiet (eigene Identität, Interpretationen, Werte, Ressourcen etc). Räumen Sie darin in Ruhe persönliche Blockaden und Hindernisse aus dem Weg. Im zweiten Schritt können Sie sich Gedanken darüber machen, welche Glaubenssätze möglicherweise bei Ihren Interaktionspartnern aktiv sind. Beim Praxisfall wäre das die Suche nach Glaubenssätzen bei Chef, Repräsentant und Vertriebsleiter.

Doch woran können Sie einen Glaubenssatz überhaupt erkennen, wenn er Ihnen noch nicht bewusst ist? Bei der Arbeit mit Glaubenssätzen entwickeln Sie mit der Zeit ein Gespür hierfür. Hinderliche Glaubenssätze können Sie daran erkennen, dass Körper und Geist mit Irritation,

Anspannung oder Widerstand (Abwehr) reagieren: Die Gelassenheit ist vorbei, vielleicht steigt der Puls, der Magen drückt oder das Herz rast etc. Auch Angst, Stress und Aggressionen können auftauchen. Häufig wird dieser Zustand umschrieben mit „es wird innen eng".

Sobald Sie einen Ihrer hinderlichen Glaubenssätze entdeckt haben, hinterfragen Sie ihn: „Ist das wirklich so, wie ich denke/fühle? Gilt das, was ich glaube, für alle Menschen oder nur für mich? Woher habe ich dieses ‚Wissen', von Eltern, Freunden, Peer-Groups, Umwelt oder aus Sprichwörtern? Woher weiß ich, dass das Vermutete nur so eintreten kann und nicht auch anders? Was, wenn es doch anders verläuft, was würde das dann bedeuten?"

Im nächsten Schritt stellen Sie sich die bewusste Frage: „Wie will ich es stattdessen haben?" Dies öffnet Perspektiven und Visionen, und unser kybernetisches Gehirn modelliert die neuen Informationen zu einem neuen perspektivischen Bild um. Bei dieser Neuordnung entdeckt unser Bewusstsein gezielt oder ganz nebenbei eine Reihe von förderlichen Glaubenssätzen. Und Körper und Geist entspannen sich wieder.

Bewährt hat sich bei der Glaubensschatz-Suche das Visualisieren des Gesamtkontextes in einer- Mindmap (Abb. 1). Wählen Sie verschiedene Schnittstellenbereiche (Anzahl beliebig), die Sie auf hinderliche Glaubenssätze durchforsten möchten, um sie aufzulösen und zu neutralisieren. Zu jedem Bereich stellen Sie sich die Frage: „Was glaube, denke, fühle ich hier?" Achten Sie bei der Zielformulierung darauf, dass Sie keine belastenden Worte oder Aspekte wählen, die mit negativen Gefühlen, Interpretationen oder Erlebnissen verbunden sind. Diese würden Ihre Energie für das Ziel blockieren. Vorteilhaft ist eine Formulierung, die zu einem höheren Selbstwert und damit einhergehend zu höherer intrinsischer Motivation führt.

Abbildung (1): Glaubenssatz-Mindmap

Im Fall der Vertriebsmitarbeiterin lautete das ursprüngliche Ziel: „Ich baue den chilenischen Markt auf und verkaufe Ware im Wert von 100 TEUR p.a." Schon die Worte „verkaufe" und „Wert" triggerten belastende Gedanken, Gefühle und Querverbindungen an. Ohne professionelle Beratung und Coaching war dieses Ziel für die Mitarbeiterin nicht erreichbar, dem Unternehmen nicht gedient. Im Coaching wurde das Ziel unter Betrachtung des „Ziels hinter dem Ziel" neu formuliert. Hierfür wurde die Mitarbeiterin befragt, wie sie sich in dem Unternehmen sehen (inneres Bild) und fühlen möchte. Als neues Ziel entstand: „Ich bin eine wertvolle Mitarbeiterin und unterstütze dieses Unternehmen." Der Trick: Eine „wertvolle Mitarbeiterin" zu sein beinhaltet im Vertriebskontext, gute Verkaufsabschlüsse zu erzielen, und „unterstütze dieses Unternehmen" inkludiert Einsatz und Engagement, um mit den nötigen Schritten für Klarheit bei Preisen und Waren zu sorgen, sodass in Akquise-Gesprächen zuverlässige Zahlen vorgelegt werden können. Mit dieser veränderten Formulierung entwickelten sich bei ihr Ausdauer und Entspannung. Die Vertriebsarbeit begann ihr Freude zu bereiten und sie erreichte bald ihren ersten Verkaufsabschluss.

Warum macht Sie dieser Aufwand fit für Verkaufserfolge?

Forschungen aus der Neurowissenschaft zeigen, dass unser Gehirn als soziales Organ angelegt ist. Über die offene Schleife im limbischen System – das emotionale Zentrum im Gehirn – tauschen wir unablässig Informationen mit unserer Umwelt und unseren Mitmenschen aus. Spiegelneuronen lassen uns Gefühle, Aktivitäten und Absichten unseres Gegenübers direkt miterleben.[4] Das, was Sie ausstrahlen, kommt also über das offene limbische System bei Ihrem Gegenüber in dessen System direkt an. Im positiven Fall entsteht dabei Resonanz, eine übereinstimmende Schwingung.

Wenn in Ihnen hinderliche Glaubenssätze aktiv sind, verändert sich Ihre Ausstrahlung. Sie erzeugen zu Ziel und Interaktionspartnern Dissonanz statt Resonanz. Diese fehlende übereinstimmende Schwingung kommt über das limbische System bei Ihrem Gegenüber direkt an. Je weniger belastende Glaubenssätze und Konflikte Sie also haben, desto überzeugender und entspannter wirken Sie. Ihr ‚Charismatischer Wert' steigt.

Die Quintessenz?

Ihre Verkaufserfolge hängen entscheidend von Ihren Glaubenssätzen und Ihrer inneren Konfliktfreiheit ab. Hinderliche Glaubenssätze belasten Ihre Zielerreichung. Förderliche Glaubenssätze hingegen erzeugen positive Gefühle und eine Resonanz, die ankommt. Machen Sie den Praxistest, lassen Sie sich auf diese Hinweise ein: damit Sie Ihre Ziele auch wirklich erreichen.

Literaturverzeichnis:

Dilts, R.B., Hallbom T., Smith, S.: Identität, Glaubenssysteme und Gesundheit, 6. Auflage, Junfermann Verlag, Paderborn 2011

Goleman, D., Boyatzis, R., McKee, A.: Emotionale Führung, 7. Auflage, Ullstein Verlag, Berlin 2012

Hüther, G.: Die Macht der inneren Bilder, 8. Auflage, Vandenhoeck & Ruprecht Verlag, Göttingen 2014

LaPorte, D.: The Desire Map, Sounds True Verlag, Kanada 2014

[4] Goleman, D. et al [2012]

Stefan Küthe

Stefan Küthe, Betriebswirt und Kommunikationswirt, ist praxisorientierter Experte für wirkungsvolles Kommunizieren, professionelles Verkaufen und souveränes Führen. Vor seiner Tätigkeit als Trainer und Coach sammelte er langjährige Erfahrung in Verkauf und Marketing für bekannte Markenartikler wie Reemtsma und Eukanuba, zuletzt als Führungskraft im Marketing der Caparol-Gruppe.
Seit 1999 trainiert und begleitet er Führungskräfte und deren Mitarbeiter für namhafte Unternehmen aus der Industrie, dem Handel sowie dem Dienstleistungs- und Bankensektor. Zu seinen Kunden zählen die AOK, die Deutsche Post sowie viele Volks- und Raiffeisenbanken.
Seine Teilnehmer profitieren von seiner umfassenden eigenen Weiterbildungserfahrung: Erfolgreicher Abschluss des Studiums der Hirt-Methode und einer zertifizierten Vera F. Birkenbihl-Ausbildung, zusätzlich ist er NLP-Practitioner und NLP-Master, zertifizierter Personaltrainer, Diplom-Seminarleiter nach Erhard F. Freitag, zertifizierter Master-NLS-Verkäufer und certified DISG trainer.
Darüber hinaus hält er als Referent Motivationsvorträge auf Kongressen sowie Veranstaltungen und ist Autor des Management-Bestsellers „Goethe für Manager".
Seit 2012 ist er vielbeachteter Autor und Sprecher mehrerer Weiterbildungs-Video-Kurse und E-Learnings, die ihm das Lecturio-Siegel „Hervorragender Dozent" einbrachten.
Stefan Küthe hat im Verlauf seiner Trainertätigkeit über 1.500 Seminare und Vorträge vor insgesamt mehr als 20.000 Teilnehmern gehalten.

www.stefan-kuethe.de

Die fünf Hebel Ihres Verkaufserfolgs –

Was erfolgreiche Verkäufer von weniger erfolgreichen Verkäufern unterscheidet

„In Dir muss brennen, was du in anderen entzünden willst."

Augustinus

Das rund 1.600 Jahre alte Augustinus-Zitat ist ein hochaktueller Hinweis auf den Unterschied zwischen erfolgreichen und weniger erfolgreichen Verkäufern. Was sagt es uns Verkäufern aus dem 21. Jahrhundert? Erstens: Sei von deinem Angebot begeistert, weil das der Weg ist, wie du deine Kunden davon überzeugst. Und zweitens: Sei von deinen Kunden begeistert, weil das der Weg ist, wie du sie für dich gewinnst. Und es heißt drittens: Sei insbesondere von dir selbst begeistert, weil das der Weg ist, wie du deine Kunden für dein Angebot entzündest. Das wahre Geheimnis Ihres Erfolgs ist die Begeisterung – nur wer selber brennt, kann andere entflammen. Nur wer begeistert ist, kann Großes erschaffen.

Regelmäßig werde ich auf meinen Verkaufstrainings gefragt, ob es Abkürzungen zum Verkaufserfolg gibt. Oft wird sich danach erkundigt, ob vielleicht ein Wundermittel existiert, mit dem sich die Kunden besser überzeugen lassen. Oder ob es eine Prioritätenliste gibt, die klar aufzeigt, worauf es beim Verkaufen wirklich ankommt. Es gibt sie tatsächlich, sowohl die Abkürzungen als auch das Wundermittel und auch die Prioritätenliste. Aus jahrelanger Praxis als Verkaufstrainer weiß ich, dass nur wenigen Verkäufern klar ist, was im Verkauf wesentlich ist, welche Werkzeuge tatsächlich helfen und welche Bedeutung den einzelnen Verkaufsmethoden zukommt.

Wissen Sie, was heute über Erfolg und Misserfolg im Verkauf maßgeblich entscheidet? Haben Sie sich auch schon einmal gefragt, wie es Spitzenverkäufern gelingt, ein Vielfaches von Durchschnittsverkäufern zu verkaufen? Kennen Sie den Unterschied zwischen erfolgreichen und weniger erfolgreichen Verkäufern?

In den letzten knapp 20 Jahren habe ich Tausende Verkäufer als Trainer und Coach begleitet. Mit diesem Beitrag erhalten Sie die Essenz meiner Erfahrungen: Im Wesentlichen geht es um ein Wundermittel und die fünf Hebel Ihres Verkaufserfolgs.

Das Wundermittel des Verkaufs

„Wenn du eine weise Antwort verlangst, musst du vernünftig fragen."

Goethe

Was wäre, wenn Sie in weniger Zeit mehr verkaufen würden? Wie würden Sie die gewonnene Zeit einsetzen? Was würden Sie mit dem zusätzlichen Umsatz und Ertrag machen? Und haben Sie schon eine Idee, warum dieser Absatz mit gleich vier Fragen beginnt? Aufgrund der magischen Wirkung von Fragen!

Mit jeder Frage öffnen Sie – bildhaft gesprochen – eine Schublade im Kopf Ihres Kunden. Sie öffnen seinen Geist für ein Thema, das Sie zuvor festgelegt haben. Sobald Ihr Gesprächspartner eine schlüssige Antwort auf Ihre Frage gefunden hat, geht diese Schublade in seinem Kopf wieder zu. Wenn Sie allerdings im Verlauf des Gesprächs keine Antwort auf Ihre ursprüngliche Frage liefern und Ihr Kunde auch keine befriedigende Antwort findet, bleibt die Schublade im Kopf Ihres Kunden offen. Er sucht jetzt – unbewusst – nach einer passenden Antwort. Dieses Wissen wird gerne von guten Verkäufern praktisch eingesetzt, wenn es darum geht, ihre Kunden für ein bestimmtes Thema aufzuschließen. In vielen Fällen kommt der Gesprächspartner im Verlauf des Gesprächs auf die bis dahin unbeantwortete Frage wieder zurück. Ein Beispiel: „Während ich dies gerade schreibe, frage ich mich, wann Sie dieses starke Instrument in Ihrem Verkaufsalltag einsetzen." Hierbei handelt es sich um eine „eingebettete Frage": Die Aussage wird vom Gesprächspartner als Frage verstanden. Es spielt nämlich keine Rolle, ob Sie den Kunden direkt fragen oder über eingebettete Fragen, in beiden Fällen öffnet sich die Schublade in seinem Kopf. Ein weiteres Beispiel: „Was wäre, wenn Sie sich vorstellen, dass diese Technik in Ihren Verkaufsgesprächen wirklich weiterhilft?" In dieser Frage befindet sich ein eingebetteter Befehl: Während Sie als Leser anfangen sich vorzustellen, wie Ihnen diese Technik weiterhilft, hat der Vorgang unbewusst schon längst begonnen. Starke Methode, oder?

Fragen öffnen jedoch nicht nur den Geist. Fragetechnik ist ganz generell ein herausragendes Werkzeug im Methodenkoffer der Top-Verkäufer. Gute Verkäufer wissen: Wer fragt, der führt. Dieser Klassiker unter den Verkaufsregeln ist das Geheimnis für erfolgreiche Verkaufsgespräche. Wenn Sie während eines Gesprächs mit Ihrem Kunden viele zielführende Fragen stellen, dann erfahren Sie nicht nur, wo er sich gerade gedanklich befindet und was er von Ihnen erwartet. Sie lenken das Gespräch auch in die von Ihnen gewünschte Richtung. Die Kunst besteht darin, den Kunden reden zu lassen und über Fragen den Dialog im wahrsten Sinne des Wortes zu führen. Gute Verkäufer wissen auch: Wer fragt, der gewinnt – den Kunden für sich. Aus psychologischer Sicht wirkt jede ehrlich gemeinte Frage – bewusst oder unbewusst – als Bauchpinsler: Fragen signalisieren Ihr Interesse an der Welt des anderen. Erkundigen Sie sich beispielsweise danach, wie seine Geschäfte laufen oder wie sein Urlaub war, dann wird er sich Ihnen und Ihrem Anliegen entgegenkommend öffnen. Es geht nämlich am Ende nicht darum, um Kunden zu kämpfen, sondern um den Kunden als Mensch für sich zu gewinnen. Gezielte Fragen wirken im Verkaufsgespräch wie intelligente Werbung im Marketing. Sie ziehen Ihre Kunden ohne jeden Druck magisch an – schließlich sind Sie Verkäufer und kein Drücker. So erreichen Sie Ihre Verkaufsziele: „Sog statt Druck" lautet die griffige Erfolgsformel. Ihre Fragen wirken wie ein unsichtbares elastisches Band, das dafür sorgt, dass Ihr Kunde im Bedarfsfall immer wieder gerne auf Sie zurückkommt. Das ist hohe Verkäuferkunst, über diesen Weg bauen Sie eine langjährige erfolgreiche Beziehung zu Ihren Kunden auf.

Der entscheidende Unterschied zwischen Verkäufern und Vertreibern besteht in der Fragetechnik statt Sagetechnik. Die meisten Verkäufer argumentieren lang und breit und übersehen dabei eine der wichtigsten Verkaufsregeln: Wer als Verkäufer ohne Bedarfsanalyse argumentiert, der verliert.

Die fünf Hebel Ihres Verkaufserfolgs

Schauen wir uns nach dem Wundermittel Fragetechnik die fünf Hebel Ihres Verkaufserfolgs an. Diese Verkaufshebel zeigen Ihnen auf, worauf es beim Verkaufen maßgeblich ankommt und welche Bedeutung sie für den Verkaufsprozess haben.

Die fünf Hebel ruhen auf einem starken Fundament und darauf bauen die fünf Verkaufshebel auf, deren Bedeutung von unten nach oben steigt. Wir beginnen mit dem Fundament.

Das Fundament der fünf Hebel

„Die beiden wichtigsten Tage deines Lebens sind der Tag, an dem du geboren wurdest, und der Tag, an dem du herausfindest, warum."

Mark Twain

Ist es bezogen auf langfristigen Erfolg für Sie als Verkäufer sinnvoller, Ihre Stärken zu stärken oder Ihre Schwächen zu schwächen? Wenn ich im Verkaufstraining diese Frage stelle, erwächst daraus fast immer eine rege Diskussion mit unterschiedlichen Meinungen.

Hinsichtlich des Zieles Spitzenleistung gibt es jedoch nur eine glasklare Antwort auf diese Frage: Und die heißt „Stärken stärken", wenn wir Spitzenleistung erzielen wollen, wenn es unser Ziel ist, als Verkäufer ganz nach vorne zu kommen.

Ein Beispiel: Angenommen, Sie sollten als Trainer die Teilnehmer der Olympiamannschaft richtig einsetzen: Würden Sie die Läufer schwimmen lassen und die Ringer turnen? Sicher nicht, Sie würden sie natürlich dort einsetzen, wo sie spitze sind. Es stellt sich daher nur die Frage: Warum arbeiten sich so viele an ihren Schwächen ab? Es liegt doch auf der Hand, dass wir am motiviertesten und leistungsfähigsten sind, wenn wir dort hingehen, wo unsere Talente, unsere natürlichen Begabungen liegen.

Um erfolgreich als Verkäufer loszulegen, benötigen Sie als Erstes ein starkes Fundament. Schauen Sie, welche Talente Sie haben: Überdurchschnittliche Verkäufer sind durchweg kontaktfreudig, gehen gerne auf potenzielle Neukunden zu und möchten diese für sich gewinnen.

Wenn Sie also Ihre Stärken stärken (anstatt Ihre Schwächen zu schwächen), sind Sie zum einen motivierter, glücklicher und zufriedener und zum anderen am Ende nicht nur ein starker, sondern exzellenter Verkäufer. Machen Sie sich demnach Ihre Talente bewusst und bauen Sie sie konsequent aus. Halten Sie sich an die beiden Stärkefragen: Mache ich es gern? Mache ich es gut? Übrigens: Ihre Begabungen sind Gaben des Lebens und deutliche Hinweise auf Ihren Lebenssinn. Wo Ihre Gaben liegen, da liegen auch Ihre Aufgaben.

Hebel Nummer 1

„Wissen ist Macht.“

Francis Bacon

Die Basis Ihres beruflichen Erfolgs als Verkäufer bildet Ihr Fachwissen. Fundiertes Fachwissen ist Ihre Eintrittskarte für Ihren Berufserfolg. Sie spielen nur dann in der ersten Verkäuferliga, wenn Sie sich lebenslanges Lernen auf die Fahnen schreiben. Nur etwas zu wissen, reicht allerdings nicht aus: Sie sind erst dann richtig erfolgreich, wenn Sie Ihr Wissen konsequent in den Verkaufsalltag umsetzen.

Bauen Sie also den ersten Verkaufshebel Fachkompetenz auf. Das gibt Ihnen Selbstsicherheit und einen Vorsprung vor Ihren Wettbewerbern. Hiermit gemeint sind insbesondere Produkt- und Kundenkenntnisse. Nicht umsonst gilt der Satz: (Angewandtes) Wissen ist Macht.

Hebel Nummer 2

„Reden lernt man durch reden.“

Cicero

Und verkaufen lernen Sie, indem Sie verkaufen. Rund 55 Prozent unserer Informationen nimmt Ihr Kunde über Ihre Körpersprache wahr, dazu zählen insbesondere Mimik, Gestik und Körperhaltung. Zu etwa 38 Prozent wird er über Ihre Stimme und Aussprache beeinflusst und nur knapp 10 Prozent entnimmt er dem Gesagten, also dem Inhalt.

Das bedeutet allerdings nicht, dass Sie sich nicht mehr inhaltlich auf Ihre Verkaufsgespräche vorbereiten sollen: Selbstverständlich bleibt der Inhalt wichtig, aber Stimme und Körpersprache sind noch wichtiger! Seien Sie selbst von dem überzeugt, was Sie sagen, nur dann können Sie Ihre Kunden zum Kauf motivieren.

Zu den stärksten Motivationsinstrumenten gehören ehrlich gemeintes Lob und Anerkennung für Ihre Kunden – nichts fördert die Leistung anderer stärker. Aber Vorsicht: Nicht verdientes Lob ist verkleideter Spott.

Der zweite Hebel Ihres Verkaufserfolgs ist Ihre Fähigkeit, wirkungsvoll mit Ihren Kunden zu kommunizieren. Dazu zählen der positive erste Eindruck, Stimmigkeit zwischen Inhalt und Körpersprache, ausgefeilte Rhetorik sowie aktives Zuhören. Bereiten Sie sich intensiv vor auf Ihre Angebotspräsentation, mögliche Kundeneinwände, Preisverhandlungen und Abschlusstechniken. Ein Tipp: Die beste Rhetorikübung der Welt – üben Sie Ihr Verkaufsgespräch vor dem Spiegel. Das hilft, Selbstsicherheit aufzubauen und souverän mit möglichen Einwänden umzugehen. Wichtig bei Ihren Verkaufsgesprächen ist es, authentisch und ehrlich zu sein. Wenn Sie jetzt noch logisch, systematisch und zielgerichtet Fragen stellen, können Sie lenken, was Ihre Kunden denken.

Hebel Nummer 3

„Persönlichkeiten werden nicht durch schöne Reden geformt, sondern durch Arbeit und eigene Leistung."

Albert Einstein

Nicht nur fachliche Kompetenz, sondern insbesondere der dritte Hebel soziale Kompetenz zählt zu den wichtigsten Karriereturbos, gerade im Verkauf. Es wird unterschieden in soziale Kompetenz im Umgang mit anderen und im Umgang mit uns selbst. Zur sozialen Kompetenz im Umgang mit anderen zählen zum Beispiel:

- Ihre Kommunikationsfähigkeit (der zweite Hebel, wird der Vollständigkeit halber hier auch aufgelistet)
- Ihre Menschenkenntnis (einen Menschen nach einem ersten Eindruck richtig einschätzen können)
- Ihre Empathie (Ihr Einfühlungsvermögen; sehen Sie die Welt durch die Brille Ihrer Kunden)

Gerne übersehen wird die soziale Kompetenz im Umgang mit sich selbst. Dazu zählen zum Beispiel:

- Ihr Selbstbewusstsein
- Ihr Selbstvertrauen (nur wenn Sie sich selbst vertrauen, vertrauen Ihnen auch die anderen)
- Ihre Selbstverantwortung (Sie sind nicht für alles in Ihrem Leben verantwortlich, allerdings sind Sie immer dafür verantwortlich, wie Sie auf die äußeren Umstände reagieren)

Bitte beachten Sie: Die soziale Kompetenz im Umgang mit sich selbst ist wichtiger als die im Umgang mit anderen – nur wenn Sie mit sich selbst im Reinen sind, können Sie positiv auf andere ausstrahlen.

Setzen Sie täglich die goldene Regel aktiv ein: Behandle Deine Kunden so, wie Du gern selbst behandelt werden möchtest. Und darüber hinaus: Behandle Deine Kunden so, wie diese gern behandelt werden möchten.

Zeigen Sie während des Verkaufsgesprächs echtes Interesse an Ihrem Kunden und seinem Anliegen. Bewahren Sie auch bei kritischen Fragen Ruhe und reagieren Sie selbst in heiklen Gesprächssituationen souverän. Hier hilft übrigens Hebel Nummer 1. Wer fachlich kompetent ist, strahlt mehr Selbstvertrauen aus als ein „Blender".

Hebel Nummer 4

„Die Welt gehört dem, der in ihr mit Heiterkeit nach hohen Zielen wandert."

Ralph Waldo Emerson

Eine wahre Begebenheit macht die Kraft des vierten Hebels deutlich:

Im Sommer des Jahres 1952 steigt die junge Extremschwimmerin Florence Chadwick in die Fluten des Pazifik. Sie will als erste Frau der Welt von der Insel Santa Catalina an das 34 Kilometer entfernte kalifornische Festland schwimmen. Das Wasser ist eiskalt und dichter Nebel liegt auf der Wasseroberfläche, sodass sie die Beiboote nur undeutlich erkennen kann, obwohl diese nah bei ihr sind. Mehrere Haiangriffe werden von den Begleitschiffen abgewehrt. Nach 15 Stunden im Ozean ist sie steif vor Kälte und bittet mit letzter Kraft darum, aus dem Wasser gezogen zu werden. Ihre Mutter und ihr Trainer, die sie auf einem Beiboot begleiten, wollen sie noch zum Durchhalten bewegen, aber sie ist am Ende ihrer Kräfte. Die Küste ist zu diesem Zeitpunkt gerade noch 800 Meter entfernt. Am nächsten Tag fragt sie ein Reporter, warum sie so kurz vor dem Ziel aufgegeben habe. Ihre Antwort: „Es war der Nebel. Wenn ich das Land hätte sehen können, hätte ich es geschafft. Es war der Nebel."

Der vierte Hebel Ihres Verkaufserfolgs lautet: Wenn Sie genau wissen, wohin Sie wollen, und Sie sich Ihr Ziel glasklar vor Augen führen, können Sie Ihr Ziel auch erreichen. Wer nicht weiß, wohin die Reise geht, muss damit rechnen, ganz woanders zu stranden.

Erfolgreiche Verkäufer verbindet nicht nur, dass sie ihre Ziele und Teilziele klar, konkret und schriftlich fixieren. Sie führen sich den gewünschten Endzustand auch mit mentalem Training bildhaft vor Augen, zum Beispiel mit Zielbildern oder kleinen Zielfilmen. Das Unterbewusstsein arbeitet bildhaft, das heißt, es kann am besten Bilder verarbeiten: „Ein Bild sagt mehr als 1.000 Worte." Aus diesem Grund sind Zielcollagen, Ziel-Mind-Maps und Zielposter sehr motivierende und effektive Instrumente zur Zielerreichung, weil der gewünschte Endzustand bildhaft vor Augen geführt wird.

Entwickeln Sie also klare Ziele. Die meisten Verkäufer lassen sich treiben und geraten über diesen Weg ins Hamsterrad. Entscheidend wichtig und motivierend ist es, mittels Salamitechnik Ihre Ziele über Teilziele bis hin zu einzelnen Gesprächszielen zu entwickeln, um Ihr großes Ziel in überschaubare Schritte zu unterteilen.

Hebel Nummer 5

„Die größte Entscheidung deines Lebens liegt darin, dass du dein Leben ändern kannst, indem du deine Geisteshaltung änderst."

Albert Schweitzer

Auch für den fünften Hebel trifft eine verbürgte Geschichte aus dem 19. Jahrhundert den Nagel auf den Kopf:

Vor über 100 Jahren führte der Londoner Universalgelehrte namens Francis Galton einen Gedankenversuch durch: Bevor er seinen allmorgendlichen Spaziergang antrat, redete er sich permanent ein, er sei der meistgehasste Mann Englands. Nachdem er sich mehrere Minuten diesen Gedanken suggeriert hatte, begann er seinen gewohnten Rundgang: Die meisten Fußgänger wechselten die Straßenseite, als sie ihn sahen. Ein Hafenarbeiter rempelte ihn im Vorbeigehen, sodass er hinfiel. Die Abneigung gegen ihn hatte sich offenbar auch auf Tiere übertragen. Ein Pferd schlug aus und trat Galton in die Hüfte, sodass er wieder zu Boden ging. Als sich daraufhin eine kleine Menschenmenge ansammelte, ergriffen die Leute Partei – für das Pferd! Worauf Galton die Flucht ergriff, in seine Wohnung zurückeilte und sein Experiment auswertete.

In Bezug auf Ihren Erfolg als Verkäufer besitzt diese Francis-Galton-Geschichte eine überragende Bedeutung: Sie sind das, was Sie zu sein glauben. Frei nach Henry Ford ist es gleichgültig, ob Sie sich lange genug einreden, ein schlechter Verkäufer zu sein, oder ob Sie glauben, ein Spitzen-Verkäufer zu sein: In beiden Fällen werden Sie recht behalten. Völlig zu Recht heißt es: Gewonnen und verloren wird zwischen den Ohren! Der fünfte Hebel Ihres Verkaufserfolgs ist Ihre innere Einstellung.

Die Kernaussagen der Francis-Galton-Geschichte besagen also:

Du bist, was Du denkst. (Die Macht Ihrer Gedanken: Wenn Sie Ihr Angebot, Ihre Kunden und sich selbst lieben, ...)

Was Du denkst, strahlst Du aus. (Gesetz „Wie innen, so außen": ... dann strahlen Sie Ihre Leidenschaft für Ihre Kunden sichtbar aus ...)

Was Du ausstrahlst, ziehst Du an. (Gesetz der Resonanz: ... und ziehen darüber Ihre Kunden an, die gerne bei Ihnen kaufen.)

Ergänzend dazu heißt es in einem chinesischen Sprichwort (wird fälschlich gerne dem Talmud zugerechnet):

„Achte auf Deine Gedanken, denn sie werden zu Worten.
Achte auf Deine Worte, denn sie werden zu Handlungen.
Achte auf Deine Handlungen, denn sie werden zu Gewohnheiten.
Achte auf Deine Gewohnheiten, denn sie werden Dein Charakter.
Achte auf Deinen Charakter, denn er wird Dein Schicksal."

Ihre Gedanken wirken also auf Sie wie eine Schicksalsproduktionsmaschine: Ihre gesamte Lebenssituation und deren Bewertung sind ein Produkt Ihres Denkens. Ihr Denken bewegt die Materie.

Nur mit einer konstruktiven inneren Einstellung ist es Ihnen möglich, sich motiviert Ihren täglichen Aufgaben zu stellen und proaktiv auf Ihre Ziele zuzugehen. Viele Verkäufer kommen bei Hebel eins bis vier ganz gut mit, scheitern aber bei einer konstruktiven inneren Einstellung. Doch erst mit zielorientiertem Denken und Handeln sind alle anderen Hebel wertvoll. Erst dann kommt die ganze Kraft der fünf Hebel zur Geltung. Frei nach dem Motto „Du bist, was du denkst" wird so Ihr Verkaufserfolg wahr.

A. Peter Kunzweiler

A. Peter Kunzweiler ist Gründer und Geschäftsführer von ProConception und als Cheftrainer für die inhaltliche Ausrichtung und Konzeption der Trainings und Coachings verantwortlich.
A. Peter Kunzweiler ist Pädagoge und verfügt über fundiertes Fachwissen in den Bereichen Betriebswirtschaft sowie Marketing und über zahlreiche Trainer- und Coach-Zertifizierungen. Seine Praxiserfahrung sammelte er als Vertriebsleiter, Marketingdirektor, Geschäftsführer, Dozent, Lehrkraft und Autor, auch im internationalen Umfeld.
Er ist Experte für ganzheitliche Unternehmens- und Mitarbeiterentwicklung mit dem Schwerpunkt Vertrieb. Für ihn ist Mitarbeiterförderung, Training und Coaching in erster Linie auch Menschenberatung, dabei denkt er nicht in standardisierten Schemata, sondern erstellt spezifische Konzepte, die die Bedürfnisse seiner Kunden für jede Situation berücksichtigen. Für A. Peter Kunzweiler ist der Mensch entscheidend, denn er ist der maßgebliche Erfolgsfaktor. Seine lösungs- und erfolgsorientierte Arbeitsweise stößt wichtige Entwicklungs- und Veränderungsprozesse an und sorgt für Kontinuität mit hohem Nutzwert. Seine Authentizität und Begeisterungsfähigkeit wirken motivierend und ansteckend. Er führt Ihr Unternehmen zum Vertriebserfolg, und das mit Begeisterung.
Er ist Experte für die Entwicklung neuer Trainingskonzepte und Vertriebsstrategien und Vertriebscoach. Er ist verantwortlich für die Ausbildung und Schulung aller Trainerinnen und Trainer bei ProConception.

www. kunzweiler.net

Erfolgreicher verkaufen durch Persönlichkeit

Kann man Verkaufen lernen? Auch wenn ich mich in die Nesseln meiner Trainerkollegen setze, behaupte ich, ohne Talent kann man erfolgreiches Verkaufen nicht lernen. Also ist für mich die weitaus wichtigere Frage: Hat jemand Talent zum Verkaufen?

Verkaufen mit Talent macht die Sache einfacher. Sie alle kennen den Satz „Der ist ein geborener Verkäufer", mir ist nicht bekannt, dass es solche Redewendungen für andere Berufe gibt, oder haben Sie schon einmal den Satz gehört, jemand sei ein „geborener Werkzeugmacher"? Jedoch halte ich es für übertrieben, von einem Verkäufer-Gen zu sprechen. Menschen mit Verkaufstalent haben einfach nur bessere Voraussetzungen als „Untalentierte". Talent alleine reicht aber nicht aus, um erfolgreich verkaufen zu können. Ein wirklicher Verkäufer braucht neben Talent folgende Eigenschaften:

- Empathie,
- die Bereitschaft und Fähigkeit zuzuhören,
- Begeisterung,
- Eigenmotivation,
- Leidenschaft,
- Beharrlichkeit und
- Produkt- und Marktkenntnisse.

Also spreche ich nicht mehr „nur" von einem Verkäufer, sondern von einer Verkäuferpersönlichkeit. Sind Top-Verkäufer immer Verkäuferpersönlichkeiten? Nein, denn es gibt durchaus erfolgreiche Verkäufer, die das weniger ausgeprägte Talent und möglicherweise fehlende Persönlichkeit durch Fleiß und Disziplin kompensieren können. Diese müssen jedoch für ihren Erfolg mehr tun als talentierte Verkäufer. Im Gegenzug wäre es ein Trugschluss, zu glauben, dass Talent zum Verkaufen alleine dauerhaft ausreicht. Es verhält sich wie im Sport: Um meine Fitness zu erhalten, muss ich trainieren, neue Techniken ausprobieren und mich stetig mit den Besten messen. Gewissenhaftigkeit und Offenheit für neue Erfahrungen sind weitere wichtige Persönlichkeitseigenschaften. Talente, also angeborene natürliche Fähigkeiten, persönliche Eigenschaften und Potenzial, ergänzt mit erworbenem Wissen, Kenntnissen, erlernten Fähigkeiten und Erfahrung bilden die Kompetenzen, die erfolgreiche Verkäufer ausmachen. In der Summe ergibt dies die verkäuferische Selbstwirksamkeit.

Empathie

Empathie ist die Bereitschaft und die Fähigkeit, Emotionen oder Gefühlszustände, Motive und Persönlichkeitsmerkmale anderer zu erkennen, ohne dass diese direkt geäußert werden. Fundamental ist, dass ich meine eigenen Emotionen selbst wahrnehmen und deuten kann bzw. gekonnt mit ihnen umgehen kann. Je besser mir dies gelingt, desto besser kann ich die Gefühle anderer einschätzen. Eine Verkäuferpersönlichkeit kann sich sehr gut in die Rolle ihres Kunden versetzen, sie ist in der Lage, ein Verkaufsgespräch aus der Sicht des Käufers zu führen. So können aus unangenehmen Reklamationsgesprächen Folgeaufträge generiert werden.

Die Bereitschaft und Fähigkeit zuzuhören

Hier möchte ich mit einem alten Mythos aufräumen. „Ein guter Verkäufer muss gut reden können." Nein, die große Kunst ist es, zuhören zu können, herauszuhören, was der Kunde für Anforderungen und Wünsche hat. Wer zu sehr damit beschäftigt ist, den Kunden zuzutexten, wird nie erfahren, was ihn bewegt und was er erwartet. Zuhören ist ein äußerst raffinierter Prozess, in dem der Verkäufer eher Bestätigungssignale durch nonverbale Reaktionen senden sollte. Da kann ein Kopfnicken wahre Wunder wirken. Auch ein „ich verstehe" oder einfache „hm" oder „aha" werden ihre Wirkung nicht verfehlen. Wenn ich in meinen Seminaren frage: „Was ist die ideale Gesprächsbalance zwischen Kunden und Verkäufer?" erhalte ich in der Regel die richtige Antwort: 70 % der Kunde und 30 % der Verkäufer. Die Wirklichkeit zeigt ein anders Bild – es ist meist genau umgekehrt. Als gute und wichtige „Eselsbrücke" hat sich „EMMA" in all meinen Praxisjahren als Vertriebstrainer bewährt.

EMMA = Erzähl Mir Mal Alles

Je mehr mir der potenzielle Kunde von sich, seinen Wünschen, Anforderungen und Erfahrungen erzählen kann und will, desto mehr wird eine Beziehung aufgebaut bzw. gefestigt. Auf dieser Beziehungsebene fußt letztlich auch der künftige Verkaufserfolg.

Begeisterung

Ist die Begeisterung im Verkauf überbewertet? Nein, ich halte Begeisterung für einen wichtigen Baustein im Verkaufsprozess. Begeisterung ist im Verkauf nicht alles, aber Verkaufen ohne Begeisterung ist nichts.

Wie sagte Augustinus: „In dir muss brennen, was du in anderen entzünden willst!"

Isoliert könnte Begeisterung als Tschakka-tschakka-Mentalität betrachtet werden. Begeisterung ist jedoch vielmehr ein Oberbegriff für zum Beispiel Produkt-Begeisterung, Kunden-Begeisterung, Unternehmens-Begeisterung, Eigen-Begeisterung und Begegnungs-Begeisterung. Begeisterung oder auch Enthusiasmus ist eine gesteigerte Freude an bestimmten Themen oder Handlungen, die ein extremes Engagement für eine Sache oder ein intensives Interesse oder Tatendrang entfacht.

Hohe Eigenmotivation

Ich erkläre in meinen Seminaren die intrinsische, also die eigene, Motivation mit drei einfachen Worten: „Ja, ich will!" Durchschnittliche Verkäufer erwarten, dass sie von ihren Vertriebsleitern immer neu motiviert werden. Wer sich im Verkauf nicht motiviert fühlt und auf Fremdmotivation hofft oder auf Motivationsanreize wartet, sollte das Verkaufen aufgeben und den Beruf wechseln. Ein alter Satz aus der Psychologie, beschreibt das Phänomen so: „Als wir den Sinn unserer Arbeit nicht mehr sahen, begannen wir, über Motivation zu reden." Eigenmotivation, insbesondere im Verkauf, ist als Selbstmotivation zu begreifen, das heißt, aus eigenem Antrieb zu handeln. In seinem Buch „Mythos Motivation – Wege aus einer Sackgasse" verdeutlicht Reinhard K. Sprenger: Das „motivie-rende" Einwirken einer Führungskraft auf die Leistungsbereitschaft ihrer Mitarbeiter wirkt demotivierend. Sprenger sieht im Wesentlichen zwei Typen von Arbeitnehmern:

1. Mitarbeiter, bei denen die Motivationslücke nicht existiert, sondern die voll motiviert Erfolg und Befriedigung in ihrer Arbeit suchen. Diese bezeichnet Sprenger als Erfolgssucher.

2. Mitarbeiter, bei denen die Motivationslücke tatsächlich existiert, die in jeweils individueller Abstufung demotiviert ihre Aufgaben in dosiertem Arbeitseinsatz „erledigen" und dabei möglichst nicht durch Misserfolge auffallen wollen. Diese nennt Sprenger Misserfolgsvermeider.

Leidenschaft

Leidenschaft schafft Erfolg, zwei Faktoren, die im Verkauf untrennbar miteinander verbunden sind: Keine Leidenschaft ohne Verkaufserfolg und kein Verkaufserfolg ohne Leidenschaft. Wenn es einem Verkäufer nicht gelingt, Erfolge zu generieren, wird er auch keine Leidenschaft für seinen Beruf entwickeln können. Leidenschaft in seiner Verkäuferpersönlichkeit wachzuhalten, bedeutet die mit Verkaufserfolgen verbundenen positiven Gefühle wachzuhalten bzw. an diese anzuknüpfen. Das hilft, Misserfolge zu überwinden und die Freude am Verkaufen zu erhalten. Leidenschaft wächst durch Erfolge, die man ohne Leidenschaft wahrscheinlich nie erreicht hätte. Wenn die Freude am Verkaufen auch in Durstphasen erhalten bleibt, kann aus dieser Energie, die neue Erfolge schafft, die Positivspirale aus Leidenschaft und Erfolg neu erwachsen.

Beharrlichkeit

Beharrlichkeit eine der wichtigsten Tugenden ist für Verkäufer. Verkäuferpersönlichkeiten ist diese Charaktereigenschaft zu eigen. Sie zeichnet sich durch Ausdauer, Hartnäckigkeit genauso so aus wie zum Beispiel Zielbewusstsein und Zuverlässigkeit. Nachfassen ist im Verkauf ein anderes Wort für Beharrlichkeit. Verkäuferpersönlichkeiten versenden kein Angebot und warten, bis sich der Kunde bei ihnen meldet oder das Telefon klingelt. Napoleon Hill hat vor mehr als 70 Jahren in seinem Buch „Denke nach und werde reich“ Beharrlichkeit so beschrieben: „Beharrlichkeit ist eine Geisteshaltung, die jeder erlernen oder sich antrainieren kann.“

Wie alle anderen geistigen Tugenden wurzelt auch die Ausdauer in genau bestimmbaren Voraussetzungen:

1. Zielstrebigkeit: Die genaue Kenntnis des Ziels ist eine der ersten – und vielleicht die wichtigste – Bedingungen für Ausdauer, denn nur etwas, wovon wir eine klare Vorstellung haben, vermag uns so sehr zu motivieren, dass wir allen Widerständen und Rückschlägen zum Trotz immer weiter darum ringen.
2. Verlangen: Je stärker unser Verlangen nach einem bestimmten Objekt oder Zustand ist, desto leichter fällt es uns, beharrlich und konsequent darauf hinzuarbeiten.
3. Selbstvertrauen: Unerschütterliches Vertrauen in die eigene Kraft und Fähigkeit, den einmal gefassten Plan auch auszuführen, steigert unser Durchhaltevermögen.

Produkt- und Marktkenntnisse

Gute Verkäufer können sich nur am Markt behaupten, wenn sie wissen, wie der Markt funktioniert, wer sich noch im Kampf um Kunden befindet, inwieweit der Marktsättigungsgrad schon erreicht ist oder welche Potenziale noch zur Verfügung stehen. Viele Verkäufer haben nur eine vage Vorstellung von Absatzmöglichkeiten, Kundschaft und Konkurrenz. Nur wer über alle relevanten Marktinformationen verfügt, kann ambitionierte Ziele definieren und somit den Erfolg faktisch program-mieren. In einer „Außenbetrachtung" sollten die Analyse der Stärken und Schwächen des eigenen Unternehmens der von ausgewählten Konkurrenten gegenübergestellt werden (Benchmark).

Eine Studie der DDI belegt: 58 % der Einkäufer erwarten profunde Marktkenntnisse, 76 % verlangen eine qualifizierte Beratung über Produkte und Service. Ohne ausreichendes Produktwissen ist ein dauerhafter Verkaufserfolg nur schwer möglich. Meist reicht jedoch ein fundiertes Basiswissen aus, insbesondere da auch Einkäufer nicht immer technisch versierte Fachleute sind. Wenn es technisch komplex wird, besteht in den meisten Unternehmen die Möglichkeit, für ein Verkaufsgespräch Unterstützung durch einen Techniker oder Ingenieur zu erhalten.

Unverzichtbar ist jedoch das Wissen um die eigenen Produkt- oder Dienstleistungsvorteile. Frage ich in meinen Seminaren, warum ich ein Produkt bei Firma GROSSARTIG kaufen soll, gleichen sich die verschämten Antworten wie: „Weil wir ein gute Qualität haben" oder: „Weil wir die Besten sind." Die eigenen USPs (Unique Selling Propositions) muss ein Verkäufer sehr genau kennen, denn sie sind sein Mantra. Der USP ist die Eigenschaft oder Funktion eines Produkts oder einer Dienstleistung, die sie vom Wettbewerb abhebt. Damit ist der USP das Argument dem Kunden gegenüber, warum er das Produkt oder die Dienstleistung kaufen sollte.

Verkäuferpersönlichkeit

Verkäuferpersönlichkeiten erkennt man sofort auch an deren Charisma. Sie versuchen nicht, den Kunden mit allerlei Tricks über den Tisch zu ziehen. Sie wissen, dass nur dann, wenn die Kundenbedürfnisse befriedigt werden, der Kunde geneigt ist, seine Kaufentscheidung zu treffen. Erfolgreiche Verkäuferpersönlichkeiten arbeiten nach einem bestimmten wiederkehrendem Ritual, das sie dann je nach Kundentyp individuell variieren. Sie verstehen ihren Gesprächspartner sowohl verbal als auch nonverbal, das heißt, sie können Körpersprache, Mimik und Gestik des Gesprächspartners deuten und entsprechend darauf reagieren.

Kommunikation im Verkaufsprozess

Eine gute Kommunikation ist auch für gestandene Verkäuferpersönlichkeiten ein grundlegendes, teilweise schwieriges und komplexes Feld im menschlichen Miteinander. Vielen Verkäufern sind oft die wichtigsten Grundlagen ihrer eigenen Kommunikationshandlungen nicht bewusst, geschweige denn deren Auswirkungen auf ihre Gesprächspartner.

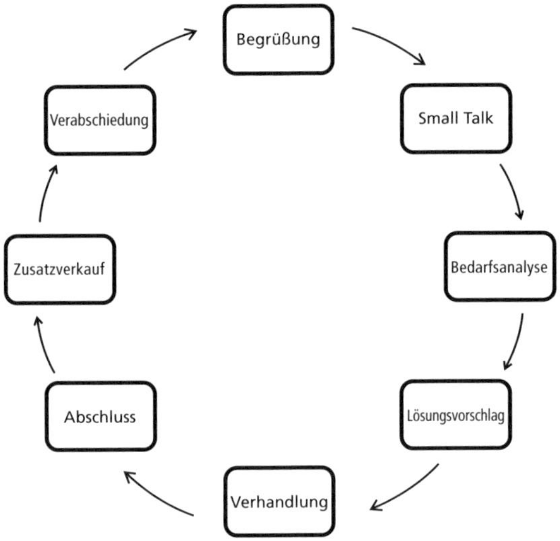

Abb.: Kreislauf eines optimalen Verkaufsprozesses (A. Peter Kunzweiler)

Information und Kommunikation

Information und Kommunikation bedingen einander gegenseitig, die eine ist ohne die andere nicht denkbar. Deswegen werden die beiden Begriffe oft nicht klar unterschieden und synonym angewandt. Unter dem Begriff „Information" wird die Übermittlung bzw. Übertragung von Wissen verstanden. Rolf Kramer orientiert sich an der Lehre über Zeichen und Symbole (Semiotik). Damit wird eine Abgrenzung zu den Begriffen Nachricht und Signal erreicht.

Die Semiotik kennt drei Teilbereiche, die vergleichsweise für die Erläuterung des Begriffs „Information" herangezogen werden:

Syntax (Syntaktik):
Hierunter wird die Lehre über die Zusammensetzung von Zeichen und Signalen in einer bestimmten Reihenfolge in der Übertragung zwischen Sender und Empfänger verstanden. Im Mittelpunkt dieser Betrachtung steht die Übertragungsmenge und -geschwindigkeit

Semantik:
Auf dieser Ebene wird die Beziehung zwischen Zeichen und Designaten herausgestellt, sodass die Zeichen und Signale eine Bedeutung bekommen. Das Signal wird zur Nachricht. Auf den Empfänger der Sprache wird kein Bezug genommen.

Pragmatik:
Zwischen Sprache und ihren Benutzern (Empfängern) besteht eine Beziehung. Durch Berücksichtigung der persönlichen Seite wird die Zweckorientierung einbezogen. Auf dieser Ebene wird aus der Nachricht eine Information.

Für Verkaufsgespräche ist der Austausch von Informationen eine existenzielle Grundlage. Es muss Klarheit über die Art der Übermittlung von Informationen bestehen. Dazu ist Folgendes notwendig:

- die Elemente der Übermittlung einer Nachricht,
- ein Sender zur Abgabe von Informationen,
- ein Empfänger zur Aufnahme von Informationen,
- eine Speicherung, wenn Informationen nicht sofort verwertet werden können,
- eine Umwandlung, d.h., die Verarbeitung der Information.

Störungen in der Kommunikation können auch bei der Kodierung bzw. bei der Dekodierung auftreten: Mehrdeutigkeit, kulturelle Unterschiede, mangelnde Aufmerksamkeit, eingegrenzte Wahrnehmung, Selektion begrenzter Merkmale usw. Auf dem Übertragungsweg entstehen weitere Störungen: verfälschende oder verfremdende ‚Stille Post', übertönender Lärm, unterschiedliche Wahrnehmungskanäle und andere Filter- oder Veränderungseinflüsse. Deshalb ist es wichtig, dass der Empfänger eine Rückmeldung (Feedback) an den Sender gibt, wie und inwieweit er die

Botschaft verstanden hat, was er damit zu tun gedenkt und welche Bedingung er daran knüpft oder welche Unterstützung er dafür braucht.

Konrad Lorenz hat das etwa so formuliert: Der Sender hat eine Idee und will diese mitteilen und damit etwas erreichen. Aber zwischen Sender und Empfänger lauern viele mögliche Kommunikationsstörungen:

- „gedacht" ist nicht gesagt ...
- „gesagt" ist nicht gehört ...
- „gehört" ist nicht verstanden ...
- „verstanden" ist nicht gewollt ...
- „gewollt" ist nicht gekonnt ...
- „gekonnt und gewollt" ist nicht getan ...
- „getan" ist nicht beibehalten ...

Das Vier-Seiten-Modell (auch Nachrichtenquadrat, Kommunikationsquadrat oder Vier-Ohren-Modell) von Friedemann Schulz von Thun ist ein Modell der Kommunikationspsychologie, mit dem eine Nachricht unter vier Aspekten, den „vier Seiten einer Nachricht", beschrieben wird: Sachinhalt, Selbstoffenbarung, Beziehung und Appell. Diese vier Seiten einer Nachricht werden auch bezeichnet als:

1. Sachinhalt – auf die Sache bezogener Aspekt: Die beschriebene Sache. (Worüber ich informiere.)
2. Selbstoffenbarung – auf den Sprecher bezogener Aspekt: Was anhand der Nachricht über den Sprecher deutlich wird. (Was ich von mir selbst kundgebe.)
3. Beziehung – auf die Beziehung bezogener Aspekt: Was an der Art der Nachricht über die Beziehung offenbar wird. (Was ich von dir halte oder wie wir zueinander stehen.)
4. Appell – auf die beabsichtigte Wirkung bezogener Aspekt: Das, zu dem der Empfänger veranlasst werden soll. (Wozu ich dich veranlassen möchte.)

Die Herausforderung für den Verkäufer besteht darin, durch gutes Hinhören herauszufinden, auf welcher Ebene der Gesprächspartner sich gerade befindet. Fehldeutungen führen zu Missverständnissen und verhindern so möglicherweise einen Verkaufsabschluss, oder der Verkaufsprozess gerät in eine „Wiederholungschleife".

Beispiele

Sachinhalt Kunde: Der Preis ist hoch.
Selbstoffenbarung: Der Kunde ist überrascht von dem hohen Preis.
Beziehung: Der Kunde wähnt sich in besserer Position, fühlt sich überlegen und glaubt dem Verkäufer sagen zu müssen, welchen Preis er für angemessen hält.
Appell: Der Kunde will, dass der Verkäufer einen Preisnachlass gewährt.

Gerade in solchen Situationen haben es Verkäuferpersönlichkeiten einfacher, weil sie bewusst und/oder intuitiv angemessen reagieren können, weil sie die offensichtliche Nachricht decodiert haben. Insbesondere bei der Thematik „Preis" glauben die meisten Verkäufer schnell, dass die Kundenäußerung ein Appell sei, und reagieren mit Preisnachlassen oder versprechen, sich um einen „besseren Preis" zu bemühen. Selbstvertrauen und Standhaftigkeit machen letztlich Verkäuferpersönlichkeiten aus.

Verkaufen mit Persönlichkeit heißt eben nicht, raffiniert, wendig, skrupellos und zupackend mit den Kunden umzugehen. Verkaufen mit Persönlichkeit bedeutet, sich auf Augenhöhe mit dem Kunden zu befinden. Der Kunde ist Partner und nicht der Gegner, den es zu erobern gilt, der „über den Tisch zu ziehen", „weichzuklopfen" oder „rumzukriegen" ist.

Eine Verkäuferpersönlichkeit kann also schlussendlich fast jeder werden, wenn er die vorgenannten Attribute in sich erkennt oder sich aneignet, effektiv nutzt beziehungsweise sich ständig weiterentwickelt. Wichtig dabei ist aber auch, auf seine Intuition zu achten bzw. diese nicht außer Acht zu lassen. Summa summarum: Verkaufen ist Gefühlssache.

Quellen:

Hill, Napoleon:Denke nach und werde reich. Ariston, München 2006

Kramer, Rolf: Information und Kommunikation: betriebswirtschaftliche Bedeutung und Einordnung in die Organisation der Unternehmung. Duncker & Humblot, Berlin 1965

Sprenger, Reinhard K.: Mythos Motivation – Wege aus einer Sackgasse. 17. Aufl., Campus Verlag, Frankfurt am Main/New York 2002

Website Friedemann Schulz von Thun, www.schulz-von-thun.de

Peter Mohr

Dipl.-Paed.Univ Peter Mohr studierte als Jahrgangsbester und Studienpreisträger Erwachsenen-Pädagogik/Andragogik.
Nach seinem Studium absolvierte er die Ausbildung zum Soft-Skill-Trainer für Rhetorik + Präsentation + Verkauf.
Bis 1995 arbeitete er als Offizier der Luftwaffe in Führungs- und Stabsfunktionen für das Bundesministerium für Verteidigung.
Neben einer Tätigkeit als Lehrgangsleiter war er u.a. auch als Leiter einer Personalabteilung und in der Öffentlichkeitsarbeit tätig.
Seit 1995 arbeitet er als spezialisierter Trainer, Speaker, Coach und Autor zum Thema ERFOLGREICH PRÄSENTIEREN.
Peter Mohr bietet im Rahmen seiner hochgradigen Spezialisierung ausschließlich Trainings, Vorträge und Coachings zum Thema ERFOLGREICH PRÄSENTIEREN an.
Sein Grundprinzip lautet: Höchste Qualität durch höchste Spezialisierung.
Seine absolute Spezialisierung ist der Garant für sein Können – und damit auch für Ihren Erfolg.
Sein Motto lautet:
„Lassen Sie Ihre Präsentationen (endlich) genauso gut werden wie Ihre Produkte."
Peter Mohr hat schon mehr als 1000 Präsentationstrainings durchgeführt und mehrere tausend Präsentatoren und Redner trainiert (bis zur Vorstandsebene). Peter Mohr hat schon mehr als 15 Bücher und Hörbücher zum Thema ERFOLGREICH PRÄSENTIEREN verfasst.
Als ehemaliger Offizier ist er bekannt für extrem straffe, fordernde und intensive Seminare und Trainings.

www.peter-mohr-trainer.de

PRESENT&SELL – mittels Präsentationen verkaufen

Gute Produkte und Dienstleistungen haben viele – aber diese Produkte und Dienstleistungen verkaufen sich leider nicht von alleine. Kunden zu gewinnen und Kunden zu binden ist daher eine permanente Aufgabe für jedes Unternehmen und jeden Unternehmer. Dieser Artikel möchte Ihnen Mut machen, bei dieser vertrieblichen Herausforderung eine ganz besondere Methode anzuwenden. Es handelt sich um eine Methode, die meines Erachtens bisher viel zu wenig angewandt wird und daher in vielen Unternehmen – leider oder zum Glück – noch völlig ungenutzt brachliegt. Und gerade deshalb stellt diese Methode ein Register dar, welches Sie mit hoher Wahrscheinlichkeit noch zusätzlich ziehen könnten.

Diese Methode heißt: PRESENT&SELL

Der Grundgedanke von PRESENT&SELL lautet:
Kunden mittels Präsentationen interessieren, ansprechen, informieren, gewinnen und binden

Zum Verdeutlichen schildere ich hier gleich mal ein reales Beispiel von einem meiner Kunden, für den ich ein PRESENT&SELL-Konzept entwickelt habe.

Beispiel für PRESENT&SELL:
Ein selbstständiger Physiotherapeut hält einmal pro Quartal einen Vortrag bzw. eine Präsentation zu Themen wie *„Knieproblemen vorbeugen“*, *„Gelenkschmerzen lindern“* oder *„Umgang mit Rückenschmerzen“*

Typische Zuhörer sind solche Personen, die orthopädische Probleme haben und daher in der näheren Zukunft auch physiotherapeutische Behandlungen in Anspruch nehmen werden. Allein durch diese Vorträge macht der Physiotherapeut so viele Zuhörer auf sich und seine Kompetenz aufmerksam, dass er dadurch die Hälfte seiner gesamten Patienten akquiriert. Und hierbei auch noch mit einer sehr hohen Quote an sehr lukrativen Privatpatienten.

Die Grundidee von PRESENT&SELL ist jene, dass man potenziellen und bestehenden Kunden informative Präsentationen mit hohem Nutzen anbietet – und dadurch langfristig verkauft.

Um das Prinzip weiter zu verdeutlichen, schildere ich gleich noch drei weitere von mir entwickelte PRESENT&SELL-Konzepte:

Beispiel für PRESENT&SELL:
Eine Apotheke veranstaltet einmal im Monat einen Vortrag bzw. eine Präsentation mit aktuellen Themen wie beispielsweise *„Neueste Methoden zur Allergie-Bekämpfung"*, *„Die gesunde Ernähung von Kleinkindern"* oder *„Überblick über die besten Diäten"*. Typische Zuhörer sind solche Personen, die sehr gesundheitsorientiert sind, regelmäßig zum Arzt gehen und für das Thema Gesundheit auch gerne etwas Geld ausgeben. Die Vorträge sind immer völlig kostenfrei und es werden dabei sogar noch kleine Snacks gereicht. Die Apotheke investiert also aktiv in die Präsentation von wertvollem Wissen für die Zuhörer. Die Vorträge haben regelrechten Kultstatus und sind sehr gut besucht. Obwohl es im Ort insgesamt 12 Apotheken gibt, ist die präsentierende Apotheke mit Abstand die bekannteste Apotheke mit den meisten Stammkunden.

Beispiel für PRESENT&SELL:
Ein Vertreiber von Feuerlöschern, Löschdecken und Rauchmeldern führt in Neubaugebieten hin und wieder eine ca. 1-stündige kostenfreie Lehrdemonstration zum Thema *„Brandschutz im Eigenheim"* durch. Der Zeitpunkt ist jeweils samstagnachmittags. Typische Zuschauer sind Bauherren und deren Familien, die samstagnachmittags auf ihren Baustellen sind und dann auch gerne mal an der angekündigten Vorführung teilnehmen. In der Vorführung wird der richtige Umgang mit Feuerlöschern, das Löschen von brennenden Pfannen mit Löschdecken und die lebensrettende Funktion von Rauchmeldern demonstriert. Aufgrund einer solchen einstündigen Präsentation entsteht ein Bestell-Umsatz, für den sonst 1-2 Arbeitstage Akquise notwendig wären.

Beispiel für PRESENT&SELL:
Ein Heizungsbau-Handwerksbetrieb macht in der Region regelmäßig Vorträge und Präsentationen zu Themen wie *„Heizen mit regenerativen Energien"* oder *„Heizen mit Erdwärme"*. Typische Zuhörer sind

solche Personen, die mittelfristig eine Heizanlage kaufen oder erneuern wollen.
Im Schnitt entstehen pro Präsentation über kurz oder lang 1-2 Aufträge über eine Heizanlage im Wert von jeweils mehreren tausend Euro. Außerdem ist der Handwerksbetrieb der mit Abstand bekannteste Heizungsbauer in der Region geworden.

Die Methode PRESENT&SELL hat gleich folgende 3 wertvolle Wirkprinzipien:

1. Wirkprinzip:
PRESENT&SELL heißt:
Sich und seine Kompetenzen mittels Präsentationen präsentieren

Mit PRESENT ist hier das englische Verb für „Präsentieren" gemeint.

Die Zuhörer der Präsentationen kommen natürlich primär, um die für sie wertvollen Informationen mitzunehmen. Und das ist ja auch das zentrale Ziel der angebotenen Vorträge und Präsentationen. Allerdings wird der Präsentator automatisch und quasi nebenbei auch seine Kompetenzen und sein Portfolio vorstellen. Ein Physiotherapeut kann beispielsweise keinen Vortrag aus seinem Fachgebiet halten, ohne dass dabei nebenbei auch seine Arbeitbereiche und seine Kompetenzen nach und nach deutlich werden. Und in den Vorträgen sitzen ja gerade solche Personen, die an der Thematik interessiert sind – und damit auch als potenzielle Kunden an dem Portfolio des Präsentierenden interessiert sind. Und wenn diese potenziellen Kunden erst mal das Portfolio und die Kompetenzen des Präsentators kennengelernt haben, ist der erste Schritt zum späteren Verkaufen schon getan.

Und dieses Prinzip wird nochmals durch 3 weitere Aspekte besonders interessant.

Effizienz:
Der Präsentator kann durch solch einen Vortrag in kurzer Zeit und auf einen Schlag gleich viele potenzielle Kunden erreichen und ansprechen – Einzelansprachen der Kunden wären viel aufwendiger und schwerer in den Alltag integrierbar.

Positive Grundstimmung:
Die Kunden kommen dabei sogar auch noch von alleine und in einer positiven Grundstimmung auf den Präsentator zu – diesen Effekt kann man beim Thema Neukundenansprache sonst nicht so leicht erreichen.

Kein Klinkenputzen:
Der Präsentator muss zu keinem Zeitpunkt allzu verkäuferisch auftreten. Denn das würde auf die potenziellen Kunden oft sehr platt wirken – und ein allzu verkäuferisches Agieren liegt auch gar nicht jedem Unternehmer.

Das 1. Wirkprinzip von PRESENT&SELL heißt also:
Sich und seine Kompetenzen mittels Präsentationen präsentieren – und durch diese Investition langfristig verkaufen.

2. Wirkprinzip: PRESENT&SELL heißt: Mittels Präsentationen Präsenz zeigen

Mit PRESENT ist hier das englische Adjektiv für „Präsent“ gemeint.

Im Englischen wird der Begriff „Present“ synonym im Sinne von „Präsentieren“ und auch von „Präsenz“ verwendet. Und genau in dieser zweifachen Begriffs-Verwendung liegt ein enormes Potenzial verborgen.
Sie können nämlich mittels Präsentationen gegenüber Ihrem potenziellen Kundenkreis permanent eine gewisse Präsenz aufbauen und dadurch auch permanent Flagge zeigen.
Durch die regelmäßigen Vorträge und Präsentationen wird eine gewisse durchgängige Präsenz in den Köpfen der Zuhörer über die eigentliche Präsentation hinaus geschaffen. Die Zuhörer verknüpfen beispielsweise die in den Präsentationen – quasi nebenbei – gezeigten Kompetenzen als Physiotherapeut fest mit dem Präsentator. Wenn irgendwann in den nächsten Monaten physiotherapeutische Dienstleistungen notwendig werden, sind der zuvor in der Präsentation erlebte Physiotherapeut und dessen Kompetenz immer noch in den Köpfen der Zuhörer präsent.
Zudem wird über solche regelmäßig stattfindenden Präsentationen auch eine gewisse Dichte an Präsenz geschaffen. Ein Physiotherapeut, der – im Vergleich zu seinen Mitbewerbern – regelmäßig Vorträge veranstal-

tet, hinterlässt „Duftmarken“ im Sinne von Präsenz in seinem regionalen Einzugsbereich – selbst bei den Personen, die nicht real bei seinen Vorträgen waren, sondern lediglich von diesen gehört haben.

Das 2. Wirkprinzip von PRESENT&SELL heißt also:
Mittels Präsentationen Präsenz zeigen – und durch diese Investition langfristig verkaufen.

3. Wirkprinzip:
PRESENT&SELL heißt:
Den Kunden mittels Präsentationen Präsente machen

Mit PRESENT ist hier das englische Substantiv für „Präsent“ gemeint.

Im Englischen wird der Begriff „Present“ synonym im Sinne von „Präsentieren“ und auch von „Präsent“ (im Sinne von Geschenk) verwendet. Und genau in dieser zweifachen Begriffs-Verwendung liegt noch ein weiteres enormes Potenzial verborgen. Sie können nämlich mittels Präsentationen Ihren potenziellen Kunden einen Nutzen schenken und diese dadurch auch an sich binden. Wenn die Vorträge fundiert sind, werden die Zuhörer beispielweise wertvolle Informationen zu den Themen *„Rückenschmerzen vermeiden“* oder *„Kleinkinder ernähren“* mitnehmen – und das ist für die Zuhörer ein großer Nutzen.
Bei dem Gedanken, mit Präsentationen wertvolle Informationen als Präsent anzubieten, ist es aber ganz wichtig, dass die Präsentationen nicht den Charakter einer plumpen Akquise-Veranstaltung haben. Allein schon wenn der Kunde einen Nutzen aus der Präsentation zieht, ist der wesentliche Zweck der Präsentation an sich schon voll erfüllt. Beim Anbieten eines Vortrags oder einer Präsentation sollte man also nicht verkrampft an den eigenen Umsatz denken, sondern sich darüber freuen, den Kunden was Gutes getan zu haben. Sie schaffen durch die rein informierenden Vorträge ein hervorragendes Beziehungsmanagement zu Ihren Kunden, welches Sie ansonsten viel aufwendiger aufbauen müssten. Und diese Beziehung zum Kunden erhöht drastisch die Wahrscheinlichkeit, dass der Kunde bei einem entsprechenden Bedarf dann tatsächlich zu Ihnen kommt, anstatt zu Ihrem Wettbewerber zu gehen. Denn Sie haben ihm ja schon etwas Gutes getan und dabei – quasi nebenbei – auch schon Ihre Kompetenz gezeigt.

Die Grundidee lautet: „Fire and Forget“ – Tue Gutes, ohne auf den Dank zu schielen. Der Dank kommt – oder der Dank kommt nicht – und beides ist in Ordnung. Die Investition in das Präsent Präsentation zahlt sich auf jeden Fall mit einer gewissen Wahrscheinlichkeit aus – auch wenn dies vielleicht erst viel später sein wird.

Das 3. Wirkprinzip von PRESENT&SELL heißt also:
Den Kunden mittels Präsentationen präsenter machen – und durch diese Investition langfristig verkaufen.

PRESENT&SELL ist mehr als nur Verkauf – Es ist auch Marketing:

Das Prinzip PRESENT&SELL beruht zwar auf dem Gedanken, mittels Präsentationen (mehr oder weniger langfristig) zu verkaufen. Aber dieses Prinzip unterscheidet sich deutlich von einer klassischen Verkaufs-Präsentation. Bei einer Verkaufs-Präsentation wird der Präsentator von einem am Produkt schon interessierten Kunden eingeladen, um sein konkretes Produkt im Sinne eines Angebots dezidiert zu präsentieren. Auf der Seite des Kunden bilden meist mehrere Entscheider die Zuhörergruppe – deswegen findet das Darstellen des Produkts auch in einer ONE-TO-MANY-Präsentation und nicht in einem ONE-TO-ONE-Gespräch statt. Irgendwann nach der Verkaufs-Präsentation fällt die Gruppe der Entscheider dann auch eine Entscheidung für oder gegen das präsentierte Produkt, und das Produkt wird gekauft – oder eben nicht.

Die Verkaufs-Präsentation ist also eine besondere Art der Produkt-Präsentation im Rahmen eines schon laufenden klassischen Verkaufsprozesses, welche die an sich ausstehende Kauf-Entscheidung beeinflussen möchte.

Das Prinzip PRESENT&SELL ist im Vergleich zu einer klassischen Verkaufs-Präsentation einerseits eher langfristig orientiert. Andererseits zielt PRESENT&SELL auch nicht unmittelbar auf eine mögliche Kauf-Entscheidung ab. Stattdessen ist bei PRESENT&SELL der Nutzen des Zuhörers im Mittelpunkt. Eine mögliche Kauf-Entscheidung wird mittels dem Fire-and-Forget-Prinzip ganz bewusst nicht weiter verfolgt.

Ganz genau genommen ist das Prinzip PRESENT&SELL eher eine langfristig angelegte Methode, des Interesse weckenden Marketing, als eine Methode des Entscheidung herbeiführenden konkreten Verkaufens.

Eine ganz besonders intensive Marketing-Wirkung hat die Methode PRESENT&SELL daher gerade dann, wenn die potenziellen Kunden mein Produkt und dessen Nutzen als solches kaum oder noch gar nicht kennen. Denn dann werden die potenziellen Kunden überhaupt erst mal durch meine Präsentation an sich auf den bisher nicht genutzten Nutzen meines unbekannten Produkts aufmerksam.

Welche Präsentations-Themen sind für eine effiziente PRESENT&SELL-Strategie sinnvoll?

Das jeweilige Präsentations-Thema sollte jeweils die folgenden 3 Kriterien erfüllen:

1. Kriterium:

Das Thema Ihrer Informations-Präsentation muss ganz deutlich auf einen sehr starken und auch auf einen recht verbreiteten Informations-Hunger bei Ihren potenziellen Kunden stoßen. Der Hunger muss einerseits so tief sein, dass der Nutzen der Präsentation für die Zuhörer groß genug ist. Dann nehmen diese auch den Aufwand für den Besuch der Präsentation auf sich. Denn der Mensch ist träge. Je höher der erwartete Nutzen ist, desto eher werden die potenziellen Zuhörer die Trägheitshürde überwinden.
Der Hunger muss andererseits auch so weit verbreitet sein, dass Sie mit der Präsentation auch gleich genügend Zuhörer ansprechen. Wählen Sie also keine exotischen Themen, die niemanden betreffen. Nehmen Sie Themen, die viele Ihrer potenziellen Kunden betreffen. Dann lohnt sich auch der gesamte Aufwand.

2. Kriterium:

Das Thema Ihrer Informations-Präsentation muss ein Thema sein, das für Sie als Vortragender in der näheren Zukunft umsatzrelevant werden könnte.
Nehmen Sie also beispielsweise als Apotheker nicht das abstrakte Thema: „*Die Grundlagen der Homöopathie*", sondern eher das verkaufsstärkere Thema: „*Sich selbst mit homöopathischen Wirkstoffe heilen*". Denn diese Wirkstoffe haben Sie ja in Ihrer Apotheke.

3. Kriterium:
Am besten suchen Sie sich ein Thema aus, dass Sie in einem bestimmten Zeitturnus – ohne große Änderung – immer wieder präsentieren können. Dann lohnt sich die Erstellung der Präsentation erst wirklich. Denn Sie können dann die Präsentation mit kleinen Aktualisierungen immer wieder verwenden. Außerdem können Sie dann auch Zuhörer bekommen, die den Vortrag von vorherigen Besuchern empfohlen bekommen haben.

Die Methode PRESENT&SELL ist also eine Methode, mit der Sie

- sich, Ihr Portfolio und Ihre Kompetenzen immer wieder mal darstellen können
- insbesondere solche Produkte bekannt machen, die die potenziellen Kunden noch gar nicht kennen
- ganz ohne verkäuferischen Druck neue Kunden ansprechen und gewinnen können
- mit wenig Aufwand und in kurzer Zeit gleich viele neue Kunden interessieren und ansprechen können
- Kunden von ganz alleine und in positiver Grundstimmung auf sich zukommen lassen können
- permanent Präsenz und Flagge zeigen und Duftmarken hinterlassen können
- den potenziellen und bestehenden Kunden einen wertvollen Nutzen bieten können
- alte Kunden fast nebenbei an sich erinnern und vertiefend an sich binden können
- aus der Reihe Ihrer Mitbewerber mit wenig Aufwand deutlich hervorstechen können

Die Methode PRESENT&SELL kurz auf den Punkt gebracht bedeutet:

1. „Present" im Sinne von Präsentieren:
Sich und seine Kompetenzen mittels Präsentationen präsentieren
– und durch diese Investition langfristig verkaufen

2. „Present" im Sinne von Präsenz:
Mittels Präsentationen Präsenz zeigen
– und durch diese Investition langfristig verkaufen

3. „Present" im Sinne von Präsent:
Den Kunden mittels Präsentationen Präsente machen
– und durch diese Investition langfristig verkaufen

Ich freue mich, wenn Sie aus meinem Beitrag für sich neue Ideen und Impulse gezogen haben.

Ich kann Sie – falls das für Sie interessant ist – auch dabei unterstützen, PRESENT&SELL-Konzepte und die entsprechenden Präsentationen zu entwickeln, zu optimieren und zu trainieren.

Ihr Peter Mohr

www.peter-mohr-trainer.de

Anke Nienkerke-Springer

Dr. Anke Nienkerke-Springer ist Inhaberin von Nienkerke-Springer Consulting (Köln, München) und zählt zu den führenden Experten für Topmanagement-Coaching und der Begleitung von Changeprozessen. Umfassende langjährige Erfahrungen aus leitenden Funktionen im klinischen Bereich und in komplexen Projekten machen sie zur Expertin für Kommunikations- und Führungsanforderungen. Von ihrem profunden Wissen profitieren Vorstandsmitglieder aus DAX-Unternehmen, Führungskräfte aus der Wirtschaft, Politik und Medienbranche in Seminaren, Vorträgen und im Coaching. Als Senior Coach (DBVC) und Lehrender Coach (SG) verfolgt sie einen analytisch-systemischen Ansatz und setzt die aktuelle Anforderungen der Praxis in ressourcenorientierte passgenaue Lösungen um. Aus der Begleitung von Führungskräften und Managern entwickelte sich das Konzept Executive Personal Brand Strategy (EPBS©), welches in einem einzigartigen und fundierten Ansatz den Weg zu erfolgreicher Selbstführung, zu einem persönlichen Brand und nachhaltigen Einstellungsänderungen für Einzelne und Unternehmen ebnet. **www.nienkerke-springer.de**

Anneke Neuhaus

Prof. Dr. Anneke Neuhaus hat die sich aus der digitalen Revolution ergebenden Anforderungen an Marketing und Kommunikation zum Schwerpunkt ihrer Tätigkeit an der Frankfurt University of Applied Sciences gemacht. Als Leiterin Konzernkommunikation und Marketing der WestLB AG steuerte sie einen hoch komplexen langjährigen Transformationsprozess unter Einbindung aller Stakeholdergruppen. Umfassende Erfahrungen in Krisenkommunikation und aktivem Reputationsmanagement machen sie zur Expertin für ganzheitliche Kommunikation. Profunde Kenntnisse komplexer Konzernstrukturen und internationaler Markterfordernisse erwarb sie in verschiedenen Führungspositionen bei der Deutschen Bank und einer Unternehmensberatung. Als selbstständige Beraterin des Top Managements setzt sie die aktuellen Anforderungen der Praxis in passgenaue Lösungen um.

Von Menschen und Marken – Executive Personal Brand Strategy (EPBS): Eitelkeit oder zwingende Notwendigkeit?

Darf man Menschen als Marken betrachten? Zählt mit jeder erklommenen Hierarchiestufe die eigene Vermarktung mehr als die inhaltliche Gestaltung? Leben wir in einer Zeit, in der Perception Performance toppt?

Starke Marken bieten Orientierung und Halt, sind Magneten und schaffen Erfolgsgewissheit. Die Übernahme und Ausübung einer Top-Führungsaufgabe erwartet von der Führungskraft eine klare Positionierung auf einer Bühne, die eigenen Gesetzen folgt. Der Übergang zum Top-Management war schon immer durch einen häufig dramatischen Wechsel gekennzeichnet, der einem eigenen Verhaltenskodex und eigenen Spielregeln folgte. In der Rolle des Unternehmenslenkers wird die Person an der Spitze zur Identifikationsfigur, sozusagen zum Navigator des Unternehmens und seiner Strategie. Unter ständiger Beobachtung von Mitarbeitern, diverser Interessengruppen und der Stakeholder werden Äußerungen und selbst kleine Bewegungen kommentiert und interpretiert. Der Fokus und die mediale Zuspitzung auf die Person haben im Zeitalter von Social Media deutlich zugenommen und damit auch die mediale Präsenz als öffentliche Person. Die kommunikativen Herausforderungen, die daraus entstehen, sind längst obligatorisch. Führungskräfte und angehende Manager kommen nicht umhin, sich diesen Tatsachen zu stellen und diese als Notwendigkeit zu begreifen. Das setzt eine Schärfung des Bewusstseins der eigenen oder der zukünftigen Rolle voraus. Erfolgreiche Führungspersönlichkeiten verstehen eine systematische Entwicklung ihres Executive Personal Brand Profils als Kommunikations- und Führungsaufgabe und wichtige Leistungsfunktion. Die eigene Reputation und die des Unternehmens hätte auch der gerade frisch gekürte CEO eines traditionellen Familienunternehmens besser im Blick haben sollen, als in einer Diskussion zu Unternehmenswerten und Führungsleitlinien sein schulterzuckender Kommentar war: „Damit habe ich nichts zu tun." Gerade am Anfang werden strategische Weichenstellungen getroffen. Und: Man möchte den Neuen oder die Neue an der Spitze kennenlernen. Die kommunikative Herausforderung ist in dieser Phase am größten und soll te nicht dem spontanen Affekt überlassen werden.

Die Studie von Weber Shandwick „The CEO Reputation Premium: Gaining Advantage in the Engagement Era“, in der 1700 Führungskräfte aus 19 Ländern zum Einfluss des CEO auf die Unternehmensreputation befragt wurden, zeigt eine deutliche Korrelation zwischen einer positiven Reputation an der Firmenspitze und einer positiven Wahrnehmung des gesamten Unternehmens auf.

Was zeichnet eine Marke aus

Laut dem Gabler Wirtschaftslexikon kann eine Marke „als die Summe aller Vorstellungen verstanden werden, die ein Markenname oder ein Markenzeichen bei Kunden hervorruft bzw. hervorrufen soll, um die Ware oder Dienstleistung eines Unternehmens von denjenigen anderer Unternehmen zu unterscheiden.“

Marken stehen demnach für Wiedererkennbarkeit und geben damit eine Orientierung in einem zunehmend durch Unsicherheit und Reizüberflutung geprägten Umfeld. Marken wird eine gleichbleibende, wenn nicht sogar kontinuierlich verbesserte Qualität zugestanden. So wird der Grundstein für Vertrauen gelegt. Diese Begriffsklärung macht aber auch deutlich, worin die größte Herausforderung bei einer Markenbildung liegt: Es geht um das Selbstbild, aber in gleichem Maße um den Blick von außen – das Fremdbild. Eine Marke, die nur in ihrem eigenen Verständnis für ein bestimmtes Kompetenzprofil steht und damit Vertrauen erlangen will, wird sich nicht am Markt halten können. Nur wenn das Fremdbild dieses Verständnis in weiten Teilen spiegelt, kann ein nachhaltiger Erfolg erzielt werden.

Welche Veränderungen „Wirtschaft 4.0“ im Zuge der Digitalisierung mit sich bringt, ist für keine Branche abschließend geklärt. Wertschöpfungsketten, Strukturen und Kompetenzen stehen in bislang nicht gekanntem Maße auf dem Prüfstein. Wie kann man noch Orientierung und Vertrauen geben, wenn man selbst nicht weiß, was genau die Zukunft bringt und erfordert? Und wie begegnet man dieser bereits an sich weitreichenden Unsicherheit, wenn gleichzeitig „Kommunikation“ mit all ihren Spielarten immer lauter und immer schneller wird? Nie zuvor hatten wir eine solche Vielzahl von Kommunikationsmitteln und -kanälen. Inzwischen liegt die akzeptierte Antwortzeit bei einer – sei es durch einen Kunden oder einen Mitarbeiter – gestellten Anfrage bei 24 Stunden. Lässt die Antwort etwa 48 Stunden auf sich warten, so gilt dies schon als Zeichen mangelnder Wertschätzung. Müssen alle denkbaren Kommunikationskanäle bespielt werden, um als moderne Marke wahrgenommen zu werden? Und wie wird sichergestellt, dass auch bei Nachrichten mit max. 160 Zeichen noch die gewünschte Botschaft vermittelt wird? Die Möglichkeiten der Fehlinterpretation nehmen bei Verkürzungen in der Kommunikation deutlich zu.

Bei erfolgreichen Marken spricht man von „Markenpersönlichkeiten“, billigt ihnen einen „Charakter“ zu. Will man einen Charakter beschreiben, so beginnt man sicher mit ausgewählten, rational nachvollziehbaren Aspekten. Das Besondere eines Charakters wird so allerdings kaum vermittelt werden können. Das Bild wird erst komplett, wenn man auch die emotionalen Seiten schildert. Nachhaltig erfolgreiche Marken schaffen eine Balance aus rationalen und emotionalen Werten. Damit schaffen sie die Grundlage für Glaubwürdigkeit, Belastbarkeit und Vertrauen. In Kombination mit einer klaren Positionierung kann so auch in Zeiten der Unsicherheit und des Wandels eine Orientierung gegeben werden.

Everybody's Darling ist keine Lösung

Wie wichtig sind Ihnen Reputation, Ansehen, Erfolg, Karriere oder auch Selbsterkenntnis als Führungskraft? Sind diese Begriffe für Sie bedeutsam, dann sollten Sie sich mit Ihrem Personal Brand auseinandersetzen. Es gibt klare Aspekte, die einen erfolgreichen und nachhaltigen Executive Personal Brand und damit Reputationsaufbau ausmachen. Das Auftreten von Führungskräften spielt in Zeiten von zunehmendem Konkurrenzdruck am Arbeitsplatz eine zentrale Rolle. Fachliche Kompetenzen und Wissen werden als selbstverständlich vorausgesetzt und waren bislang der Wegbereiter für ihren Erfolg und ihre Karriere. Was zählt ist das, was sie verkörpern, wofür sie stehen, wie sie als Gesicht des Unternehmens, als CEO, als Geschäftsführer, als Führungskraft, Projektverantwortlicher oder Botschafter des Unternehmens wahrgenommen werden. Werden ihnen Attribute wie menschlich, kommunikativ, vertrauenswürdig, achtsam, empathisch zugeschrieben? Oder eher Attribute wie realistisch, zahlenorientiert, vernünftig? Oder bezeichnet man sie als umsetzend, visionär?

Was bei starken Markenprodukten wie BMW, Apple, Coca-Cola oder personifizierten Marken wie Karl Lagerfeld funktioniert, gilt auch für Führungskräfte. Wer über eine starke Persönlichkeit verfügt, hebt seinen Bekanntheitsgrad, hebt sich von Mitbewerbern ab, löst Emotionen aus und bietet eine klare Orientierung – „Ich weiß, woran ich bin“, hört man von Mitarbeitern dann als Feedback.

Nun geht es nicht darum, aus einem Kanon von Eigenschaften die scheinbar besten herauszupicken und zu beschließen, diese auf Ihre Flagge zu schreiben. Ziel ist es nicht, Eigenschaften für sich zu erfinden, um Everybody´s Darling zu sein. Was garantiert passiert, ist, dass Sie als nicht authentisch wahrgenommen werden oder verglichen werden mit einem Pudding, den man versucht an die Wand zu nageln. Sollte das Ihr Versprechen für Ihre Positionierung werden? Wohl kaum. Sich zu positionieren heißt auch, sich zu fokussieren und zu polarisieren.

Eigenschaften zu erfinden, um Everybody´s Darling zu sein und es jedem recht machen zu wollen, führt zur Zeitvergeudung und in eine Sackgasse. In eine Rolle zu schlüpfen, die man nicht ausfüllen will oder kann, kommt dem gleich, einen Anzug anzuziehen, der einem nicht passt. Wir fühlen uns auf kurz oder lang darin unwohl. Ein „So-Tun-als-ob“ hält kein Mensch lange aus, genauso wenig wie ständiges Theaterspielen. Schnell sind Führungskräfte und Manager enttarnt, die in ihrer Kommunikation wie ein Abreißkalender mit Sinnsprüchen rüberkommen, die als sprechende Imagebroschüre versuchen, Mitarbeiter zu begeistern, oder nach dem Besuch von Körperspracheseminaren wie ein Clown im Zirkus wirken.

Arbeiten Sie daran, sich klar zu positionieren; denn eine Marke ist ein Versprechen für bestimmte Leistungen und Merkmale. Die Einsicht erhöht auch die Verantwortung in Ihre Rolle als Führungskraft und Manager. Sie ist verbunden mit der Verantwortung, sich als Mensch mit Ihren Kernkompetenzen in der „Welt“ zu zeigen, d.h. einen Standpunkt in Ihrem Unternehmen einzunehmen, sich einzubetten in den Kontext und die Gepflogenheiten Ihres (Unternehmens-)Systems und Anknüpfungspunkte zu bieten. Ziel ist es nicht, einen Seelenstriptease zu veranstalten. Es geht auch nicht um eine romantische Proklamation Ihrer Person. Seien Sie sich Ihrer Funktion und Rolle im Kontext Ihres Unternehmens bewusst und bringen Sie sich als Person in einen Dialog. So erreichen Sie eine Nahbarkeit, die dazu führt, dass Mitarbeiter bereit sind, Ihnen auf Ihrem Weg zu folgen.

Treten Sie aus der Beliebigkeit heraus und werden Sie zum Diamanten

Am Anfang steht die alles entscheidende Frage: Wie gut kenne ich mich selbst? Nicht, wer will ich sein, sondern wer bin ich? Die Persönlichkeit stellt einen wichtigen Ankerpunkt des Executive Personal Brand dar.

Der Zusammenhang zwischen dem Schärfen eines Personal Brand und Karriere ist längst kein Geheimnis mehr. Unsere langjährigen Erfahrungen in der Begleitung von Führungspersönlichkeiten und Karrieren zeigen: Wer sich selbst nicht zu beschreiben weiß, muss sich jedoch nicht wundern, wenn andere das für ihn tun.

Die Ansätze für eine erfolgreiche Positionierung vollziehen sich auf verschiedenen Ebenen und benötigen folgerichtig verschiedene Strategien, um aus Ihnen einen Diamanten zu machen. Vieles wird aus der Intuition heraus entschieden. Eine bewusste Auseinandersetzung und Unterstutzung beim Personal Branding steuert allerdings berufliche Karrierewege und Positionierungen präziser. Auch auf Seiten der Unternehmen steht zunehmend mehr die Persönlichkeit des (Vorstands-)Kandidaten und der -Kandidatin im Mittelpunkt. Berufliche Erfahrungen und Leistung sind Voraussetzungen, reichen aber längst nicht mehr aus, um eine anspruchsvolle und verantwortungsvolle Position im Management einzunehmen. Führungskräfte handeln pro-aktiv, wenn sie sich auf ihrem angestrebten Karriereweg zum Geschäftsführer oder Vorstand mit den Anforderungen an eine neue Position und ihrer eigenen Persönlichkeit befassen. So sind unterschiedliche Managementebenen auch mit unterschiedlichen Herausforderungen verbunden. Der Managementforscher Kotter beschreibt diese Anforderungen mit den Worten: „Führung läuft über Menschen und Kultur. Management über Hierarchien und Systeme. Führung ist stärker informell und emotional, Management härter und kühler.“ (Kotter 1999). Auf allen Ebenen werden Führungskräfte gefordert, sich mit ihrer gesamten Persönlichkeit den Herausforderungen und Bedingungen zu stellen.

Executive Personal Brand Strategy (EPBS) beinhaltet einen höchst individuellen und umsetzbaren Entwicklungsplan, der das Spektrum von der Vermarktung von Eigenschaften und äußerlichen Faktoren (Wie will ich in der Öffentlichkeit und der öffentlichen Debatte gesehen und wahrgenommen werden, wie will ich meine Haltung äußern?) bis hin zu Fragen, die auf das Innerste der Person abzielen (Wer bin ich? Was sind meine Stärken? Was ist mein Credo?) beantwortet.

Die Schritte, die für eine gelungene Positionierung, für eine persönliche Authentizität wichtig sind, vollziehen sich auf verschiedenen Ebenen und beinhalten verschiedene Spielzüge. Ein eigenes Profil erfordert immer eine persönliche Integrität. Der alleinige Wunsch nach einer sichtbaren Positionierung und damit besseren oder neuen Position wird Sie ohne eine Auseinandersetzung mit Ihrer Person nicht zu einem Diamanten werden lassen und zum Strahlen bringen.

Die folgende Grafik veranschaulicht die Anforderungen, die eine Managementfunktion an den Einzelnen stellt. Am Beispiel eines Diamanten werden die verschiedenen Entwicklungspunkte aufgezeigt, die eine umfassende Executive Personal Brand Strategy (EPBS) berücksichtigt. Auch wenn nicht alle Komponenten bei jedem gleichermaßen und gleichzeitig in den Fokus rücken, so wird doch erst durch das Schleifen aus einem Rohdiamanten ein Diamant. Erst durch den Schliff wird das unverkennbare Strahlen erzeugt.

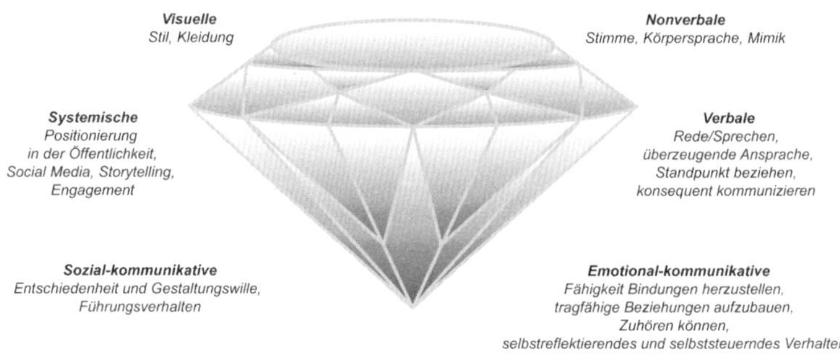

Schritte zur Executive Personal Brand Strategy (EPBS)

Sie halten sich für leistungsstark, mutig, intelligent, entscheidungsfreudig und risikobereit. Sicherlich sind Sie es auch. Und trotzdem: Es bleibt die Feststellung und das Feedback, dass Sie irgendwie und manchmal nicht „richtig ankommen", keine Resonanz erzeugen oder schlicht keinen Anschluss zum Vorstand, zu Stakeholdern, Ihren Mitarbeitern und Ihrem Team oder auch den Kunden herstellen können. Da stehen Sie nun vor einem Dilemma und Sie fragen sich, wie Sie zu einer eierlegenden Wollmichsau werden können. Ihr Autopilot wird Sie mit hoher Wahrscheinlichkeit dahin steuern, noch mehr Leistung zu zeigen. Damit sitzen Sie bereits in der Falle, denn Fachkompetenz haben in Ihrer Liga viele. Persönliche Authentizität und emotionale Intelligenz allerdings nur wenige. Diejenigen, die sie haben, verbinden sich mit ihren Werten, ihrer Vision und setzen sich mit ihrer Persönlichkeit auseinander. Sie sind sich der Kernaufgaben eines Vorstandsvorsitzenden bewusst, zu denen die Fähigkeit zu führen, zu entscheiden und zu kommunizieren gehört.

Diese Führungspersönlichkeiten wissen, wie sie auf andere wirken, kennen ihre Körpersprache, besitzen ein hohes Maß an emotionaler, sozialer und systemischer Intelligenz und bringen all das zu einem eigenen Ausdruck zusammen. Der viel zitierte Satz von Watzlawick „Man kann nicht nicht kommunizieren" ist durchgedrungen und auf die eigene Person reflektiert.

Erfolgreiche Führungskräfte und Manager bringen eine Neugier sich selbst gegenüber mit und betrachten eine Auseinandersetzung mit der eigenen Person nicht als Eitelkeit. Sie bewegen sich sicher auf unterschiedlichen Bühnen in ihrem beruflichen Alltag, sind sich ihrer unterschiedlichen Rollen bewusst und können in all diesen Rollen professionell agieren.

Der Weg zu persönlicher Integrität und Authentizität geht über die Schärfung eines Executive Brand Profils. Das gelingt nicht über ein Literaturstudium, sondern über eine klare strategische individuelle Auseinandersetzung. Selbstbewusstsein gelingt durch ein bewusstes Wahrnehmen des Selbst, eben eines sich seines Selbst bewusst Seins und das in jeder Hinsicht der Anforderungen, die eine Position an einen stellt. So wie jeder Diamant einzigartig in seinem Leuchten und Strahlen ist, so zeigt sich Ihre Persönlichkeit erst im Zusammenspiel der verschiedenen Facetten.

Folgende kommunikative Kompetenzen sind dabei zu berücksichtigen:

- Verbale (Rede/Sprechen, überzeugende Ansprache, Standpunkt beziehen, konsequent kommunizieren)
- Visuelle (Stil, Kleidung)
- Sozial-kommunikative (Entschiedenheit und Gestaltungswille, Führungsverhalten)
- Nonverbale (Stimme, Körpersprache, Mimik)
- Systemische (Positionierung in der Öffentlichkeit, Social Media, Storytelling, Engagement)

- Emotional-kommunikative (Fähigkeit Bindungen herzustellen, tragfähige Beziehungen aufzubauen, Zuhören können, selbstreflektierendes und selbststeuerndes Verhalten)

Anforderungen an erfolgversprechende Positionierungen

Die Executive Personal Brand Strategy (EPBS) greift in einem unverwechselbaren und fundierten Prozess die Facetten des Diamanten auf und lenkt den Fokus, um die Unternehmenssicht mit Ihrer persönlichen Einstellung und Haltung zu verknüpfen. Dabei geht es um Glaubwürdigkeit, nicht um Selbstinszenierung.

Stolperfallen vermeiden

Die größten Irrtümer, um ein Executive Personal Brand Profil zu erlangen, stecken in unseren Glaubenssätzen und in unserem Selbstbild. Diese beinhalten, dass Glück und Zufall entscheiden, nachgewiesene hervorragende Arbeitsergebnisse in erster Linie zählen, operative Leistung weit vor kommunikativer Führung steht, gehofft wird, entdeckt zu werden, sich selbst zu verleugnen oder zu meinen, sich wie ein Chamäleon anpassen zu müssen oder möglichst viel und fleißig zu arbeiten. Anforderungen an erfolgversprechende Positionierungen sehen anders aus. Dahinter steckt ein schlüssiges Konzept und eine klare Strategie.

Jede Führungskraft hat eine Persönlichkeit, aber zur „Marke" wird sie erst, wenn sie ihre eigenen Persönlichkeitsmerkmale, ihre Grundhaltung zur Führung, die eigenen Präferenzen des Führungshandelns sowie ihre Stärken und Besonderheiten kennt und stärkt. Wer die Entwicklung von Kompetenzen, Haltung und Persönlichkeit wie einen Diamanten schleift, kann dauerhaft seine Führung stärken.

Zur Klärung der Frage „Wer bin ich?" trägt zum einen die Typentheorie von Carl Gustav Jung (1875-1961) bei, die aufzeigt, wie „man selbst" bleiben kann und sich seiner „Präferenzen" bewusster wird. Die Frage „wie will ich sein" bezieht ein, Führung als Rolle und Identität zu verstehen.

Die Verantwortung liegt bei jedem selbst

Die Ausführungen in diesem Artikel haben deutlich gemacht, dass eine echte und nachhaltige Executive Personal Brand Strategy (EPBS) nur über die Entwicklung einer differenzierten Auseinandersetzung mit der angestrebten Position erfolgen kann. Ohne eine klare Positionierung laufen Führungskräfte und (Nachwuchs-)Manager Gefahr, in der Beliebigkeit und damit Bedeutungslosigkeit zu versinken und keine Durchdringung, keine Resonanz, Reputation und Zugehörigkeit nach innen und außen herzustellen. Wenn Reputation im Unternehmen als strategisches Thema gesehen wird, wäre es folgerichtig, dass die Auseinandersetzung mit persönlicher Authentizität und Kommunikationsfähigkeit keine Option oder Eitelkeit, sondern eine zwingende Notwendigkeit ist.

Die Verantwortung liegt dabei bei den CEOs genauso wie bei den Führungskräften.

Literatur:

Kotter, J.P. (1999): Die Frage der Führung zu Beginn des neuen Jahrhunderts. In: Wie Manager richtig führen; München: Hanser

http://www.webershandwick.com/uploads/news/files/ceo-reputation-premium-executive-summary.pdf

Keywords: Personal Brand, Management, Reputation

Daniel Schäfer

Daniel Schäfer hat sowohl das sichere Beamtenleben als auch das Selbstständigen-Leben kennengelernt. Daher ist er einer der wenigen Unternehmensberater und Autoren, die selbst aus Erfahrung wissen, was es bedeutet, Unternehmer zu sein: Denn er hat selbst mehr als 10 Unternehmen gegründet, ist aktiver Geschäftsführer und hat mehr als 1.000 Klienten beraten. Seine Klienten schätzen seine einzigartige Kombination von Praxiserfahrung und reichhaltigen Kompetenzen in Kombination von Fachberatung, Coaching, Training und Mediation. Fachberaterausbildung für Unternehmensnachfolge, Fördermittel & Finanzierung, Gründungsberater und BIRKMAN-Test.

Weitere Ausbildungen, Zertifizierungen & Zulassungen:

- Trainer für Erwachsenenbildung (TÜV Nord), Mediator (FU Berlin)
- Professional Coach (PCC, ICF), Psychologischer Berater (ILS)
- KFW-Bank, BAFA und IBB-gelisteter Berater
- Competent Communicator der Rhetorik (Toastmaster), praktische Kommunikations-Ausbildung (NLK)
- Duales Studium zum Kriminal-Kommissar (Berlin)
- Vermögensberater (Dt. Bank)
- Einzelkämpfer, Jagdkommandoführer (Bundeswehr)

Gründer/Mitgründer von UNIQ Networks UG (E-Commerce), ZahlenXperten UG, Kompetenzakademie, Akribor UG, 360karat. (Marketing), Rhema UG (Musikproduktion), McStudy (Franchise), richtig-gruenden.com, Wirtschaftsagentur x-group GmbH, Händler für net-com, SCHREI-Security, Rosengarden (Gastro).

www.danielschaefer.info

Erfolgreiche (Vertriebs-)Kommunikation für mehr Kunden, Umsatz und Gewinn

Intro

Umsatz ohne Kosten

Egon ist Neugründer und zugleich sein eigener Vertriebsmitarbeiter. Er ist unterwegs auf einer Netzwerkveranstaltung. Der Vortrag war mittelmäßig, die gereichten Häppchen etwas leckerer. Er steht am Stehtisch, als sich plötzlich ein, zwei Personen zu ihm gesellen. Und dann geschieht es, teils gehofft, teils gefürchtet:

„Und was machen Sie eigentlich beruflich?"

Pause. Alles guckt. Und was macht Egon? Er stammelt irgendetwas zusammen, was ihm gerade einfällt – und das ist nicht viel. Eigentlich ist es eher wenig, und ihm peinlich. Und den anderen auch. Schnell ist das Thema gewechselt, damit Egon nicht noch mehr sein Gesicht verliert. Nach einigen weiteren Floskeln verabschiedet sich Egon auf die Toilette. Und dann von dort direkt nach Hause. Und was ist mit den drei potenziellen Kunden am Nachbartisch? Was ist mit dem Multiplikator, der am Tisch stand? Der Anwalt, der Egon als Inkasso-Institutsleiter mindestens fünf bis sieben Kunden im Monat weiterempfohlen hätte, weil das Gebiet Forderungsmanagement nicht in sein Ressort fällt? Weg. Verloren.

Ich will Sie nicht fragen, wie viele Menschen Sie kennen, die Ähnliches erlebt haben. Entweder als Beobachter – oder gar selbst als der Gefragte.

Wie hätte nun die Geschichte auch ausgehen können? Egon hätte auf die Frage, was er genau beruflich macht, anders geantwortet. Spannender. Besonders. „Merk"-würdig.

Und was wäre passiert? Die anderen Teilnehmer des Abends hätten nachgefragt, vertiefender gefragt, nach einer Karte gefragt. Sie wären mit Egon in Verbindung geblieben, selbst Kunden geworden. Sie hätten sich vielleicht mit Egon getroffen, um Kooperationen abzusprechen. Oder sie hätten ihm einfach nur ein, zwei Inkasso Kunden weiterempfohlen – pro Monat.

Was bedeutet das in Zahlen?

Nun, wenn Sie am Tag nicht mit drei, vier Menschen sprechen, sondern nur mit einer Person, und Sie bleiben dieser Person positiv in Erinnerung – was ergibt das im Monat? Genau – 30 Personen.

Und angenommen, Sie gewinnen davon wiederum nur 10 % als festen Multiplikator. Dann haben Sie nach circa drei bis sechs Monaten circa 9 bis 18 Multiplikatoren in Ihrem Umfeld. Und diese empfehlen Sie weiter – allerdings nur jeder Zweite einmal im Monat. Dann haben Sie circa vier bis neun feste Empfehlungen im Monat, die wahrscheinlich eine höhere Qualität haben als Ihre eigenen akquirierten Interessenten.

Die „dritte Person"

Warum? Nun, diese Personen haben meistens eine vertrauensvolle Beziehung zu der Person, die Sie empfohlen hat. Und Sie? Sie bauen auf dieser tragfähigen Beziehung auf – beinahe so, als wäre es Ihre eigene. Und daher kommen Sie in der Regel auch wesentlich schneller und öfter zum Abschluss als bei neu akquirierten Interessenten.

Umsatz und Kosten

Wenn Sie also diese Empfehlungen mit Ihrem durchschnittlichen Umsatzvolumen pro Auftrag oder Bestellung oder Kauf multiplizieren, was ergibt das?

Nehmen wir beispielsweise den Kauf einer Krankenversicherung, weil Sie Versicherungsberater sind – dann erhalten Sie circa 750.- € pro Abschluss.

Was macht das im Monat? Nun: Sieben mal 750.- € sind 5.250.- €. Und was hat Sie das genau gekostet? Welche Werbung war erforderlich? Wie viel Budget mussten Sie investieren?

Direkt wahrscheinlich nichts. Sie waren lediglich unterwegs. Und Sie waren vorbereitet. Egon der Zweite war also vorbereitet. Und diese Vorbereitung gehen wir nun im folgenden Teil in der Salami-Scheiben-Weise durch – Schritt für Schritt, bis auch Sie überall so reden, dass Sie erfolgreich Kunden und Empfehlungen sammeln. Klingt das interessant?

Elevator Pitch – DIALOG

Der erste und wichtigste Baustein ist Ihre Antwort auf die Frage: „Was machst du beruflich?“ – und zwar im Vieraugengespräch, im Dialog. Auch dann einzusetzen, wenn andere Dritte zuhören, aber nicht vor einer Gruppe. Der Elevator Pitch (EP) ist zunächst ein Dialog (Dia = zwei). „Erfunden“ wurde er wahrscheinlich im Fahrstuhl – von eifrigen und karrierewilligen Angestellten, die in der Tiefgarage auf den Vorstandsvorsitzenden lauerten, um mit ihm möglichst gleichzeitig in den Fahrstuhl zu springen. Wozu? Nun, um sich, in der Dauer der Fahrstuhlfahrt, in das rechte Licht für die nächste Beförderung zu rücken. Also eine Art Selbstmarketing in der Dauer einer Fahrstuhlfahrt.

Dieser Kommunikationsbaustein ist als Dialog (kein Vortrag!) aufgebaut, also ein Frage-Antwort-Spiel, bei dem dann weitergeredet wird, wenn eine Fortsetzungsfrage gestellt wird wie:

„Das heißt genau?“;

„Was genau machen Sie?“;

„Das klingt ja interessant – kann ich dazu mehr erfahren?“;

„Wie heißen Sie genau?“;

„Haben Sie eventuell eine Karte etc …?“

Das Ziel des Dialogs im EP ist es also nicht, einfach penetrant einen Vers herunterzubeten, egal was die anderen denken, sondern durch spannende Aussagen die Neugier so zu wecken, dass der andere nachfragt, mehr wissen will, Sie ausfragt und Ihnen damit die Erlaubnis gibt, noch mehr zu erzählen.

Hier die Bausteine:

	BEISPIEL	Ihre Antwort bitte hier notieren
1	Ich heiße Daniel Schäfer und ich bin Transportunternehmer.	
P	*Kurze Pause – deshalb, um die Reaktion des Gegenübers abzuwarten. Wenn dieser interessiert schaut oder nachfragt, geht es weiter.*	

2 (Story)	Ich hole Menschen dort ab, wo sie stehen, und begleite sie dorthin, wohin sie wollen – das kann ihr nächstes berufliches Ziel, ihre Existenzgründung oder ein anderes persönliches Ziel sein wie beispielsweise bei Maria: Sie war lange angestellt und hatte einen Traum. Den Traum, sich selbstständig zu machen. Heute hat sie ihr eigenes Unternehmen und ist froh, dass sie fast 30.000.- € Fördermittel dazubekommen hat und das Unternehmen gut läuft.	
P	*Kurze Pause und Reaktion abwarten.*	
3 (Methode)	Ich arbeite als Fachberater für Gründung, Fördermittel und Unternehmensnachfolge mit bewährten Methoden, um die besten Fördermittel zu finden und gleichzeitig auch vom Staat die höchsten Zuschüsse zu erhalten. Das mache ich mit meiner EKS- und FöMiR-Methode.	
P	*Kurze Pause und Reaktion abwarten.* *Falls das Gegenüber wirklich interessiert ist, folgt in der Regel ein Abschluss-Impuls!*	
4 (Kontakt-Angebot)	Ich habe dafür eine Kurz-Präsentation / Video/Website entwickelt, die ich Ihnen zuschicken kann – oder Sie nutzen diesen Gutschein für ein kostenfreies Erstgespräch. Was ist Ihnen lieber?	

Ihre Aufgabe: 1. Textentwurf verfassen, der zu Ihnen passt 2. Üben 3. Bei Bekannten testen (Feedback einholen) 4. Verbessern 5. Bei neuen Bekanntschaften testen 6. Körpersprache beobachten 7. Entsteht Interesse? 8. Wenn nicht, verändern, bis mindestens 50 % nachfragen und Ihre Karte haben wollen

Elevator Speech - MONOLOG

Der Elevator Speech (ES) ist hingegen ein vorbereiteter Kommunikationsbaustein, der dann zum Einsatz kommt, wenn Sie vor der Gruppe gebeten werden, sich vorzustellen. Beispielsweise auf einem Unternehmerstammtisch, wo bereits alle sitzen und sich der Reihe nach vorstellen. Oder auch dann, wenn Sie einen Vortrag halten und sich in diesem vorstellen.

Der ES wird im Gegensatz zum Pitch vollständig und ohne Pause durchgezogen. Es ist also ein kleiner Vortrag, bei dem auch die rhetorischen Regeln der Rede gelten, um die Teilnehmer wirksam zu erreichen.

Hier die Bausteine:

	BEISPIEL	Ihre Antwort bitte hier notieren
1	Ich heiße Daniel Schäfer und ich bin Transportunternehmer. (kurze PAUSE)	
Begrü-ßung	Sehr geehrte Damen und Herren, liebe Gäste. Sie werden sicherlich wissen wollen, was ein Transportunternehmer macht. Einige denken, ich fahre Taxi, Bus oder LKW – weit gefehlt.	
2	Ich hole Menschen dort ab, wo sie stehen, und begleite sie dorthin, wohin sie wollen – das kann ihr nächstes berufliches Ziel, ihre Existenzgründung oder ein anderes persönliches Ziel sein wie beispielsweise bei Maria: Sie war lange angestellt und hatte einen Traum. Einen Traum, sich selbstständig zu machen. Heute hat sie ihr eigenes Unternehmen und ist froh, dass sie fast 30.000.- € Fördermittel dazubekommen hat und das Unternehmen gut läuft.	
3	Ich arbeite als Fachberater für Gründung, Fördermittel und Unternehmensnachfolge mit bewährten Methoden, um die besten Fördermittel zu finden und gleichzeitig auch vom Staat die höchsten Zuschüsse zu erhalten. Das mache ich mit meiner EKS- und FöMiR-Methode.	
4 (Kontakt-angebot)	Ich habe dafür eine Kurz-Präsentation / Video / Website entwickelt, die ich Ihnen zuschicken kann – oder Sie nutzen diesen Gutschein für ein kostenfreies Erstgespräch ... Hier ist meine Website (Aufschreiben) und wenn Sie einen Gutschein / Visitenkarte haben wollen, sprechen Sie mich gerne in der Pause an.	
5	Ich heiße Daniel Schäfer und ich bin Transportunternehmer. (NICHT bedanken!) (Übergabe an den Moderator)	

Ihre Aufgabe: 1. Textentwurf verfassen, der zu Ihnen passt 2. Üben 3. Bei Bekannten testen (Feedback einholen) 4. Verbessern und auswendig lernen 5. Körpersprache anpassen (Mimik, Gestik, Stimme, Bewegung) 6. Vorm Spiegel üben 7. Vortragsgelegenheiten suchen 8. Zuhörer beobachten (Folgenden diese Ihnen?) 9. Kommen Menschen nach Ihrem Vortrag zu Ihnen? 10. So lange verändern, bis mindestens 30 % der Zuhörer Ihre Karte haben wollen

60-Sekunden Präsentation

Die 60-Sekunden-Präsentation hat den Zweck, erstens die Aufmerksamkeit der anwesenden Personen innerhalb von wenigen Sekunden zu gewinnen – und zweitens die Erlaubnis zu bekommen, etwas präsentieren zu dürfen, im günstigsten und vorbereiteten Fall Ihr Produkt, Geschäft oder sonstige Idee.

Diese 60-Sekunden-Präsentation ist wie folgt aufgebaut:

	BEISPIEL	Ihre Antwort bitte hier notieren
1	Wissen Sie eigentlich, was ich herausgefunden habe?	
PAUSE	*(bis zu 5 Minuten lang die Pause halten)*	
2	Und zwar habe ich eine Möglichkeit kennengelernt, wie man nicht nur in seine Berufung kommen kann, sondern auch noch 30.000.- € und mehr an Fördermitteln dazubekommt, um sich damit seine eigene Existenz aufzubauen.	
PAUSE		
3	Ich arbeite als Fachberater für Gründung, Fördermittel und Unternehmensnachfolge mit bewährten Methoden, um die besten Fördermittel zu finden und gleichzeitig auch vom Staat die höchsten Zuschüsse zu erhalten. Das mache ich mit meiner EKS- und FöMiR-Methode.	
4	Ich habe dafür eine Kurz-Präsentation / Video / Website entwickelt, die ich Ihnen zuschicken kann – oder Sie nutzen diesen Gutschein für ein kostenfreies Erstgespräch .... Hier nun meine Website (aufschreiben) und wenn Sie einen Gutschein / Visitenkarte haben wollen, dann sprechen Sie mich gerne in der Pause an.	

Aufgabe: 1. Textentwurf verfassen, der zu Ihnen passt 2. Üben 3. Bei Bekannten testen (Feedback einholen) 4. Verbessern und auswendig lernen 5. Präsentationsgelegenheiten suchen 6. Zuhörerreaktionen beobachten 7. Solange verändern, bis mind. 90 % der Gesprächspartner Ihre Karte haben wollen

Öffnende direkte Fragen

Öffnende direkte Fragen (ÖDF) haben die Aufgabe, innerhalb eines Gesprächsverlaufs einen Themenwechsel herbeizuführen. Und zwar dorthin, wo Sie wollen. Es sind also von Ihnen nach einem Muster vorbereitete Fragen, die Sie irgendwann stellen, um dann bei Ihrem Thema zu landen. Sie können sich dann als Experte positionieren, etwas verkaufen, Kontakte machen – was auch immer Sie wollen.

Der Leitfaden lautet hierzu wie folgt:

	Fragebeispiel	Ihre Frage
1	Was glauben Sie? Wie viele Menschen gehen ohne große Motivation zur Arbeit oder haben schon innerlich gekündigt?	
2	Und genau dahingehend habe ich mir Gedanken gemacht – wie man diesen Menschen helfen kann, in ihre Berufung zu kommen, und dabei ein einträgliches Einkommen aufbaut.	
3	Ich arbeite als Fachberater für Gründung, Fördermittel und Unternehmensnachfolge mit bewährten Methoden, um die besten Fördermittel zu finden und gleichzeitig auch vom Staat die höchsten Zuschüsse zu erhalten. Das mache ich mit meiner EKS- und FöMiR-Methode.	
4	Ich habe dafür eine Kurz-Präsentation / Video / Website entwickelt, die ich Ihnen zuschicken kann – oder Sie nutzen diesen Gutschein für ein kostenfreies Erstgespräch ... Was ist Ihnen lieber?	

Aufgabe: 1. Erste Fragen verfassen 2. Üben 3. Bei Bekannten testen 4. Fragen verbessern, bis diese Neugier erzeugen, und auswendig lernen 5. Nach Frage-Gelegenheiten suchen 6. Zuhörerreaktionen beobachten 7. Fragen verändern, bis mind. 90 % der Gesprächspartner Ihre Karte haben wollen

Öffnende indirekte Fragen

Öffnende indirekte Fragen (ÖIF) sind Fragen, die Sie rhetorisch in den Raum stellen, auf die keine Antwort erforderlich ist. Auch hier ist das Ziel, zu Ihrem Thema zu wechseln. Auch dann können Sie Kunden, Interessenten oder neugierige Partner gewinnen.

Der Leitfaden lautet hierzu wie folgt:

	Fragebeispiel	Ihre Frage
1	Ich habe mir vor einigen Jahren die Frage gestellt, ... warum so viele Menschen einer Arbeit nachgehen, die sie nicht wirklich motiviert und die häufig auch schlecht bezahlt ist. ... warum jeder fünfte Arbeitnehmer in Deutschland innerlich gekündigt hat. ... warum so wenig Menschen geschenkte Fördermittel von 30.000,- € und mehr einfach nicht nutzen, um ihre eigene Existenz aufzubauen.	

2	Und dabei habe ich herausgefunden, dass: ... viele Menschen gar nicht wissen, dass der Staat 30.000.- € und mehr Fördermittel zur eigenen Selbstständigkeit dazugibt. ... die meisten Menschen gar nicht wissen, dass man in dem Bereich am erfolgreichsten ist, in dem man das größte Interesse hat und es sogar Freude bereitet zu arbeiten – und dass man das als Selbstständiger am leichtesten beeinflussen kann. ... die meisten Menschen weder in der Schule noch in der Uni oder auf der Arbeit informiert worden sind, dass der Staat mit 30.000.- € oder mehr die Menschen unterstützt, die in ihre selbstständige Berufung kommen wollen.	
3	Ich arbeite als Fachberater für Gründung, Fördermittel und Unternehmensnachfolge mit bewährten Methoden, um die besten Fördermittel zu finden und gleichzeitig auch vom Staat die höchsten Zuschüsse zu erhalten. Das mache ich mit meiner EKS- und FöMiR-Methode.	
4	Ich habe dafür eine Kurz-Präsentation / Video / Website entwickelt, die ich Ihnen zuschicken kann – oder Sie nutzen diesen Gutschein für ein kostenfreies Erstgespräch ... Was ist Ihnen lieber?	

Aufgabe: 1. Erste Fragen verfassen, die zu Ihnen passen 2. Üben 3. Bei Bekannten testen (Feedback einholen) 4. Fragen verbessern, bis diese Neugier erzeugen, und auswendig lernen 5. Einsatzmöglichkeiten suchen 6. Zuhörerreaktionen beobachten (Wohin schauen diese?) 7. Fragen verändern, bis mindestens 50 % Ihre Karte haben wollen

Take Away

Der Take Away (TA) hat die Aufgabe, erstens zu testen, ob der „Fisch angebissen“ hat. Und zweitens, die Neugier Ihrer Gesprächspartner zu steigern. Und drittens hat der TA die Aufgabe, dass Sie den Spieß umdrehen – dass Ihr Gesprächspartner Sie beispielsweise darum bittet, dass Sie noch mehr Werbung für Ihr Produkt machen. „Take Away“ heißt in diesem Fall ins Deutsche übersetzt so viel wie „Wegnahme“. Auch der Angler bewegt den Köder vom Fisch weg.

Was nehmen Sie weg?
Nun – Ihr Angebot. Das heißt, Sie sagen beispielsweise Folgendes:

„Ich kann gut verstehen, dass Sie das interessiert – aber ich weiß nicht genau, ob es jetzt wirklich der richtige Zeitpunkt ist.“
oder:

„Ok – wir können gerne die Karten tauschen, aber ich habe wirklich in den nächsten vier Wochen keinen Termin frei. Darf ich Sie vielleicht im nächsten oder übernächsten Monat anrufen, wenn ich den Kopf wieder ein wenig freier habe?“

Aufgabe

1. Verfassen Sie Ihren Take Away
2. Üben
3. Bei Bekannten testen (Feedback einholen)
4. Verbessern, bis andere regelmäßig nachfragen
5. Einsatzgelegenheiten suchen
6. Zuhörerreaktionen beobachten

Und nun?

1. Etwas gehört zu haben heißt nicht, etwas zu wissen.
2. Etwas zu wissen heißt nicht, etwas tun zu können.
3. Etwas tun zu können heißt nicht, dass es auch getan wird.

Meine Empfehlung: TUN SIE ES JETZT – und bleiben Sie so lange dran, bis Sie auf einer Skala von eins bis zehn mindestens auf eine Sieben kommen (wobei eins sehr schlecht und zehn sehr gut ist). Dann haben Sie eine neue Erfolgsroutine. Und entscheiden Sie erst nach Resultaten, ob diese Methoden auch für Sie funktionieren. Denn die teuerste Information ist immer die, die man (noch) nicht hat. Sie haben diese nun.

Viel Spaß und Erfolg wünscht Ihnen

Ihr Daniel Schäfer

Claudia Schimkowski
„Endlich eine Agentur, die versteht, was ich wirklich will, die erfasst, was ich wirklich brauche", so formulierte es unlängst ein begeisterter Kunde. Seit mehr als 20 Jahren berät Claudia Schimkowski mittelständische Kunden in Werbung und Marketing ganz praxisnah: „Wir machen, was tut!" Sie ist Gründerin und Geschäftsführerin der A-Ha! Agentur fürs Handwerk GmbH, Leiterin der Deutschen Handwerker Akademie sowie Herausgeberin des Magazins „der Handwerker". Das Portfolio umfasst die modernen Anforderungen an eine Full-Circle-Agentur ebenso wie die der Unternehmensberatung. Dabei liebt Claudia Schimkowski das Handwerk, bodenständig und konkret: Der Vater im Handwerk, der Bruder Schreiner und sie heiratete einen Elektromeister. Auch der älteste Sohn lernt im Handwerk.

Wahre Werte im Business leben, ehrlich mit dem eigenen Können und den Wünschen umgehen, die Menschen stärken, persönlich und unternehmerisch in ihre Kraft bringen, das ist ihre Leidenschaft und Begabung. Claudia Schimkowski wurde deshalb 2014 als Vorbild-Unternehmerin vom Bundeswirtschaftsministerium ausgezeichnet.

Da bedarf es Fingerspitzengefühl und Erfahrung, die Claudia Schimkowski nicht erst seit der Trainerausbildung 2009 zum systemischen Coach mit Meisterabschluss beweist. Mit umfassenden Weiterbildungen in Sachen Team- und Führungstrainings bietet Claudia Schimkowski Kunden Perspektiven und Beratung abseits vom Mainstream. Seminar statt Pitch: Ihre Seminar- und Trainingskompetenz mit Schwerpunkt Handwerk setzt sie gezielt für Projektstarts oder innovative Projektarbeit beim Kunden ein, zu welchen große und kleine Handwerksbetriebe ebenso gehören wie Händler oder Hersteller, die im Handwerk verkaufen.

www.agentur-fuers-handwerk.de

Stärken stärken

Die Kraft der positiven Servicehaltung nutzen und hinderliche Kritik hinter sich lassen

Unsere Gesellschaft ist geprägt von einer „Kultur der Kritik". Begegnen wir einer Person, läuft innerlich ein Bewertungskatalog ab. Menschen bewerten Haare, Make-up, Kleidung, Aussehen ..., um sich gegenseitig einzuordnen. Bewertet werden auch Verhaltenseigenarten, weiche Faktoren (Soft Skills), und das meist unterbewusst. „Es gibt keine zweite Chance für den ersten Eindruck", steht für diese Automatismen, die innerhalb von Sekundenbruchteilen ganz automatisch ablaufen.

Grafik 1: Die innere Haltung bestimmt, wie wir die Welt und die Wahrheit, in der wir leben, sehen. (Quelle: Fotolia, lassedesignen)

Bewerten und Einordnen sicherte uns in grauer Vorzeit das Überleben, indem unsere Ahnen blitzschnell erkannten, ob sie sich in einer gefährlichen Situation befanden oder nicht. Allerdings, das belegt jetzt eine Studie um Russell Johnson von der Michigan State Universität, „saugt Ihnen diese Attitüde auch noch die letzte mentale Energie aus dem Leib(...) Oder anders formuliert: Jene Mitarbeiter, die viel Zeit damit verbrachten,(...)die Umstände zu kritisieren, fühlten sich in den Versuchen(...)deutlich unfokussierter, waren kaum noch in der Lage, sich zu konzentrieren und letztlich auch unproduktiver. Kurzum: Sie lösten durch das Fokussieren auf die negativen Aspekte eine Abwärtsspirale aus, die ihre Lage eher zusätzlich verschlechterte. Das Fatale daran: Motzen ist bequem. Man ärgert sich zwar jeden Tag aufs Neue, findet aber auch täglich Ausreden, um untätig zu bleiben."[1]

[1] http://karrierebibel.de/negative-gedanken

Wenn diese Fokussierung auf Negatives sich als purer Reflex, als Gewohnheit, als innere Haltung manifestiert, ist er für Erfolg hinderlich. Weiter heißt es in der Johnson Studie: „Es beginnt aber mit den eigenen Gedanken. Wer beispielsweise das Gefühl hat, dass ihn der Job regelrecht auffrisst, oder wer sich täglich ins Büro quält, sollte sich nicht wie ein Opfer verhalten, sondern die Initiative ergreifen." Ich selbst bestimme durch die innere Haltung die Wahrheit, in der ich lebe. Verweile ich heute in einer kritischen Grundhaltung, so resultiert daraus meine weniger erfolgreiche Zukunft.

»Wir sind, was wir wiederholt tun. Vorzüglichkeit ist daher keine Handlung, sondern eine Gewohnheit.« *Aristoteles*

Haltung und Kritik

Betrachten wir in diesem Zusammenhang den Begriff „Haltung" bzw. „eine Haltung zu etwas haben". Die Formulierung beinhaltet laut Alexander Frank: (...) „die körperliche Haltung und zielt aber auf die innere Haltung.(...)Dabei ist die äußere Haltung auch Ausdruck der inneren Haltung: des Respekts und der Aufmerksamkeit. Haltung steht in diesem Kontext für Einstellung. Ich habe eine Haltung, eine Meinung zu einem Thema."[2] Bei vielen Menschen findet man eine vorherrschende innere Haltung. Es existieren Haltungs-Typen, die sich als Folge von beispielsweise übermäßiger Kritik herauskristalisieren. Allen diesen Kritik-Haltungs-Typen ist gemein, dass sie menschliches Miteinander und damit Kommunikation stark beeinflussen. Ein Haltungs-Typ wird fast schon reflexartig von dieser seiner Grundhaltung gelenkt. Ein der Situation angemessenes Verhalten ist nicht möglich. Die Haltung beeinflusst das Verhalten und damit die Kommunikation maßgeblich immer in eine gleiche oder ähnliche Richtung und damit den Erfolg im Leben.

»Man kann nicht nicht kommunizieren.« *Paul Watzlawick*

Dabei spielt es keine Rolle, ob sich eine Person dieser Haltung bewusst ist oder nicht. Sie kommuniziert auf jeden Fall und das Gegenüber nimmt die kommunizierte Haltung, die implizite Botschaft, auf jeden Fall wahr.

[2] Frank, Alexander: Die Bedeutung der „Haltung" in und für Trainings. Abschlussarbeit zur Erlangung des Meistergrades, Tübingen 2011

Grafik 2: Kritische Haltungstypen hindern uns nicht nur im beruflichen Umfeld am Erfolg.

Meist äußert sich dies in einem unbestimmten Gefühl, ein Geschäft kommt einfach nicht zustande. Eine Person schwächt sich auch selbst durch die innere Haltung und hindert sich daran, mit voller Kraft für Erfolg, für sich und Projekte einzustehen, diese umzusetzen. Der innere Kritiker kritisiert sich oft selbst am kritischsten.

Die Kritik-Haltungs-Typen

Die folgende Einteilung ist überspitzt und stylisiert, meist existieren Mischtypen. Wenn Sie sich also in einem oder mehreren der folgenden vier Kritik-Haltungs-Typen wiedererkennen, kommunizieren Sie nach einer eingefahrenen Verhaltensweise und hindern womöglich sich und Ihr Unternehmen am Erfolg.

Ja-Aber oder der Yes-Butter

Die Ja-Aber-Haltung nimmt einer Person die Möglichkeit, sich auf Neues einzustellen und mit voller Kraft in die Umsetzung neuer Maßnahmen zu gehen. Als Yes-Butter antworten Sie bei allen Vorschlägen, Ideen Ihres Kunden, Ihres Geschäftspartners mit „ja aber" und setzen diesen unbewusst ins Unrecht. Unrecht haben mag jedoch niemand.

Das Problem ist ...

Wie die Ja-aber-Haltung, in leicht abgewandelter oder vermischter Variante mit dem Yes Butter, nimmt der Problemeseher sich selbst und seinem Gegenüber die Möglichkeit, neue Ideen oder Projekte entstehen zu lassen. Bei allem, was der Gesprächspartner sagt, findet diese Person Probleme, Schwierigkeiten und tut diese auch kund. Diese Haltung hat statische Auswirkungen. Das Gespräch bewegt sich nicht, man findet zu keiner Lösung.

Besser-Wisser oder Rechthaber

Die Ich-weiß-es-besser-Haltung oder Rechhaberei ist weit verbreitet und hindert eine Person daran, in die Umsetzung zu gehen. Außerdem erzeugt diese Haltung ein Gefälle zwischen zwei Personen. Das heißt, wenn mein Gegenüber alles besser weiß, bedeutet es im Umkehrschluss, ich weiß nichts oder ich habe unrecht. Ich werde herabgesetzt. Diese Haltung hindert daran, zu erkennen, wo Potenzial liegt.

Opferhaltung oder Immer-Ich

„Auch die Opferhaltung ist weit verbreitet. Betroffene fühlen sich als Opfer äußerer oder innerer Umstände. „Deren Haltung ist dabei, dass sie ja immer alles versucht hätten, aber entweder sind die anderen (z.B. Kunden) schuld oder die Umstände (z.B. die Preise sind eben schlecht in der Branche) oder Sie selbst (immer ich). Die Verantwortung sehen diese Personen nie bei sich, sondern stets bei nicht beeinflussbaren Größen."[4]

Es gibt viele weitere Haltungs-Typen, die jedoch nicht maßgeblich durch Kritik geprägt sind. Eine Mischform der Opfer- und der Problemhaltung ist beispielsweise der Jammerer. Beim Zweifler ist die Eigenkritik besonders stark ausgeprägt mit einer Mischung aus Problemseher und Immer-Ich. Die aufgeführen Haltungs-Typen bewirken beim Gesprächspartner immer eine Gegenreaktion. Je nachdem, welcher Haltungs-Typ bei diesem vorherrscht, landet das Gespräch in einer Sackgasse und zwar bei:

- Kräfte messen
- Widerspruch
- Druck und Gegendruck
- Besser sein wollen
- Gewinnen wollen
- Flucht aus der jeweiligen Situation
- Stehen lassen
- Aufgeben, sich kraftlos fühlen
- Streit
- Ungeduld
- ...

[4] Frank, Alexander: Die Bedeutung der „Haltung" in und für Trainings. Abschlussarbeit zur Erlangung des Meistergrades, Tübingen 2011

Keine dieser Haltungs-Typen und kein damit verbundenes Kommunikationsverhalten ist zielführend, lösungsorientiert oder erfolgreich für eine der beteiligten Parteien.

Konzentrieren Sie sich auf „Ja"

Was passiert, wenn zu viel Kritik geübt wird und eine Person in einem Haltungs-Typ und Kommunikationsverhalten feststeckt? Übermäßige Kritik ist von seiner Wirkung auf Körper, Geist und Seele gleichzusetzen mit einem „Nein“ und wirkt demotivierend. Kritik von außen zieht oft die innere Kritik nach sich. Eine Demotivation von außen bewirkt, dass ich auch mich selbst und meine Leistungen infrage stelle, herabsetze und kritisiere. Denke ich von mir selbst oder anderen schlecht, so besagt das System der Self Fullfilling Prophecy (die sich selbsterfüllende Prophezeihung)[5], dass meine Ergebnisse schlecht eintreten werden. Eine Abwärtsspirale beginnt.

Andersherum kann ich auch nachweislich positivere Ergebnisse erreichen, wenn ich gute Resultate erwarte. Die sogenannten Placebo-Versuche funktionieren genau nach diesem Prinzip. Und das sowohl, wenn die Probanten wissen, dass sie Placebos (das heißt Medikamente ohne Wirkstoff) erhalten, als auch, wenn sie es nicht wissen.

Nutzen Sie dieses Wissen für sich, setzen Sie für Ihren Erfolg bewusst auf den positiven Ausgang einer Situation. Verändern Sie Ihre Haltung von Kritik und Nein hin zum Gegenteil, zu einem Ja mit positiver Bestärkung. Setzen Sie „Ja“ als neuen Wert zur Kommunikation, der Motivation und Führung von Menschen ein, so werden Sie Ergebnisse erstaunlich positv beeinflussen. Ein motivierter Mensch erbringt viel leichter, schneller, mit mehr Freude, im Einsatz und im Ergebniss viel bessere Leistungen. Und im Umgang mit Ihren Kunden, Mitarbeitern, Lieferanten, Geschäftspartnern erreichen Sie mehr Zufriedenheit, erfolgreichere Gespräche, bessere Aufräge, bessere Abschlüsse. Überall, wo wir kommunizieren, erleben wir die Auswirkungen einer positiven Haltung und Wertschätzung. In Betrieben, die sich bewusst für Werte, einen positiven Führungsstil entscheiden, liegen die Ergebnisse weit über dem Durchschnitt. So wurde beispielsweise die Firma Gira erneut 2015 mit dem Siegel „TOP Natio-

[5] http://karrierebibel.de/selbsterfuellende-prophezeiung

naler Arbeitgeber" ausgezeichnet, das das Nachrichtenmagazin Focus in Zusammenarbeit mit dem Karriere-Netzwerk Xing und dem Arbeitgeberbewertungsportal Kununu alljährlich vergibt. Das bestätigt Christiane Harnischmacher, Mitarbeiterin der Firma Gira, im Interview: „(...) Sie werden es niemals schaffen, Menschen ausschließlich über Geld zu motivieren. Es muss einfach auch Spaß machen"(...)„Oft, wenn Herr Dürwald, unser Fertigungsleiter, gefragt hat, was macht euch denn aus, kam die Antwort: Ja, wir dürfen lachen."[6]

Die Kraft der positiven Servicehaltung nutzen

Auch die traditionelle hawaiianische Lebensphilosophie „Huna" setzt dieses Wissen um die innere Haltung ein. In den sieben Prinzipien für ein erfülltes Leben verankert sie: „Vertrau auf Dich selbst, Erwarte das Beste"(...)„Denn die Welt ist, was Du denkst. So sei bewusst, dass Du wählen kannst, welche Gedanken Du denken willst und welche Überzeugungen Deine Handlungen bestimmen sollen."[7] Entscheiden Sie sich also bewusst für eine positive innere Haltung, so beeinflussen Sie Ihre Ergebnisse. Sie beeinflussen mit Ihrer inneren Haltung Ihre Welt. Wie im Innen so im Außen, schaffen Sie damit den Erfolg in Ihrem Leben, im zwischenmenschlichen Miteinander, in Ihrem Unternehmen ... Änderen Sie Ihre inneren Einstellung positv, so erreichen Sie im Außen eine positive Veränderung.

Die innere Haltung, die zu einem positiven Ergebnis führt, ist:

lösungsorientiert, angenehm für Ihren Gesprächspartner, positiv bestärkend, Kritik nicht als Reflex, offen im Ergebnis, auf Augenhöhe, was Ihr Kunde will, der Situation angemessen, wertschätzend ...

In Umgang und Kommunikation mit Ihren beruflichen Kontakten vereint die sogenannte Servicehaltung all diese Aspekte. Mit der Servicehaltung wandeln Sie Ihre innere Haltung in eine bewusste, kraftvolle, positive Einstellung. Sie entdecken und erkennen die Kraft der eigenen Stärke und die Haltung hinter dem eigenen und dem Verhalten anderer. Sie lernen damit in schwierigen Situationen angemessener zu reagieren oder neue Möglichkeiten zur Reaktion. Sie verinnerlichen die positive Haltung als Prinzip zur Wertschätzung und setzen ganz nebenbei positives Denken für gute Ergebnisse um.

[6] https://www.arbeitgeber.gira.de/menschen_bei_gira/aufbruch_mit_ausdauer_2.html

[7] Duprée, Emil Ulrich: Hoòponopono – Das hawaiianische Vergebungsritual. Schirmer Verlag, Darmstadt, 2011

5 Schritte zur positiven Servicehaltung

Ein Gesprächspartner in positiver Servicehaltung ist im wahrsten Sinne des Wortes „Gold wert“. Nicht nur Sie, auch Ihre Kunden, Ihre Lieferanten, Geschäftspartner und sämtliche Kontakte werden schon bald den Unterschied merken. Setzen Sie dazu nachfolgende fünf Schritte für sich um:

Schritt 1: Das Gegenüber gut sein lassen

Was Sie erwarten, das bekommen Sie. Gehen Sie mit einer positiven Grundeinstellung in ein Gespräch und erwarten Sie das Beste. Was bedeutet, Sie interpretieren den anderen nicht. Sie nehmen auch nichts persönlich und lassen Ihren Gesprächspartner in dem, wie er Ihnen als Person begegnet, „gut“ sein. Es mag Uneinigkeiten geben oder fachliche Differenzen. Aber als Person ist der andere genauso in Ordnung wie Sie. Nichts, was dieser tut, sagt oder wie er handelt, macht dieser, um Sie zu ärgern. Es gibt kein Richtig und kein Falsch. Nur seine Haltung, seine Welt und wie er diese sieht und Ihre Haltung und Ihre Welt.

Indem Sie sich klarmachen, dass Ihr Kunde nach bestem Wissen und Gewissen handelt, nehmen Sie viel an zwischenmenschlichem Zündstoff aus Ihrer Begegnung. Mit dieser kleinen Haltungsänderung müssen Sie Ihren Gesprächspartner auch nicht mehr bekehren, überzeugen, überreden, ... Er darf einfach so sein, wie er ist!

Schritt 2: Problem- und Ja aber Fasten

Probleme sind ab heute gestrichen. Niemand möchte von Ihnen hören, wie schwierig die Dinge sind, welche Probleme es gibt, welche Schwierigkeiten auftauchen könnten – das macht Angst! Ein Kunde will wissen, ob Sie seinen Wunsch erfüllen können. Da Sie der Fachmann sind, nimmt er an, dass Sie alle Probleme kennen und auf diese eine Antwort haben.

Wer seine Sätze mit „ja aber“ anfängt, braucht sich nicht zu wundern, dass er in Gesprächen und auch sonst nicht weiterkommt.

Ein Kunde braucht für seine Entscheidung, für einen Auftrag, die Sicherheit, dass Sie sein Problemlöser sind. Ab heute werden Sie immer, wenn Sie in einem Gespräch oder auch in Gedanken „ja aber“ oder „das Problem ist“ sagen möchten, in die kraftvolle Formulierung „warum nicht“ umwandeln. Sie werden zum erfolgreichen Lösungsfinder für Ihre Geschäftskontakte.

Schritt 3: Kraftvolle Worte wählen

Bereits in der Wahl von Gedanken und Worten beeinflussen Sie sich selbst und Ihre Haltung positiv. Wählen Sie anstelle von beschränkenden, kleinmachenden Floskeln kraftvolle Formulierungen. Erleben Sie mit dieser kleinen Maßnahme die grundlegende Wandlung Ihrer eigenen Ergebnisse und damit auch die veränderte Wirkung Ihres Auftretens, Ihrer Gespräche, Ihrer Verhandlungen ...

einschränkend	bestärkend
Ich werde nicht	Ich habe
Ich kann nicht	Ich bin
Ich weiß nicht wie	Ich werde
Ich wünschte, ich könnte	Ich kann
Ich will	Ich denke, ich kann
Ich denke, ich könnte	
Könnte	
Würde	
Vielleicht	
Müsste	
Eventuell	

Schritt 4: Die Kraft der eigenen Stärke nutzen

Kennen Sie das auch: Sie sind zu einem Pitch oder einem Gespräch eingeladen und bereiten sich genauestens vor. Sie überlegen sich genau die Fragen, mögliche Einwände und den Gesprächsverlauf. Im tatsächlichen Gespräch haben Sie zwei Möglichkeiten: Erstens, Sie halten sich genau an Ihren vorbereiteten Ablauf und sehen Fragen als Kritik an sich und Ihrer Leistung, als Störpunkt für Ihr Konzept. Damit verschenken Sie die Möglichkeit, zu erkennen, was Ihr Kunde wirklich will.

Sie können zweitens aber auch selbstbewusst in die Servicehaltung gehen und Fragen oder Einwände Ihres Gegenübers als Chance ansehen. Mit der Servicehaltung wechseln Sie in der Aufmerksamkeit zum Kunden, zu dessen Belangen, Sorgen und Problemen. Sie erleben aktiv eine Wahrnehmungsänderung, als Chance für mehr Umsatz. Sie fokussieren nicht länger die Kritik, sondern Ihre eigene Stärke, damit der Kunde Sie als selbstbewussten Problemlöser wahrnimmt.

Streichen Sie deshalb:

Ihre Kompetenz beweisen, Recht haben, Besser wissen, Kräfte messen,

Jammern, Missionieren, Kritisieren (versteckt oder direkt), Zu viel reden, Bei sich sein, Nicht zuhören, Am Konzept festhalten ...

Schritt 5: Gezielt nach positiven Aspekten suchen

Wenn Sie merken, dass Sie in die Kritikfalle einer Kritik-Haltung geraten, dann suchen Sie ganz bewusst nach positiven Punkten bei Ihrem Gegenüber. Etwas ehrlich „Gutes" gibt es überall zu sehen. Sie werden erkennen, wie kraftvoll eine positive Einstellung auf Sie und Ihre Umwelt wirkt. Damit steigen Sie aus dem vergleichenden, bewertenden, verurteilenden System aus und nutzen die positive Kraft der Wertschätzung.

Wichtig ist, dass Sie es WIRKLICH meinen! Eine nur vorgeschobene Haltungsänderung spürt ein Gesprächspartner sofort. Sollten Sie „Wertschätzen" als Mittel, um etwas zu erreichen, also zur Manipulation für Ihre eigenen Zwecke einsetzen, wird auch das sofort registriert.

Das Fazit

Sie werden sehen, wie die fünf Schritte zur Änderung der inneren Kritik-Haltung hin zur Servicehaltung Ihren Erfolg positiv beeinflussen! Und das sowohl im beruflichen Umfeld als auch im Privaten.

Funktioniert es nicht gleich von Anfang an? Lassen Sie sich nicht entmutigen und bleiben Sie dran! Erst wenn aus einmaligem Tun irgendwann auch Gewohnheit wird, folgt auch wirklich eine Haltungsänderung. Eine positive Haltung öffnet die Tür für Erfolg und ein erfülltes Leben, denn Werte müssen nicht nur außen draufstehen, sondern auch vor allem drin sein!

Empfehlenswerte und/oder im Text zitierte Literatur, Magazine, Audios und Internet-Seiten

Duprée, Emil Ulrich: Hoòponopono – Das hawaiianische Vergebungsritual. Schirmer Verlag, Darmstadt 2011

Frank, Alexander: Die Bedeutung der „Haltung" in und für Trainings. Abschlussarbeit zur Erlangung des Meistergrades, Tübingen 2011

Gieschen, Gerhard u. Schimkowski, Claudia: SOS Neukunden: Wie man Kunden gewinnt, ohne anrufen zu müssen. Audio, ABC Verlag, Tübingen 2008

Hack, Ingrid: Davon will ich mich befreien! Alte Muster endlich loswerden. Rororo, Reinbeck 2011

Hirschhausen, Eckart von: Glück kommt selten von allein. Rororo, Reinbek 2011

Mohr, Bärbel: Bestellungen beim Universum. Ein Handbuch zur Wunscherfüllung. Omega Verlag, Aachen 2004

Schimkowski, Claudia: Marketing 1 x 1 für Handwerker. Fünf Erfolgsfaktoren für eine gewinnbringende Außenwirkung. Holzmann Buchverlag, Bad Wörishofen 2010

Tolle, Eckhart: Jetzt! Die Kraft der Gegenwart. Kamphausen, Bielefeld 2000

Rolf Schmiel

Rolf Schmiel ist seit 1999 als selbstständiger Diplom-Psychologe, Speaker und Autor tätig. Zu seinem Markenzeichen ist sein einzigartiger Vortragsmix aus Psychologie, Spaß und Motivation geworden. Rolf Schmiels Veröffentlichungen in renommierten Verlagen unterstreichen seine Fachkompetenz. Er ist außerdem regelmäßig als TV- und Radio-Psychologe in den Medien zu erleben, u.a. ARD, WDR und ZDF. Zu den Unternehmen, die mit Rolf Schmiel zusammenarbeiten, gehören internationale Konzerne und traditionsreiche Mittelständler, wie z.B. Audi, Coca-Cola, Daimler, DHL, Lufthansa, Shell, Telekom, Würth & Xerox.

2006 wurde er von der Fachpresse der Eventbranche zum „Künstler des Jahres in der Sparte Business Entertainment" ernannt. Darüber hinaus wurde er für den „Querdenker Award 2013" und den Medienpreis „Speaker of the year 2015" nominiert. Das Studium der Psychologie und Arbeitswissenschaften finanzierte er sich als Profi-Zauberkünstler. Er trat in über 20 Ländern Europas auf und stand in den 90er-Jahren u.a. mit David Copperfield und Thomas Gottschalk zusammen auf der Bühne.

Das schreibt die Presse über Rolf Schmiel:

- Der Psychologe unter den Motivationstrainern (Süddeutsche Zeitung)
- Deutschlands unterhaltsamster Wirtschaftspsychologe (Handelsblatt)
- Der Experte für moderne Mitarbeitermotivation (Die Zeit)
- Der bekannteste deutsche Motivationspsychologe (Wissen + Karriere)
- Die perfekte Mischung aus Lachen und Lernen (managerSeminare)

www.rolfschmiel.de

NEVER GIVE UP!

Wie aus Rückschlägen neuer Umsatz entsteht!

Einleitung

Mein Vater war Versicherungsvertreter. Wie heute war das Finanzdienstleistungs-Business auch in seiner Zeit, den siebziger und achtziger Jahren, ein hartes Geschäft. Ohne Handy, Navi und Notebook tingelten damals die Vertreter durch ihre Verkaufsregionen. Die Kunden meines Vaters lebten in den Arbeitervierteln des Ruhrgebiets. Viele kannte er noch aus der Zeit, bevor er sich im Verkauf versuchte. Er hatte wie die meisten seiner Kunden in einem Stahlwerk gearbeitet. Die harte Maloche prägte seinen Arbeitsethos und seine Leistungsdisziplin. Sein Credo war stets: „Es gibt einen Grund, warum Arbeit Arbeit heißt!" Diese Einstellung half ihm, den Frust des Vertreterjobs zu meistern und seine Erfolge zu genießen.

Viele Verkaufsabschlüsse verdankte mein Vater seinem Mut und seiner Beständigkeit. Er war ein Meister der Kaltakquise. Wenn er gerade keine Empfehlungsadressen hatte, war es für ihn eine Selbstverständlichkeit, mit seiner Aktentasche unter dem Arm ein Hochhaus zu betreten und sich durch alle Stockwerke durchzuarbeiten. Immer von oben nach unten! „Falls ich irgendwo rausfliege, mache ich einfach eine Etage tiefer weiter", so beschrieb er gern seine Akquisitions-Strategie. Das war echtes Klinkenputzen – von Tür zu Tür! Ohne Scheu und mit einem freundlichen Lächeln auf den Lippen, schellte er einfach bei wildfremden Menschen an. Wenn die Tür sich öffnete, sagte er: „Guten Tag! Mein Name ist Dieter Schmiel. Ich komme wegen Ihrer Vermögenswirksamenleistung." Meist hörte er dann von seinem Gegenüber ein irritiertes „Sie kommen wegen was?!". Daraufhin blickte mein Vater sich kurz im Treppenhaus um, trat einen kleinen Schritt näher und fragte mit ruhiger, sanfter Stimme: „Müssen wir das hier vor Ihren Nachbarn besprechen?" Seine warmherzige und seriöse Ausstrahlung öffnete ihm viele Türen und man bat ihn, einzutreten. Und wenn mein Vater erst einmal in einem Wohnzimmer Platz genommen hatte, verließ er nie eine Wohnung, ohne einen Abschluss, einen Anschlusstermin oder wenigstens eine Weiterempfehlungsadresse in der Tasche zu haben!

Funktionierte diese durchaus dreiste Masche immer? Nein, doch seine Abschlussquote stimmte! Immerhin finanzierten die Provisionszahlungen seiner Versicherungsverkäufe unserer Familie einen guten Lebensstandard, unvergessene Urlaube auf Sylt und das Uni-Studium seiner Söhne. Leider ist mein Vater viel zu jung verstorben. Zum Glück hat er mir noch zu Lebzeiten verraten, was sein Erfolgsgeheimnis im Verkauf gewesen ist. Er sagte zu mir: „Ich hatte nie Angst vor einem ‚Nein'! Und Aufgeben war keine Option!" Wie Sie diese Einstellung in Ihren Verkaufsalltag leben können, darum geht es in diesem Kapitel.

Nur wer volltankt, kann Gas geben!

Seit 1999 trainiere ich Verkaufsmannschaften zum Thema „Vertriebsmotivation". In den Vorgesprächen zu den Trainings teilen mir sehr oft die Führungskräfte der Vertriebsteams mit, dass ihre Verkäufer nicht ausreichend motiviert seien und ihnen der Mut zur Neukundenakquise fehle. Wenn ich dann die Trainingsteilnehmer psychologisch analysiere, zeigt sich oft ein ganz anderes Bild. Die Mitarbeiter haben kein Motivationsproblem, sondern ein Energieproblem. Sie wollen, aber sie können nicht mehr. Vielen fehlt die Kraft, um mutige Schritte zu wagen. Erfolgreiche Verkäufer hingegen haben gelernt, verantwortungsvoll mit den eigenen Ressourcen umzugehen.

Als ich mich vor einigen Jahren regelrecht selbst ausbeutete und kurz vor einem Burn-out stand, erzählt mir ein Trainerfreund die folgende Parabel: „Stell dir einmal vor, du würdest ein Rennpferd besitzen, das eine Million Euro wert ist. Wie würdest du dieses Pferd behandeln? Wie würdest du es füttern? Würdest du ihm einen Eimer Riesling zum Saufen geben, Fritten mit Mayonnaise als Futter und zum Nachtisch eine riesige Portion Mousse au Chocolat? Würdest du das edle Tier mit lauter Rockmusik beschallen und mit ihm bis spät nachts an Hotelbars abhängen? Würdest du ihm das Zigarre-Rauchen beibringen und einen Fernseher in seinen Stall stellen, damit es so richtig nervös wird und nachts nicht schlafen kann? Selbstverständlich würdest du das nicht tun, aber warum gehst du dann so mit dir selbst um, Rolf? Und du bist mehr wert als eine Million Euro!"

Die Worte meines Freundes berührten mich sehr. Seitdem habe ich mein Leben in vielen Punkten geändert. Ich habe für mich Kraftquellen gefunden, die mir helfen, physisch und psychisch aufzutanken. Ein psychologisches Gesetz gilt für jeden, der starken Herausforderungen ausgesetzt ist: „Nur derjenige ist psychisch belastbar, der auch physisch stabil ist!“ Damit es Ihnen gelingt, Rückschläge in neuen Umsatz zu verwandeln, habe ich für Sie eine Handvoll einfacher Tipps, wie Sie die dafür nötige Energie einfach und effizient auftanken können.

Tipp 1: Gönnen Sie sich ausreichend Schlaf!

Der Volksmund spricht schon von „ausgeschlafenen Typen“, wenn er aufmerksame und konzentrierte Menschen beschreibt. Konzentration und Aufmerksamkeit sind für erfolgreiche Abschlüsse im Verkauf von höchster Wichtigkeit. Sieben bis neun Stunden Schlafdauer und ein regelmäßiger Schlaf-Wach-Rhythmus sind nötig, um nachts auftanken zu können. Doch wie viel Schlaf gönnen Sie sich? Wer im Durchschnitt in der Arbeitswoche deutlich weniger Schlaf hat, der treibt Raubbau an sich selbst und erhöht die Wahrscheinlichkeit, an Demenz und Depressionen zu erkranken, um das Drei- bis Vierfache. Wer übrigens früh zu Bett geht, lebt in der Regel auch in anderen Bereichen gesünder! Wahrscheinlich fehlt schlichtweg die Zeit, um zu Alkohol und Chips zu greifen. Sein Sie gut zu sich selbst und gönnen Sie sich ausreichend Schlaf!

Tipp 2: Trinken Sie viel Wasser!

Sollten Sie nicht gerade ein Nierenleiden haben, greifen Sie bitte häufiger zur Flasche, und zwar zur Wasserflasche. Tauschen Sie Kaffee, Limo und Alkohol gegen erfrischendes Wasser ein. Sie sollten mindestens 1,5 Liter Wasser am Tag trinken! Das können Sie schaffen! Vor drei Weizenbier haben Sie auch keine Angst. Mit Wasser vitalisieren Sie sich von innen heraus und erhöhen dabei nachweislich sogar Ihre Kreativität und Leistungsenergie. Wer die Sorge hat, dass er aufgrund des vielen Trinkens dauernd zur Toiletten laufen müsste, dem sei gesagt: Den meisten fehlt auch Bewegung!

Tipp 3: Lachen Sie oft!

Nur wenn die Stimmung stimmt, stimmen auch die Umsätze. Nörgelnde Jammerlappen sind im Vertrieb selten erfolgreich, denn Verkauf ist nicht die Vermittlung von Informationen, sondern von Emotionen! Gerade wenn Sie Ablehnung im Vertrieb erlebt haben und gefrustet sind, ist es besonders wichtig, gute Laune wieder aufzutanken. Treffen Sie sich mit Freunden, schauen Sie witzige Sitcoms oder lesen Sie amüsante Bücher! Es klingt vielleicht trivial, doch auch psychologische Studien bestätigen es: Wer häufig lacht, ist selten depressiv. Tanken Sie im Alltag positive Emotionen auf, dann können Sie Ihren Kunden ein ehrliches Lächeln schenken und kein aufgesetztes Verkäufer-Grinsen. Ihre Kunden werden den Unterschied honorieren!

Tipp 4: Vergessen Sie Ihre Seele nicht!

Ein Erfolgsgeheimnis meines Vaters war sein Glaube. Er war begeisterter Christ und Laienprediger. Sein aufrichtiges Interesse an seinen Mitmenschen öffnete ihm die Herzen seiner Kunden. Und wenn es einmal nicht rundlief im Vertrieb, so kam er im Gottesdienst auf andere Gedanken und ließ sich durch Musik und Predigt wiederaufbauen. Vielleicht ist Kirche nicht Ihr Ding, aber bitte verzichten Sie nicht auf Momente der Einkehr und Stille, sei es in der Natur, beim Wellness oder in der Meditation. Um in heiterer Gelassenheit mit Rückschlägen umgehen zu können, bedarf es gerade in unserer hektischen Zeit Augenblicken, in denen wir uns um unsere Seele kümmern.

Verkaufen macht Spaß, aber leider nicht immer! Um die schwere Zeit im Vertrieb souverän überstehen zu können, ist es wichtig, verantwortungsvoll mit sich umzugehen. Wer das tut, wird erleben, dass er bei Rückschlägen und Niederlagen zwar zu Boden gehen kann, aber er wird die Kraft haben, um immer wieder aufzustehen. Und darauf kommt es an! Zu Boden gehen und wieder aufstehen, denn nur so gewinnt man!

Keine Angst vor Rückschlägen!

Mit einer stabilen Physis und einer belastbaren Psyche ist die Basis für eine erfolgreiche Arbeit im Vertrieb geschaffen. Nun gilt es noch eine wichtige Bremse zu lösen, über die selten im Vertrieb offen gesprochen wird: ANGST! Angst vor Ablehnung, Angst zu versagen bis hin zu echter Existenzangst. Kunden können diese Angst „riechen“. Sie können die Verunsicherung und den Druck des Verkäufers spüren. Dieses Gefühl wirkt sich dann negativ auf das Vertrauen des Kunden aus und er entscheidet sich unbewusst gegen einen Kauf. Dies führt zu einer Abwärtsspirale: Ablehnung – Angst – mehr Ablehnung – mehr Angst – und der Verkäufer gibt dann beizeiten resigniert auf! Daher ist es eine wahre Verkäuferpflicht, sich dieser Angst zu stellen. In meinen Vorträgen und Trainings empfehle ich die folgenden 5 Schritte, damit Sie aufkommende Sorgen überwinden und sogar zu Ihrem Vorteil nutzen können.

Schritt 1: Lassen Sie Ihre Ängste zu!

Die zwei größten Fehler, die viele im Zusammenhang mit Ängsten machen, sind, diese zu unterdrücken oder sich die Tatsachen schönzureden. Gerade Fans des Positiv-Denkens neigen dazu, Realitäten unangemessen zu beschönigen, anstatt die Fakten zu analysieren. Wie wichtig dies ist und was Sie davon haben, verrate ich Ihnen gleich. Zunächst ist es entscheidend zu verstehen, dass Ängste völlig normal sind. Sie gehören einfach dazu! So wie man sich beim Boxen ein blaues Auge oder beim Reparieren des Autos schmutzige Finger holen kann, erlebt jeder im Verkauf emotionale Achterbahnfahrten. Verkäufer, die im Vertrieb niemals dunkle Tage erleben, haben zu kleine Ziele oder belügen sich selbst. Lassen Sie Ihre Ängste ruhig zu, sie sind ein Teil des Vertriebsspiels und helfen Ihnen sogar, noch erfolgreicher zu werden. – Solange Sie sich nicht von Ihren Ängsten komplett lähmen lassen. Also: Tief einatmen, ausatmen und weitermachen!

Schritt 2: Analysieren Sie die Situation!

Wussten Sie, dass psychologische Studien ergeben haben, dass rund 95 % unserer Sorgen und Ängste unbegründet sind? Die meisten Dinge, die wir befürchten, werden nie eintreten! Das Großartige ist: Je bewusster wir uns mit unseren Nöten auseinandersetzen und sie pro-aktiv angehen, desto besser gelingt es uns, die Herausforderungen unseres Lebens zu meistern. Auch ich habe als Unternehmer schwere Zeiten erlebt und nächtelang vor Kummer wach gelegen. Ich weiß, wie das ist! Es gab Phasen in meiner Selbstständigkeit, in der scheinbar niemand meine Dienstleistungen kaufen wollte und ich viel Ablehnung erleben musste. Wieder einmal half mir ein Freund aus meiner Denk- und Emotionsfalle. Er berichtete mir, wie er mit den vielen ‚Neins' in seinem Vertriebsalltag umging. Mein Freund Arnim liebte zu meiner Verwunderung Telefonakquise. Als er mir seine Strategie erklärte, änderte sich meine Einstellung zu den vielen Absagen, die ich in dieser Zeit einstecken musste. Arnim erläuterte mir sein Vorgehen folgendermaßen: „Ich benötige sechs Anrufe, um einen Kundenbesuch zu vereinbaren. Aus jedem vierten Besuch ergibt sich ein Auftrag im Wert von durchschnittlich 100.000 Euro. Mein Ziel ist es, einen Neukundenumsatz von 1,5 Millionen Euro zu erwirtschaften. Daraus ergibt sich rein statistisch, dass ich 360-mal zum Hörer greifen muss (6 x 4 x15 = 360) und ich mir 300 ‚Neins!' anhören muss, um mein Ziel zu erreichen. Ich kann nun selbst entscheiden, ob ich mich davon frustrieren lasse oder ich erkenne, dass jedes Telefonat einen Umsatzwert von 4.170 Euro hat!" Nach diesen Ausführungen war mir klar, dass es statistische Gesetzmäßigkeiten gibt und Ablehnung einfach dazugehört. Fragen Sie sich deshalb: „Was mache ich richtig? Was kann ich besser machen?" Analysieren Sie Ihr tägliches Verhalten im Vertrieb und entdecken Sie Ihre individuellen Stärken und Schwächen! Notieren Sie Ihre Erkenntnisse und nutzen Sie diese für den nächsten Schritt!

Schritt 3: Erstellen Sie sich einen Handlungsplan!

Sie erzielen nur bessere Umsätze, wenn Sie selber besser werden! Sie müssen nicht Tschakka schreien! Sie müssen nichts im Universum bestellen! Sie müssen auch nicht jammern und verzweifeln! Die einfache Lösung heißt: Arbeiten Sie an Ihren Fähigkeiten! Lernen Sie aus Ihren Rückschlägen! Erweitern Sie Ihr Repertoire an Fragen und Abschlusstechniken! Um dies effektiv zu gestalten, greifen Sie auf Ihre Notizen aus ‚Schritt 2' zurück. Wann überzeugen Sie? Und in welchen Situationen nutzen Sie nicht Ihr volles Verkaufspotenzial? Wenn Sie in der Analyse ehrlich waren, wissen Sie nun eindeutig, in welchen Bereichen Sie besser werden müssen. Verwandeln Sie Ihre Schwächen in Entwicklungsaufgaben! Erstellen Sie sich einen Plan bezüglich der Themen- und Aufgabenfelder, in denen Sie besser werden wollen. Beschäftigen Sie sich intensiv mit den Produkten und Dienstleistungen Ihres Unternehmens! Lesen Sie Verkaufsratgeber! Besuchen Sie Seminare! Bereiten Sie sich intensiv auf Ihre Verkaufsgespräche vor! Denn Ihr Verkaufserfolg hängt zu 80 % von Ihrer Vorbereitung ab! Haben Sie keine Angst! Bleiben Sie einfach am Ball und machen Sie Ihre Hausaufgaben, dann wird sich der Erfolg automatisch einstellen!

Schritt 4: Suchen Sie sich Verbündete!

Gute Ideen und clevere Pläne reichen leider nicht aus, um besser zu werden, Sie müssen ins Handeln kommen. Doch allzu schnell verpuffen unsere guten Vorsätze und wir lassen uns vom Alltagswahnsinn überrollen. Um dieser ewigen Entwicklungsfalle zu entkommen, benötigen Sie Verbündete, Wegbegleiter und Mentoren. Diese Menschen sollten als Förderer und Forderer in Ihrem Leben agieren. Ihre Verbündeten fördern Sie durch Anerkennung für Geleistetes und ermahnen Sie bezüglich Versäumtem. Sie legen den Finger in die Wunde, wenn Sie Ihre Hausaufgaben wieder einmal nicht gemacht haben. Das ist durchaus schmerzhaft, aber wenn Sie Ihr volles Potenzial nutzen wollen, kommen Sie nicht darum herum, dort hinzugehen, wo es wehtut – wie es in Fußballersprache heißt. Oder um mit Arnold Schwarzenegger zu sprechen: „Ich mag den Schmerz, der mich zum Champion macht!“ Arbeiten Sie hart an Ihren verkäuferischen Fähigkeiten und Ihrer Kompetenz. Es lohnt sich! Garantiert!

Schritt 5: Verankern Sie Ihre Erfolge!

Kurz vor Ende dieses Kapitels muss ich Ihnen etwas ganz Persönliches verraten. Etwas, was Sie sich täglich bewusst machen sollten: Sie sind besser, als Sie glauben! Sie können mehr, Sie wissen mehr, Sie leisten mehr als der Durchschnitt! Woher ich das weiß? Ganz einfach: Sie haben sich die Zeit genommen, dieses Buch zu lesen! 80 % Ihrer Vertriebskollegen kämen niemals auf den Gedanken, sich in ihrer Freizeit freiwillig fortzubilden. Daher bin ich davon überzeugt, dass Sie in Ihrem Verkaufsalltag mehr Erfolge als Rückschläge erzielen. Leider vergessen Sie Ihre Erfolge zu schnell und Sie trauern zu lange um Ihre Niederlagen! Mein Tipp: Notieren Sie in einem speziellen Erfolgstagebuch am Ende jeden Tages ausschließlich Momente, die Sie erfolgreich gemeistert haben. Jeden Tag verankern Sie so kleine und große Glücksmomente. Wenn Sie dann irgendwann von Ihren Zweifeln und Ängsten eingeholt werden, blättern Sie in Ihrem Erfolgstagebuch und bauen Sie sich daran auf, was Sie sonst wieder vergessen hätten. Und tun Sie sich bitte selbst den Gefallen: Feiern Sie Ihre Erfolge. Die Idee stammt vom legendären ehemaligen General-Electric-CEO Jack Welch. Er war dafür bekannt, im Business ein harter Hund zu sein, aber wenn sein Team Außergewöhnliches erreicht hatte, ließ er die Kuh fliegen und wurde zur Feier-Bestie. Er war davon überzeugt, dass große Erfolge wilde Partys verdient hätten. Tatsächlich gelang es ihm dadurch, das Selbstbewusstsein und den Unternehmergeist seiner Mitarbeiter nachhaltig zu steigern. Diese lebensfrohe Methode wird auch Ihnen helfen, Ihre Ängste in Leistungsenergie zu verwandeln. Vergessen Sie nie: Sie sind einzigartig und dank Ihres Fleißes wird der Erfolg nicht ausbleiben! Fleiß schlägt Talent! Immer!

Starke Worte eines großen Kämpfers

Dieses Kapitel möchte ich beenden und zusammenfassen mit einem Zitat aus der Rocky-Saga, der Oscar-prämierten Filmreihe mit Sylvester Stallone, die das Leben eines Profiboxers erzählt, der sich aus den Slums hochkämpft und wieder abstürzt, um dann noch einmal zu triumphieren. Die Begeisterung und Liebe zum Boxsport habe ich von meinem Vater übernommen. Er stand sogar nachts für die großen Fights auf und er zehrte wochenlag davon, wenn der Außenseiter dem Titelverteidiger eine Lektion erteilen konnte. Dies gab ihm die Zuversicht, dass es sich zu kämpfen lohnt, selbst wenn die Startbedingungen aussichtslos sind. Auch Sie haben das Zeug zum Champion, wenn Sie keine Angst vor Rückschlägen haben! Oder mit Rockys Worten:
„Die Welt besteht nicht nur aus Sonnenschein und Regenbogen. Sie ist oft ein gemeiner und hässlicher Ort. Und es ist mir egal, wie stark du bist. Das Leben wird dich in die Knie zwingen und dich zermalmen, wenn du es zulässt. Du und ich, und auch sonst keiner, kann so hart zuschlagen wie das Leben. Aber der Punkt ist nicht der, wie hart man zuschlagen kann, es zählt nur, wie viel Schläge man einstecken kann und trotzdem weitermacht. Wenn du weißt, was du wert bist, dann geh hin und hol es dir! Aber nur, wenn du bereit bist, die Schläge dafür einzustecken. Die Schläge einstecken und weiter kämpfen, denn nur so gewinnt man!“

Leseempfehlungen:

Schmiel, Rolf: Senkrechtstarter, Campus Verlag, Frankfurt 2014
Schmiel, Rolf: Wichtig ist auf dem Platz, Kick & Sell Media, Hattingen 2008
Rolf Schmiels Homepage: www.rolfschmiel.de

Benjamin Schulz
Personal Branding und Marketingexperte

„Nur wer genau weiß, wer er ist und wofür er steht, kann sich zielscharf auf dem Markt positionieren und sichtbar sein."
Als Sparringspartner und Troubleshooter verfügt Benjamin Schulz über langjährige Erfahrung in Sachen Personal Branding und strategische Positionierung. Seit seinen Weiterbildungen als Coach und Trainer arbeitet er als Begleiter und Sparringspartner für Redner und Speaker, Trainer, Coaches sowie Berater und Personen, die sich bezüglich ihrer Identität und Positionierung einen sicheren Gefährten an ihrer Seite wünschen. Benjamin Schulz weiß, welchen Herausforderungen sich jeder stellen muss, der sich als Person vermarkten will und muss.

Kunden bezeichnen Benjamin Schulz als kritischen und hartnäckigen Hinterfrager und Querdenker, der ihnen als Sparringspartner und Troubleshooter den Rücken stärkt und ihnen die nötige Sicherheit im Personal Branding gibt. Sein Insider-Wissen in Kombination mit der Stärke der Marketing-Agentur werdewelt® mit Sitz in Mittenaar-Bicken garantiert Benjamin Schulz professionelle Beratung und Umsetzung in Sachen Positionierung, Identität, Strategie und Markenkommunikation.

www.benjaminschulz.info
www.werdewelt.info

Personal Branding: Muss oder Luxus?

Manche Menschen sind kurzfristig erfolgreich, andere langfristig und ganz andere sind es nie, egal wie viel sie auf dem Kasten haben. Woran liegt das? Was machen erfolgreiche Unternehmer anders als andere?

Jedes Unternehmen muss vor allem eins: Vertrauen zum Kunden aufbauen. Das kann jedoch nur dann gelingen, wenn Personal Branding in die Unternehmensphilosophie mit aufgenommen wird – ein Begriff, der in den letzten Jahren enorm an Fahrtwind aufgenommen hat und bisher vor allem mit Menschen in Verbindung gebracht wird, die entweder prominent oder anderweitig in der Öffentlichkeit zugegen sind. Dabei können auch öffentlichkeitsschwache Unternehmen von Personal Branding profitieren.

Warum macht es also Sinn, sich mithilfe von Personal Branding als Marke zu positionieren und zu etablieren? Was sind die Vorteile daraus? Was sind die Konsequenzen und was braucht es, um langfristig als Marke erfolgreich zu sein?

Fakt ist: Wer seine Person gut vermarktet, kann ganz vorne mitschwimmen, wenn er das Thema richtig anpackt. Personality schaffen bedeutet authentisch sein, Vertrauen erzeugen, sich seiner Identität bewusst sein und wissen, wie man diese nach außen kommuniziert. Der Effekt ist: Der Kunde weiß, woran er ist und worauf er sich einlässt.

Mit dem Schrotgewehr auf Spatzen – oder warum eine Strategie unverzichtbar ist

Viele Unternehmer sind kreative Menschen mit innovativen Ideen – keine Frage. Aber wie sieht es mit ihrem strategischen Denken aus? Sie versuchen heute das, machen dies und jenes und morgen etwas ganz anderes? Ich sage Ihnen: Jede Marketingmaßnahme, die nicht auf einer Strategie fußt, läuft ins Leere. Das ist, als würde man mit dem Schrotgewehr auf klitzekleine Spatzen ballern und schauen, was runterfällt. Ergo: viel Arbeit, wenig Ertrag.

Es ist generell ein Problem, wenn Sie versuchen, überall mitzuspielen, und dafür alle Register ziehen, denn niemand kann überall gut sein. Diese

Vorgehensweise verunsichert Ihre Kunden, denn diese wollen mit Ihnen arbeiten, weil Sie der Experte in Ihrem Bereich sind. Wenn Ihre Position klar ist, müssen Sie auch keine Zeit damit vergeuden, zu erklären, für was Sie stehen. Viele Kundengespräche sind schlichtweg vertane Zeit, weil Sie mit Ihrem Angebot oder Ihrem Schwerpunkt gar nicht in der Lage sind, den Kunden weiterzuhelfen.

Ich schlage Ihnen einen anderen Weg vor, dafür müssen Sie aber Klarheit schaffen, indem Sie klar.sehen, klar.reden und klar.stellen.

klar.sehen

Wer sind Sie eigentlich? Wer wollen Sie sein? Ich habe eine kleine Aufgabe für Sie: Nehmen Sie mal ein Streichholz in die Hand und zünden Sie es an. Versuchen Sie, in der Zeit, bis es anfängt wehzutun, zu erklären, was Sie tun. Für was Sie stehen. Was Ihre Schwerpunkte sind. Können Sie das? Die meisten Menschen wissen gar nicht, wer sie eigentlich sind. Die Frage danach erzeugt große Augen und ratlose Blicke. Wenn Sie sich aber als Marke aufstellen wollen, ist es essenziell zu wissen, wer Sie sind, was Sie ausmacht, was Sie tun und warum.

Noch bevor Sie sich an die Erarbeitung einer Strategie machen, sollten Sie die Grundvoraussetzung herausarbeiten, nämlich, was Ihre Einzigartigkeit ausmacht.

Personality statt Produkt oder Dienstleistung

Betrachten wir das Ganze mal aus Ihrer Perspektive: Warum genau gehen Sie zu einem bestimmten Facharzt oder einem ganz bestimmten Rechtsanwalt? Der Markt ist voll davon und vom Titel her sind alle gleich gut qualifiziert. Aber warum entscheiden Sie sich für genau diesen einen? Ich sage es Ihnen: Sie suchen nach jemandem, der Sie versteht und dem Sie vertrauen können, der Ihnen sympathisch ist. Sie entscheiden sich für jemanden, bei dem Sie sich gut aufgehoben fühlen. Es ist also eine emotionale Entscheidung. Diese Tatsache können Sie auch für Ihr Business nutzen!

Um eine Vertrauensbasis aufzubauen, müssen Sie Ihre Kunden nah an sich heranlassen und auch von sich einiges preisgeben. Sie machen sich somit nahbar und geben Ihren Kunden die Möglichkeit, mit Ihnen zusammenzuarbeiten, weil Sie ihnen sympathisch sind.

Kern Ihrer Aufgabe ist, primär über Personality zu verkaufen – nicht über Produkt oder Dienstleistung. Damit Sie die Bedürfnisse Ihres Kunden lindern dürfen, muss er das allerdings erstmal zulassen. Stichworte sind hier Vertrauen, Sicherheit und Sympathie.

Denn warum kaufen Kunden? Weil die Chemie passt. Durch Personal Branding erreichen Sie diese emotionale Ebene viel besser und sind in der Lage, Menschen zu erreichen und ihnen zu helfen, ihre Probleme zu lösen. Dafür ist eine klare Positionierung essenziell, denn diese führt dazu, dass der Kunde die Sicherheit hat, bei Ihnen richtig zu sein. Und nur bei Ihnen.

Bisher setzen die wenigsten auf Personal Branding, und das ist eine waschechte Chance. Denn damit haben Sie den Ball auf Ihrer Seite: Sie machen es Ihrer Zielgruppe einfacher, einen Bedürfnisstiller für ihr Problem zu finden.

Was führen Sie im Schilde?

Stellen Sie sich einen Ritter mit einem Schild vor – welche Funktionen übernimmt der Schild für ihn? Er schützt ihn und dient gleichzeitig Repräsentationszwecken. Schon von Weitem ist für andere erkennbar, ob er Freund oder Feind ist. Ich behaupte, wir tragen alle imaginäre Schilde vor uns her und nehmen diese auch mehr oder weniger bei anderen wahr.

Wenn es um Sie als Person geht – und dass Sie Marke sind und nicht Dienstleister oder Produkt –, muss eines klar sein: Wenn Sie Ihre Personality verkaufen wollen, müssen Sie Ihre Personality kennen. Wissen Sie, was auf Ihrem Schild steht?

Was nehmen Ihre Kunden von Ihnen wahr? Welche Signale senden Sie? Was kommt rüber, wenn sie sich Ihre Website, Broschüren oder Visitenkarten ansehen? Als Unternehmer müssen Sie sich kennen und sich Ihrer Identität bewusst sein. Machen Sie, was Sie machen, weil Sie es geil finden? Oder ist das alles nur ein Job?

Für Unternehmer ist es kriegsentscheidend, sich auf die Ebene ihrer Kunde zu begeben, um zu sehen, welche Probleme diese haben. Können Sie ihnen zuhören? Echtes Interesse zeigen? Wenn Ihnen das nicht liegt, sollten Sie sich einen anderen Job suchen. Das klingt jetzt hart, aber auch diese Erkenntnis kann kommen, wenn Sie sich Ihrer Identität bewusst werden. Machen Sie jedoch trotz dieser Erkenntnis einfach weiter wie bisher, wird das auf längere Sicht schiefgehen. Sowohl beruflich als auch für Sie als Mensch.

Wenn Sie wissen, was für Sie „artgerecht" ist, können Sie Ihr berufliches Konzept darauf aufbauen. Dabei ist alles „artgerecht", was Ihren inneren Überzeugungen, also Ihren Werten, entspricht. Werte prägen unser Denken und Handeln, ohne dass uns das bewusst ist. Werte treiben uns zu etwas an oder hindern uns daran, etwas zu tun. Sie sagen uns, was wir als gut oder schlecht empfinden.

Welche Werte stehen auf Ihrem Schild? Auch wenn Sie selbst nicht ad hoc wissen, was Ihre Werte sind, Ihre Kunden wissen es. Denn Sie senden diese aus, inhaltlich, visuell, auditiv etc. Diese Sinneseindrücke erzeugen bei Ihrem Gegenüber ein Gefühl und führen zu einer Art Abgleich mit dem eigenen Wertesystem. Wenn Sie für sich herausfinden, was auf Ihrem Schild steht, können Sie genau das kommunizieren. Also: Welche Werte wollen Sie leben? Welche zeigen Sie Ihren Kunden? Wie empfangen Ihre Kunden diese?

klar.reden

Im ersten Schritt bin ich darauf eingegangen, wer Sie sind, was Ihre Identität ist und was für Sie artgerecht ist. Aber wo können Sie das einsetzen? Ist der Markt, den Sie für sich ausgewählt haben, passend zu Ihrer Identität? Wie bringen Sie Ihre PS auf die Straße? Im Hinblick auf Ihre potenziellen Kunden: Wer ist Ihre Zielgruppe? Wo sind die Menschen, die genau das brauchen, was Sie bieten? Und wie kommunizieren Sie das auf dem Markt?

Wie die Punktlandung bei der Zielgruppe gelingt

Als Unternehmen sind Sie und Ihre Mitarbeiter Experten auf Ihrem Gebiet. Sie selbst wissen genau, was Sie warum machen und welches Ziel Sie damit verfolgen. Was bedeutet das in der Kommunikation mit dem Kunden? Ich sage es Ihnen: Sie sind Ihrem Kunden in Ihrem Bereich überlegen. Er hat davon keinen blassen Schimmer. Dementsprechend kann er mit Ihrem Fach-Vokabular nur sehr wenig oder gar nichts anfangen. Für Ihre Fachsprache gewinnen Sie keinen Pokal, das muss Ihnen klar sein. Denn Ihrem Kunden ist es egal, mit welchen Tools oder Kniffen Sie arbeiten. Er möchte nur eins: dass sein Problem gelöst wird. Wie genau Sie das anstellen, ist für ihn völlig unerheblich. Er möchte nicht verstehen, was da passiert, und nachvollziehen können, warum diese oder jene Strategie gefahren wird.

Stellen Sie sich ein schwieriges Gespräch mit einem potenziellen Kunden aus einer anderen Branche vor. Wie wird er auf Ihr Fachblabla reagieren? Eins ist sicher: Zugeben, dass er etwas nicht verstanden hat, wird er nicht. Denn dann müsste er zugeben, dass er etwas nicht kann. Er wird im Gespräch mit Ihnen nicken, „Ja“ sagen und den Schein wahren. Er wird sich aber hüten, sich zu Ihren Gunsten zu entscheiden, denn draußen warten noch viele andere, die eher seinen Erwartungen entsprechen.

Was können Sie stattdessen machen? Gehen Sie runter. Gehen Sie auf seine Ebene. Reden Sie mit ihm auf Augenhöhe. Denn erst dann haben Sie die Chance, Vertrauen aufzubauen. Holen Sie Ihre Kunden in deren Wertemodell ab. Schaffen Sie Formulierungen, mit denen sich Ihr Kunde identifiziert, in denen er sich wiederfindet.

Der nächste Schritt ist die Frage: Was genau ist für Ihre Zielgruppe das wichtigste, das brennendste Problem, wo brennt ihnen der Kittel? Wie hoch ist der „Kittelbrennfaktor“?

Werden Sie sich darüber bewusst, dass Sie Ihre Kunden nur erreichen, wenn Ihre Kundenansprache sie dort packt, wo es wehtut. Mein Freund Edgar K. Geffroy sagt immer: „Der Kittelbrennfaktor muss maximal hoch sein.“ Wie hoch der Kittelbrennfaktor tatsächlich ist, können Sie allerdings nur erfahren, wenn Sie sich intensiv mit Ihren Kunden auseinandersetzen. Hören Sie ihnen ganz genau zu, zeigen Sie ihnen, dass Sie sie verstanden haben, und entwickeln Sie daraus die passenden Lösungsansätze.

Ihre Zielgruppe hat ein Bedürfnis, finden Sie heraus welches und stillen Sie es. Sie sind kein Dienstleister – Sie sind Bedürfnisstiller. Sprechen Sie die Sprache Ihres Kunden! Wissen Sie denn, welche Nöte, Sorgen und Ängste Ihr Kunde hat? Holen Sie Ihre Kunden wertschätzend in deren Wertemodell ab? Erst wenn Sie die Bedürfnisse Ihrer Kunden verstehen, werden Sie auch die passenden Lösungen haben, um diese zu lindern.

Werte kommunizieren – wie geht das?

Wenn ich weiß, wer ich bin, weiß ich auch, was ich zu kommunizieren habe. Auf der Website, in Broschüren, in Produkten kommunizieren Sie

Ihre Werte über Design, Bilder und Texte – und das sollten Sie auch, denn jeder potenzielle Kunde wird, sobald er mit Ihren Inhalten und Bildern konfrontiert wird, Ihre Werte mit seinen eigenen abgleichen. Das passiert unbewusst im Gehirn, hat aber große Auswirkungen. Denn damit schauen wir Menschen, ob uns jemand sympathisch ist oder nicht, ob wir jemandem vertrauen können oder nicht.

Wenn Ihre Inhalte nicht das widerspiegeln, was Ihnen wichtig ist, werden Kunden zu Ihnen kommen, die sich etwas anderes vorgestellt haben, und werden von dem, was sie vorfinden, enttäuscht sein. Das kostet Sie viel Energie, Zeit und Geld. Deshalb ist das Kommunizieren von Werten elementar für Ihren Erfolg.

Marketinginstrumente sind schlicht Werkzeuge, um Ihre Werte zu kommunizieren – dahingehend sollten Sie sich die Frage stellen, was artgerecht für Sie ist. Wenn es für Sie nämlich nicht artgerecht ist, dass Sie Social Media einsetzen, dann lassen Sie es – das würde nicht zu Ihnen passen, wäre aufgesetzt und würde jeden Kunden abschrecken. Es ist nicht nötig, allen Trends hinterherzurennen. Wenn das für Sie nicht artgerecht ist, lassen Sie einfach die Finger davon! Nur weil andere meinen, mit dieser oder jener Strategie könne man Geld verdienen, heißt das nicht, dass Sie das machen müssen und dass das auch für Sie funktioniert.

klar.stellen

Um Ihre Zielgruppe zu erreichen, braucht es etwas Entscheidendes: Positionierung. Auf dem deutschen Markt sind genügend Wettbewerber mit einem ähnlichen Angebot unterwegs wie Sie. Von diesen müssen Sie sich abgrenzen. Was unterscheidet Sie von denen? Was macht Sie anders? Was macht Sie besonders?

Vermarktung ist so alt wie die Menschheit selbst. Wenn wir das Thema der Positionierung zurückverfolgen, könnte das Ansehen eines erfolgreichen Jägers in der Steinzeit der Beginn sein: Das Erlegen eines Mammuts war zwar reine Überlebensmaßnahme, doch hatte der erfahrenste und erfolgreichste Jäger ein höheres Ansehen als andere in seiner Gruppe. Diese gute Position war aber hart umworben und musste dementsprechend ständig verteidigt werden. Es gab genug ernstzunehmende Konkurrenz, die den Platz für sich beanspruchte.

Viele Jahre später hatte der König das Sagen. Zu dieser Zeit galt es, seine Gunst mit Ritterkämpfen zu gewinnen – denn nur dann waren einem Wein, Weib und Gesang sicher. Ruhm und Ehre inklusive. Richard Löwenherz, Siegfried oder Jeanne d'Arc – sie alle sind bekannte Helden, an deren Namen man sich auch nach vielen Jahrhunderten noch erinnert. Aber warum?

Diese heldenhaften Menschen haben alle eine Sache gemeinsam: Sie waren einzigartig. Sie schwammen nicht mit der Masse, passten sich nicht an und machten Dinge anders als andere. Sie haben sich von den Ratschlägen anderer nicht aufhalten lassen, hatten den Mut, etwas auszuprobieren. Sie hatten weder Angst vor dem Scheitern noch vorm Kerker. Sie erlebten Misserfolge und stießen auf Ablehnung und sind trotzdem den unbequemen Weg gegangen. Das alles hat sie erfolgreich gemacht. Sie haben sich und ihr Anliegen vermarktet und damit allen Menschen um sie herum Orientierung gegeben.

Heute kommen unsere Vorbilder aus Fernsehen, Sport und Unternehmen. Sie alle stehen mit ihrem Namen für eine Sache und hatten einen schweren Weg, um sich ihre Träume zu erfüllen. Menschen orientieren sich gerne an Vorbildern, die als „Marke" für bestimmte Themen stehen, denn sie verkörpern Ideale und zeigen uns, wie wir etwas richtig, gut oder sogar besser machen können. Doch was machen wir, mit diesem Wissen? Sollten wir in die Fußstapfen unserer Vorbilder treten?

Alles, was diese Helden und Vorbilder bewegt haben oder immer noch bewegen, haben sie aus ihrem eigenen Antrieb heraus geschafft. Das hat niemand anderes für sie gemacht. Wichtig für die Eigenvermarktung ist, nicht der Masse nachzueifern oder nur stur mitzuschwimmen. Denn das macht Sie zu einem von Tausenden, die mittelmäßig und nicht erfolgreich sind. In Ihrem Bereich gibt es bestimmt einige, die das Gleiche anbieten wie Sie – trotzdem bringt jeder von Ihnen eine andere Art und Weise mit, mit der Sie sich voneinander unterscheiden und abheben können.

Der innere Motor

Wer gut verkaufen kann, gut Probleme lösen kann, gut den Kunden zum Erfolg verhelfen kann, macht sich schnell einen Namen auf dem Markt.

Damit muss man umgehen können. Um selbst zur Marke zu werden, muss ich eine Voraussetzung mitbringen: Ich muss es mögen und genießen, eine gewisse Öffentlichkeit zu haben. Denn Sie können sich noch so gut schilden – wenn es für Sie nicht artgerecht ist, sich selbst zu vermarkten, können Sie nicht zur Marke werden. Das schließt sich aus.

Wenn Sie sich einmal selbst analysieren, erkennen Sie tief in sich Dinge, die Sie antreiben. Das unterscheidet sich von den Antreibern anderer Menschen und zeigt, was Ihre Werte und Überzeugungen sind. Diese gehören zu Ihrem inneren Ich. Das bedeutet, Ihre Werte sind von außen weder angreifbar noch veränderbar. Genau hier liegt verborgen, an was wir glauben und warum: unsere Daseinsberechtigung und der Sinn für alles, was wir tun.
Wenn Sie mehr über Ihr Innerstes erfahren wollen, sollten Sie in sich gehen und sich fragen: Wo liegt der Sinn für das, was Sie tun? Möchten Sie Spezialist für ein bestimmtes Thema werden? Sind Sie auf der Suche nach Anerkennung oder Ruhm? Welche Vision haben Sie? Welches Vermächtnis möchten Sie hinterlassen? Was können Sie anderen geben, damit diese Menschen ihre Ziele erreichen? Was sind Ihre Mission und Ihr Lebenszweck dabei? Welche Schritte sind dafür nötig und was müssen Sie dafür in Bewegung bringen?
Erfolg setzt voraus, dass Sie sich vor den Spiegel stellen können und darin sehen, was Sie sich und der Menschheit geben können. Und zwar zum Nutzen aller. Wenn ich mir darüber bewusst bin, was mich antreibt, kann ich genau das als Brandbeschleuniger einsetzen. Also: Was bringt mich nach oben? Wie kann ich mich oben halten? Und will ich das eigentlich? Ist das ein Teil von mir?

Der Preis für langfristigen Erfolg

Viele setzen sich mit nur einer Frage auseinander: Wie bekomme ich Erfolg und wie halte ich meinen Erfolg? Das ist die Sonnenseite des Business. Ich möchte Ihnen aber auch die Schattenseite zeigen, die Konsequenzen des Erfolgs. Wenn Sie selbst Marke sein wollen, müssen Sie das Konzept leben. 24 Stunden am Tag, 7 Tage die Woche.

Unternehmer sein, heißt Marke sein. Ihre Strategie muss auf langfristigen Erfolg ausgelegt und für die nächsten 10 bis 15 Jahre Grundlage für alle Konzepte sein. Wenn Sie kein unternehmerisch-strategisches Denken mitbringen, verschenken Sie wertvolles Potenzial und damit auch die Chance auf maximalen Erfolg. Wenn Sie jeden Tag das Steuer in eine andere Richtung reißen, werden Sie Ihre Ziele nicht erreichen.

Es gibt immer wieder Beispiele von sehr bekannten Menschen – egal ob Sportler, Musiker oder Schauspieler –, die von einem Tag auf den anderen nicht mehr angesagt sind, out sind, weg vom Fenster. In vielen Fällen beruhte deren Erfolg lediglich auf dem Glück, zur richtigen Zeit am richtigen Ort gewesen zu sein. Und wenn die Ära ihres Erfolges zu Ende geht, zeigt sich, was wirklich Bestand hat, wie sie sich vermarktet haben und was auch noch für die Zukunft tragfähig ist. Hier wird deutlich: Die meisten denken das Thema Personal Branding nicht zu Ende.

Das kann Ihnen auch als Unternehmer passieren, wenn Sie nicht nah genug an Ihren Kunden dran sind. Wenn Sie nur Dienst nach Vorschrift machen. Wenn Sie nicht auf Empfehlungen bauen und vergessen, dass gerade die Art und Weise, wie Sie sind und wie Sie Ihren Job machen, entscheidend ist.

Marke werden hat viele Randthemen, die Sie besser am Anfang beleuchten, bevor Sie die Marschrichtung einschlagen: Sie müssen sich darüber im Klaren sein, welche Konsequenzen der Weg hat, den Sie gehen wollen.

Sie müssen wissen, was Ihren inneren Motor am Laufen hält. Wenn Sie dahin wollen, wo Sie hin wollen, werden Sie genau dieses Wissen brauchen. Sobald die Auswirkungen für Ihr Privatleben sichtbar werden, ist es wichtig zu wissen, wofür Sie das alles auf sich nehmen.

Personal Branding: Muss UND Luxus

Als Fazit: Es ist schwer, aber nicht unmöglich, den Weg zur Marke zu gehen. Wenn Sie klargestellt haben, warum Sie Marke werden wollen, welche Strategie Sie verfolgen, was für Sie „artgerecht" ist, wie Sie sich schilden wollen und welche Werte Sie vermitteln möchten, haben Sie bereits einige große Hindernisse auf diesem Weg genommen.

Ganz nach dem Motto: Erst die Arbeit, dann das Vergnügen, folgt auf klar.sehen, klar.reden und klar.stellen eine richtig geile Zeit. Sie werden tolle Kunden haben! Sie werden ihnen helfen können und damit erfolgreich sein. Sie werden Ihr Unternehmen, Ihr Produkt und sich selbst nach vorne katapultieren und merken: Marke sein ist einfach geil!

Jörg Tausendfreund

Jörg Tausendfreund hat seine Leidenschaft zum Beruf gemacht. Neben einer erfolgreichen Karriere in verschiedenen Vertriebs- und Marketingfunktionen, zuletzt als Leiter einer Marketingabteilung für Medizintechnik mit Verantwortung für Deutschland, Österreich und die Schweiz, hat er über Jahre hinweg intensiv trainiert und zunehmend mehr auch als Coach gearbeitet. Kontinuierliches Lernen, persönliches Wachstum und eine breite Methodenbasis sind für ihn extrem wichtig. NLP Trainer Associate, Lerntrainer nlpaed, ganzheitliches Projektmanagement und EOL Trainer sind nur einige der zahlreichen Aus- und Weiterbildungen in seinem Repertoire.

Heute verbindet er als Performance Consultant, Coach und Trainer am liebsten Menschen, Methoden und Prozesse überall dort, wo Menschen mit Menschen arbeiten, zu erfolgreichen Einheiten. Anders trainieren und dadurch mehr erreichen ist dabei ein Grundpfeiler seiner Arbeit. Dabei kombiniert er hochwirksam körperliches Erleben, Bewegung, mentales Training und Reflektion für die Lern- und Entwicklungsprozesse seiner Klienten und Teilnehmer. Menschlichkeit und die Kraft des Tuns prägen seinen Stil. Als Trainer ist er daher gerne direkt mit vor Ort am „Point of Change", um gemeinsam im Training erarbeitetes Know-how praktisch in der Umsetzung zu begleiten.
Andere beschreiben Jörg Tausendfreund als einen hochkreativen, zielorientierten Mann aus der Praxis, der nur eines im Blick hat: seine Kunden und ihre Vorhaben nach vorne zu bringen.

www.1000freund.net

O2K – Optimale Kommunikation und Kooperation

Wie Sie mit einem 5-stufigen Perspektivwechsel immer komplexer werdende Verkaufssituationen erfolgreich gestalten können.

Wenn es nur alles so einfach wäre, dann …

Wünschen wir uns nicht alle, dass es ganz einfach wäre, Kunden von unseren Produkten zu begeistern und zu überzeugen? Einfach ist es nie! Aber mit dem 5-stufigen O2K-Modell erhöhen Sie die Wahrscheinlichkeiten für nachvollziehbare Erfolge um ein x-Faches.

Als ich vor über 20 Jahren meine ersten Schritte im Verkauf gemacht habe, war es eben alles andere als einfach, Kunden zu begeistern oder zum Kauf zu bewegen. Und dabei lag es nicht einmal an den Produkten. Die waren nämlich klasse! Davon bin ich heute noch überzeugt. Und wenn Sie das von Ihren Produkten nicht glauben, dann sollten Sie sich, noch bevor Sie weiterlesen, ernsthafte Gedanken machen, ob Sie gerade im Moment das Richtige verkaufen. In meinem Fall waren es Medizinprodukte.

Ich erinnere mich noch gut an die Worte meines ersten Chefs, einem mit allen Wassern gewaschenen Verkäufer der alten Schule. „Du musst die Produkte, mit denen du handelst, lieben!" Wenn das Produkt stimmt und Sie einfach Spaß haben, damit umzugehen, dann wird – und das wissen Sie selbst – Ihnen vieles leichter fallen. Aber leider ist das Verkaufen, auch wenn Sie Ihre Produkte lieben, nicht ganz so einfach. Und das wissen Sie bestimmt auch nur zu gut?

Damals – das klingt nach ganz schön lange her – habe ich das gemacht, was man eben so gemacht hat, wenn man in einem kleinen Unternehmen mit dem Verkaufen anfängt. Ich habe zugeschaut und zugehört. Ich habe, ohne genau zu wissen warum, die Herangehensweise meines Chefs studiert. Es hat sich damals einfach richtig angefühlt. Also habe ich beobachtet und versucht, nachzumachen. Das war im Ergebnis gar nicht so schlecht, hat sich aber auch irgendwie noch nicht richtig angefühlt. Die Worte waren richtig. Das hatte ich schon bei vielen Abschlüssen erlebt. Es waren aber nicht meine Worte. Die Bedeutung dieser unterbewussten Erkenntnis habe ich erst viele Jahre später verstanden.

Heute weiß ich besser, was mir damals gefehlt hat und was den Unterschied in der einen oder anderen Verkaufssituation ausgemacht hätte. Ich möchte mit Ihnen keine Vergangenheitsbewältigung meiner Anfänge im Verkauf machen. Ganz und gar nicht! Mein Anliegen ist es, Ihnen aufzuzeigen, woher die Gedanken für das O2K-Modell kommen. Mit Ihnen gemeinsam möchte ich darüber nachdenken, was heute für die erfolgreiche Gestaltung von modernen Verkaufssituationen hilfreich und wichtig ist. Wenn Sie mir jetzt für eine kleine Weile Ihre Zeit und Ihr Vertrauen schenken, dann bringe ich Ihnen gerne näher, wie Sie es schaffen können, immer komplexer werdende Verkaufssituationen noch systematischer und erfolgreicher zu gestalten und mehr zu verkaufen.

O2K? ... Und was habe ich davon?

Weil Sie jetzt gerade mein „Kunde" sind, fragen Sie sich natürlich: „Was habe ich davon?" Das fragt sich ja Ihr Kunde auch permanent, wenn Sie mit ihm im Gespräch sind. Deshalb ist es wichtig, darauf eine gute Antwort parat zu haben. Hier ist meine Antwort für Sie:

Auf der Suche nach dem optimalen Weg zum Kunden begegnen uns immer wieder spannende und interessant klingende Konzepte und Ideen. Schlagworte wie „Love", „Hard", „Limbic" und viel mehr sind auf Büchern und in Programmen zur Verkaufserfolgssteigerung zu finden. Und sie alle scheinen an der einen oder anderen Stelle auch zu funktionieren.

Die Frage ist allerdings, warum funktionieren sie nicht immer? Warum funktionieren sie nicht bei jedem Verkäufer? Warum funktionieren sie nicht bei jedem Kunden? Denn wenn sie universal wären, dann müssten wir nur eine spezielle Methode anwenden, und alles wäre gut.

Und genau hier lade ich Sie ein, mit mir gemeinsam etwas genauer zu schauen. Ich lade Sie zu einer neuen Perspektive und nicht zu einer neuen Technik ein. Wir werden dort anfangen, wo es anfängt. Und wir werden dort aufhören, wo es oft aufhört. Sind Sie bereit?

Gut. Wenn Sie bereit sind, dann sollten Sie Folgendes bedenken und direkt für sich festhalten: Mit keiner Methode oder Technik werden Sie es schaffen, jede Verkaufssituation positiv abzuschließen. Das wäre ja auch zu schön. Wenn Sie diesen Gedanken folgen, dann werden Sie allerdings die Wahrscheinlichkeiten für einen erfolgreichen Abschluss erhöhen.

Sie sollten dafür bereit sein, etwas dafür zu tun. Denn auch im Verkauf gibt es nichts geschenkt. Sie sollten bereit sein, eine neue Perspektive, einen neuen Blickwinkel auf bekannte Dinge zuzulassen, und Sie sollten bereit sein, zu lernen und zu üben. Wenn Sie meinen Gedanken folgen, dann werden Sie viel lernen wollen. Vor allem werden Sie über sich selbst einiges lernen. Denn, und das ist meine tiefste Überzeugung, Sie selbst sind der wichtigste Grund für Ihren Verkaufserfolg.

Natürlich gibt es heute vielfältige zusätzliche Rahmenbedingungen, die wir nicht außer Acht lassen sollten. Aber Sie und Ihr Umgang mit diesen Rahmenbedingungen machen in modernen und immer komplexer werdenden Verkaufssituationen den Unterschied.

Sie werden die Gedanken hinter O2K und die fünf Stufen kurz, knapp und knackig kennenlernen. Sie werden erfahren, worauf Sie in den einzelnen Stufen achten sollten und wie Sie für sich denken und handeln können, um im Geiste dieses Modells besser zu werden.

Was Sie allerdings daraus machen, das hängt ganz alleine von Ihnen ab. Sie haben die freie Wahl und können sich entscheiden, nichts zu tun. Oder Sie entscheiden sich, ein bisschen was zu tun. Oder Sie entscheiden sich, so viel wie möglich zu nehmen, zu experimentieren und zu üben und aus den Ergebnissen zu lernen. Der entscheidende Gedanke ist, dass Sie sich öffnen und das eine oder andere bisher so Gedachte noch mal neu denken. Vielleicht sogar noch mal komplett neu für sich erfinden oder aktiv hinterfragen. Um in diesem Modell O2K erfolgreich spazieren gehen zu können und das Optimale für sich herauszuholen, ist es hilfreich, die Sichtweise „ich bin Profi und weiß eh Bescheid" für eine Weile zu verlassen und zu einem „neugierigen Schüler" oder „Entdecker" zu werden.

Sie haben sicher schon bemerkt, dass der gesamte Ansatz viel mehr mit Einstellung und Haltung statt mit Techniken zu tun hat. Wenn Sie dabei sind, dann gehen wir jetzt einen Schritt weiter und schauen uns das Modell O2K etwas genauer an.

O2K – Das 5-stufige Modell zur Optimalen Kommunikation und Kooperation

O2K steht für „Optimale Kommunikation und Kooperation". Vielleicht würden Sie sich gewünscht haben, dass hier einige pfiffige „denglische" Schlagworte durch die Seiten fliegen? Aber sind wir doch mal ehrlich zueinander: Nur weil sich etwas toll anhört, muss es noch lange nicht wirkungsvoll sein, und nur weil sich etwas ein wenig langweiliger anhört, muss es noch lange nicht wirkungslos sein. Damit sind wir eigentlich schon mittendrin!

Moderne Verkaufssituationen finden heute statt. Doch oftmals sind die Modelle und Herangehensweisen vieler Kollegen im Verkauf noch nicht darauf eingestellt. Was macht moderne Verkaufssituationen aus? Nun, wir haben es erfreulicherweise immer noch mit Menschen zu tun. Gleichzeitig haben wir es in vielen Fällen mit mehr als einem Menschen zu tun. Das „Buying Center“ oder das „Komitee“ trifft in vielen B2B-Situationen die Entscheidung. Stellt sich natürlich gleich die Frage: „Wie gut kenne ich mein Buying Center?“ Moment, Moment! Das kommt erst in Stufe 3. Warten Sie mit der Antwort noch ein bisschen ab.

Wir sollten auch nicht vergessen, dass sich der Kontakt mit Kunden und der Verkauf selbst durch die modernen Möglichkeiten der Kommunikation nachhaltig verändert hat. Leider machen wir uns dies oft nicht klar oder ziehen daraus noch keine hilfreichen Schlüsse für die tägliche Arbeit. Man muss sich ständig selbst daran erinnern.

Schauen wir doch etwas genauer hin. Waren es früher der persönliche Besuch, das Telefon, das Fax oder der Brief (Sie merken schon: ganz schön lange her), so sind heute ganz neue Möglichkeiten im Einsatz: E-Mail, Videokonferenzen, soziale und berufliche Netzwerke, Kurznachrichtendienste, gemeinsame Plattformen im Internet und vieles mehr, was ich jetzt in meiner Aufzählung noch vergessen habe oder was bald noch dazukommen wird. Wichtig ist dabei jedoch, dass wir Menschen weiterhin soziale Wesen sind und den persönlichen Kontakt lieben – und mache Wissenschaftler behaupten sogar, dass wir den sozialen Kontakt brauchen und uns die neuen Medien eher isolieren und einsamer machen. Was machen wir mit dieser Erkenntnis?

Durch unser modernes Umfeld – welches im Übrigen nicht nur gefühlt immer schneller wird – haben wir immer weniger „echte” Kontakte mit unseren Kunden. Wenn es früher fünf bis zehn echte, persönliche Kontakte bis zum Verkaufsabschluss waren, so sind es heute häufig deutlich weniger. Was sind die Auswirkungen? Der einzelne Kontakt wird wichtiger und bedeutsamer. Die wenigen „echten” Kontakte müssen echt gut werden, damit unsere Kunden davon überzeugt werden oder bleiben, dass wir die richtigen Partner sind.

Eine der ältesten Weisheiten im Verkauf gilt noch immer: Menschen kaufen von Menschen, die sie mögen und denen sie vertrauen. Das gilt, auch und ganz besonders, in modernen Verkaufssituationen. Zum Glück! Daraus folgt, dass, sofern alle Angebotsparameter gleich sind, sich der Kunde für den Verkäufer entscheidet, den er mehr mag und dem er mehr vertraut. In Vorträgen und Seminaren stimmen viele der dort anwesenden Verkaufsprofis dieser Aussage zu.

Bei der folgenden Aussage wird es allerdings oft schon etwas kontroverser: „Wenn nicht alle Angebotsparameter gleich sind, wird sich der Kunde immer noch für den Verkäufer entscheiden, den er besser leiden kann und dem er mehr vertraut, selbst wenn er das schlechtere Angebot macht.“

Damit sind wir schon an einem Kernpunkt angelangt, der im Verkauf ganz entscheidend ist. Sollte die zweite Aussage richtig sein, dann liegt ganz viel an uns persönlich. Das bedeutet, dass der Kunde es möglicherweise deshalb ablehnt, bei uns zu kaufen, weil wir es nicht geschafft haben, ihn zu erreichen. Und dabei ist es doch viel einfacher und vor allem für das eigene Ego viel schöner, das Unternehmen, die Produkte, die Preise oder was auch immer verantwortlich zu machen. Selbst Verantwortung für einen „Noch-nicht-Erfolg” zu übernehmen, ist nicht ganz so leicht und nicht ganz so angenehm.

Jetzt aber mal ganz ehrlich und unter uns: Bin ich der Einzige, der lieber dort kauft, wo der Verkäufer freundlicher und vertrauenswürdiger ist? Auch wenn der Weg etwas weiter ist und die Preise etwas höher sind?

O2K, als Modell, setzt ganz „unten“ an. Auf Stufe 1 starten wir beim „ICH”. Das „ICH”, also die eigene Persönlichkeit, ist die Basis für den eigenen Umgang mit unseren Kunden. Danach kommt das „DU” und die Fragestellung, wie gut wir mit einem anderen Menschen kommunizieren können. Die nächste Stufe im Modell ist das „WIR”. Hier geht es darum, welche Fähigkeiten Sie zur Verfügung haben, um in Gruppensituationen eine optimale Kooperation zu erreichen. Eine Stufe weiter kommen wir zur „SITUATION” oder der Frage nach den jeweiligen Rahmenbedingungen und wie gut Sie diese kennen, analysieren und mitgestalten können. Der letzte Schritt ist „DIE KRAFT DES TUNS”, und damit sind wir bei der Umsetzung und der Bereitschaft, selbst zu lernen und eine eigene Entwicklung zu gehen.

Stufe 1: ICH

Das „ICH" ist die Basis unseres Denkens und Handelns. Übrigens nicht nur in Verkaufssituationen. Die Frage ist an dieser Stelle: „Wie gut kenne ich mich selbst?" Um optimal mit anderen in Kommunikation und Kooperation gehen zu können, ist es von essenzieller Bedeutung, sich selbst zu kennen und einschätzen zu können. Denn wenn wir in einer Verkaufssituation agieren oder reagieren, dann tun wir dies auf der Basis unserer eigenen Persönlichkeit.

Sicher dürfen Sie nun einwenden, dass Sie sich auf jeden Fall gut im Griff und immer die Kontrolle über sich haben. Doch die moderne Gehirnwissenschaft lehrt uns, dass die meisten Entscheidungen weniger durch unser Großhirn oder das Bewusstsein getroffen werden, vielmehr durch andere Gehirnregionen, auf die wir keinen willentlichen Zugriff haben.

In Untersuchungen wurde nachgewiesen, dass wir durch das Unterbewusstsein getroffene Entscheidungen im Nachhinein rechtfertigen. Das lässt das angenehme Gefühl (die Illusion) entstehen, dass wir bewusst die Kontrolle über uns und unsere Handlungen haben. Wenn wir annehmen, dass unser Unterbewusstsein, unsere Persönlichkeit und unsere Prägungen für viele unserer Handlungen und Reaktionen verantwortlich sind, ist es hilfreich, sich damit auseinanderzusetzen und mehr über sich selbst zu lernen.

Der erste Schritt könnte sein, sich selbst „besser" kennenzulernen. Finden Sie heraus, wie Sie ticken. Erforschen Sie, was Sie bewegt. Was motiviert Sie und wovor haben Sie Angst? Welches sind zum Beispiel die Auslöser, die Sie in Stresssituationen (zum Beispiel im Verkaufsprozess) aus Ihrer eigenen Ruhe und Synchronisation werfen? Finden Sie so viel wie möglich über sich heraus, denn je besser Sie sich selbst kennen, desto besser können Sie sich auf sich selbst einlassen und verlassen und – vor allem schwierige – Verkaufsgespräche meistern.

Stufe 2: DU

„DU" – das sind Ihre Fähigkeiten, mit einer anderen Person zu kommunizieren und in Kontakt zu treten. Fragen Sie sich selbst, wie gut Sie auf dieser Stufe sind und wo Sie besser werden können.

In der Kommunikation mit einer anderen Person bringen Sie natürlich sich selbst ein. Das können Sie gar nicht verhindern und genau deshalb ist es so wichtig, das „ICH“ aus der Stufe 1 genau zu kennen. Daraus ergibt sich, wie Sie ganz natürlich sprechen und kommunizieren werden, und das ist deshalb wichtig, weil es Ihnen eher nicht gelingen wird, permanent in einer Rolle, die nicht Sie sind, glaubwürdig zu agieren.

Wenn Sie darüber hinaus akzeptieren können, dass jeder sein eigenes persönliches „ICH“, seine eigenen Werte und seine persönliche Sichtweise auf die Welt und eine genaue Vorstellung davon hat, was richtig ist, dann wird es Ihnen viel leichter fallen, gut in Kontakt zu kommen und eine gute Verbindung zu Ihrem Gegenüber aufzubauen. Ihr Gedanke dabei: Du bist okay!

Wenn Sie jetzt noch die Grundlagen der Kommunikation wie z.B. „Man kann nicht nicht kommunizieren“ oder „Kommunikation braucht eine gemeinsame Sprache“ berücksichtigen, dann sind Sie auf dieser Stufe gut aufgestellt. (Diese Grundlagen werden hier jedoch nicht im Detail behandelt.)

Stufe 3: WIR

Häufig haben wir es in modernen Verkaufssituationen mit dem „WIR” zu tun. Erinnern Sie sich noch an das „Buying Center”? Auf dieser Stufe des O2K-Modells bringen Sie Ihre Fähigkeiten und Erkenntnisse aus den Stufen 1 und 2 zur vollen Entfaltung. Denn sobald Sie sich in Gruppen- oder Teamsituationen befinden, steigt die Komplexität der Kommunikation um ein Vielfaches an. Und weil es Ihr Ziel ist, zu einer optimalen Kooperation zu finden, ist es umso wichtiger für Sie, sich auf die speziellen Herausforderungen, die Gruppen an Sie richten, einzustellen.

Es wäre fatal, nur aus der „DU“-Perspektive mit einer Gruppensituation umzugehen, denn hier kommen Komponenten wie gruppendynamische Prozesse, soziale Dynamik, Machtspiele und ganz neue Verhaltensweisen oder Rollen Ihrer Gesprächspartner, die sich erst zeigen, sobald sie in einer speziellen Gruppe sind, zum Tragen.

Für Sie ist es wichtig, diese Situationen schnell einzuschätzen und zu analysieren. Gleichzeitig brauchen Sie die Fähigkeit, mit Gruppensituationen gut umzugehen und diese im Idealfall auch gestalten zu können. Diese Fähigkeit trainieren Sie durch Beobachten, Analysieren und intensives Reflektieren der WIR-Momente, die Sie jeden Tag erleben.

Stufe 4: SITUATION

Die „SITUATION". Wenn Sie bis hier alles im Griff haben, also sich selbst und Ihre Kommunikation, und sich über Ihre eigenen Reaktionen auf bestimmte Gesprächspartner oder Gruppensituationen absolut klar sind, dann sollten Sie sich in der nächsten Stufe auf die Situation und die jeweiligen Rahmenbedingungen konzentrieren.

Haben Sie das auch schon einmal erlebt? Alles war gut. Sie sind mit allen super zurechtgekommen und es lief alles bestens. Dann haben sich die äußeren Rahmenbedingungen bei Ihrem Kunden verändert. Es kam vielleicht zu einer technisch bedingten Verzögerung, Budgets wurden verändert, Abteilungen und Zuständigkeiten wurden verändert, Unternehmensteile wurden verkauft.

Das führt häufig dazu, dass die in der „Du"- oder „Wir"-Stufe getroffenen Absprachen und bisher gut laufende Beziehungen belastet werden und der Verkaufserfolg unsicher wird.

Wenn sich die SITUATION verändert, dann sollten Sie gut in Kommunikation und in Kooperation bleiben und sich entsprechend neu anpassen – und niemals mit der Veränderung hadern. Das bremst Sie nur aus und kostet Sie Energie. Wenn Sie es schaffen, flexibel und agil, aber zielorientiert zu bleiben, dann haben Sie hier die besten Chancen.

Stufe 5: DIE KRAFT DES TUNS

Sie haben sich die einzelnen Schritte angeschaut. Und nun? Es wird nichts passieren, wenn Sie nicht irgendetwas damit machen. Sie können alles so lassen, wie es ist. Es gab auch bisher nicht die „Wenn Sie es ab jetzt genau so machen, dann ..."-Aussagen.

Starten Sie Ihren eigenen Lernprozess und experimentieren Sie mit den Gedanken aus den ersten vier Stufen. Seien Sie kritisch. Starten Sie beim „ICH". Schreiben Sie, reflektieren Sie oder machen Sie einen Persönlichkeitstest. Eigentlich ist es egal, womit Sie anfangen. Wichtig ist, dass Sie etwas tun.

Wichtig ist, dass Sie Erkenntnisse über die einzelnen Schritte sammeln, hilfreiche Fähigkeiten aufbauen und damit beginnen, diese Erkenntnisse in Ihre Verkaufsarbeit einfließen zu lassen.

Das funktioniert am besten in einem schriftlichen Prozess und wie viel Wiederholung. Das bedeutet: Sie können getrost Bücher zweimal lesen. Sie haben einen Vortrag schon einmal gehört? Gleich noch mal! Sie haben schon mal an diesem Verkaufsseminar teilgenommen? Gerne mehr!

Gehen Sie in die Haltung des „Lernenden", nehmen Sie die Dinge neu auf, bewerten Sie die Dinge, die Sie hören und sehen, anhand der Stufen des O2K-Modells und beginnen Sie damit, direkt in die Umsetzung zu gehen. Denn eines ist sicher: Sie werden nie bereit oder fertig sein. Und wenn Sie „Noch-nicht-Erfolgreich" sind, dann versuchen Sie herauszufinden, in welcher Stufe des O2K-Modells Ihr Potenzial liegt, und lernen Sie dazu.

Alles OK?

Ich habe angefangen ... Ist jetzt alles OK? Noch lange nicht!

Eines ist sicher – oder das ist meine eigene Erfahrung: Wir tendieren dazu, in alte Muster zurückzufallen. Wenn Sie die eine oder andere Idee für sich spannend oder interessant finden, dann lade ich Sie ein, wenigstens mit dieser Idee zu experimentieren.

Ich lade Sie ein, wach und aufmerksam durch die Welt und Ihre Verkaufssituationen zu gehen. Sie werden permanent die Chance haben, sich weiterzuentwickeln und genau diese Wissensbausteine hinzuzufügen, die zu Ihren Bedürfnissen und Zielen passen.

Ich lade Sie ein, offen und im Gedanken des O2K-Modells in Ihre Verkaufssituationen zu gehen und auf allen Ebenen zu lernen und immer besser zu werden. Viel Erfolg dabei.

Michael Vaas

„Lenken Sie Ihren Fokus auf die Dinge, die Sie verändern möchten!"

Michael Vaas ist der Optimierungsexperte für Top-Performance und Spitzenerfolg und begleitet mit seiner Strategie- und Managementberatung Unternehmen bei der strategischen Ausrichtung von Optimierungs- und Veränderungsprozessen. Er ist Bankkaufmann, zertifizierter Vertriebsleiter, diplomierter systemischer Coach und diplomierter Mental-Coach.
Durch seine über 25-jährige Berufserfahrung in der Banken- und Finanzdienstleistungsbranche, verfügt er über ein sehr fundiertes Wissen aus über 10.000 Kunden- und Beratungsgesprächen. Zudem hat er einen umfangreichen Erfahrungsschatz durch die erfolgreiche Führung von Außendienstmitarbeitern als Bezirksdirektor.

In seinen Vorträgen, Workshops und Coachings liefert Michael Vaas viele Ideen und Möglichkeiten, Chancen zu erkennen, sich zu verbessern und so erfolgreicher zu werden. Er hat es sich zur Aufgabe gemacht, Menschen und Unternehmen dabei zu unterstützen, besser zu werden, sich zu optimieren und so Spitzenleistungen zu erzielen.
„Wir haben kein Wissensproblem, sondern ein Umsetzungsproblem!"

Die von ihm entwickelten Erfolgsstrategien, das LEERBA®-Modell und die ZSUNGE®-Strategie, verhelfen Ihnen zu Klarheit, wie Sie Ihre Ziele nachhaltig und erfolgreich erreichen. Sie bekommen Antworten auf die Fragen: Was Sie wirklich in Ihrem Leben erreichen möchten und wie Sie Ihre Talente und Begabungen erkennen und zu Ihrem Erfolg nutzen.
Sein aktueller Vortragstitel lautet: „Raus aus dem Hamsterrad – Nehmen Sie Ihr Leben in die Hand!" Weitere Informationen finden Sie unter www.michaelvaas.de.
„Sie haben jeden Tag die Chance sich zu verändern, Dinge anders zu machen und dadurch erfolgreicher zu werden!"

Vom Berater zum Spitzenverkäufer –

Was Kunden von ihrem Berater erwarten

Spitzenverkäufer – Wunsch und Wirklichkeit

Sicherlich haben Sie auch einmal eine Situation in Ihrem Alltag erlebt, in der Sie sich von einem Berater oder Verkäufer nicht richtig behandelt gefühlt haben. Egal ob Sie in einem Ladengeschäft, auf einem Markt oder am Telefon beraten wurden, vielleicht erinnern Sie sich an eine bestimmte Begebenheit. Das geht vielen von uns jeden Tag so. Wenn es dem Berater oder Verkäufer nicht gelingt, dass wir uns ernst genommen und verstanden fühlen, werden wir uns nicht für einen Kauf entscheiden. Denn unsere subjektive Wahrnehmung entscheidet darüber, ob wir etwas kaufen oder nicht. Ganz im Gegenteil, eigentlich sollte ein Produkt oder eine Dienstleistung im Idealfall eine Problemlösung für den Kunden sein.

Eigentlich eine verständliche und klare Sache, denkt man. Doch viele Beispiele aus dem täglichen Leben zeigen uns das Gegenteil. Deshalb habe ich mich entschlossen, dieses Thema aufzugreifen und meine Erfahrungen aus über 10.000 persönlichen Beratungs- und Verkaufsgesprächen mit einigen Gedanken, Anregungen und Impulsen zusammenzufassen.

Wir leben in einer Zeit ständiger Veränderungen und rasanter Entwicklungen. Gerade deshalb ist es wichtig, sich darauf zu fokussieren, welche Dinge im Bereich Marketing, Vertrieb und Verkauf überholt sind und welche bewährten Grundlagen über die Zeit Bestand haben. Der Beratungs- und Dienstleistungsbereich wird sich in den nächsten Jahren revolutionär verändern!

Ich war überrascht, als ein Verkaufstrainer in einem Vortrag nüchtern bekannte: „Ich schäme mich heute für die Verkaufs-, Gesprächs- und Abschlusstechniken, die ich vor fünfzehn Jahren mit meinen Seminarteilnehmern trainiert habe!" Es ist dringend notwendig, sich der heutigen Situation und der zukünftigen Entwicklung bewusst zu werden. Legen Sie sich Ihre persönliche Zielsetzung und Strategie zurecht. Sie brauchen ein Ziel dafür, was Sie genau erreichen und umsetzen möchten. Stellen Sie sich dabei immer die Frage, wo Sie in einem Jahr, in fünf und in zehn Jahren mit Ihrem Produkt, Ihrer Dienstleistung und Ihrem Einkommen stehen möchten.

Formulieren Sie diese Ziele idealerweise für alle Ihre Lebensbereiche handschriftlich aus. Teilen Sie diese Ziele auf die einzelnen Jahre, Monate und Wochen herunter. So entsteht Ihr persönlicher Erfolgsplan davon, was Sie in Ihrem Leben erreichen möchten.

Fokussieren Sie regelmäßig, am besten täglich auf diese Ziele und machen Sie einen Abgleich. So stellen Sie sehr schnell fest, was Sie heute geschafft haben und mit welchen Schritten Sie konkret auf Ihre Ziele zugegangen sind. Sie werden aber auch feststellen, welche Störfaktoren und Ablenkungen Sie täglich von Ihrem Ziel- und Zeitplan abbringen.

Speziell für diesen Zielfindungsprozess habe ich das LEERBA®-Modell entwickelt. Mit dieser Strategie schaffen Sie es in kürzester Zeit, absolute Klarheit darüber zu bekommen, was Sie in allen Ihren Lebensbereichen erreichen möchten. Im Rahmen meiner Erlebnis- und Impulsvorträge, aber auch mit meiner Strategie- und Managementberatung unterstütze ich Menschen und Unternehmen, diese Klarheit zu bekommen.

Aber was sind nun die Geheimnisse, die über die Jahre Bestand haben, und was erwarten die Kunden von Ihnen?

Spontan könnte man aufzählen: souveränes Auftreten, ordentliches Aussehen, gepflegte Kleidung, freundliche Ausstrahlung, Pünktlichkeit, Zuverlässigkeit, hohe Fachkompetenz, Lösungsorientierung, hervorragenden Service und Spitzenprodukte zu einem unschlagbaren Preis.

Da fehlt nur noch der oft zitierte „Fan-Effekt“, dass Kunden so begeistert von Ihrem Berater sind und diesen deshalb bei jeder Gelegenheit weiterempfehlen.

Das ist ja alles selbstverständlich und ganz einfach, könnte man meinen. Wenn man jedoch als Kunde seine täglichen Erlebnisse im Alltag betrachtet, ist man weit von diesen Standards entfernt.

Emotionen durch Begeisterung und Leidenschaft

Die erste und aus meiner Sicht wichtigste Voraussetzung ist die Begeisterung und Leidenschaft für das, was Sie beruflich und privat tun. Denn alles, was man halbherzig, notgedrungen oder unter Zwang erledigt, ist mittelmäßig. Ein Berater sollte den Umgang mit Menschen lieben, kontaktfreudig sein und auf sein Gegenüber zugehen – schon allein dadurch heben Sie sich von der Masse ab!

Das ist eine Eigenschaft, die man weder erlernen noch trainieren kann. Entweder man hat diese Gabe oder nicht. Ich habe festgestellt, dass Menschen, die nur widerwillig oder notwendigerweise einen Beraterjob aufgenommen haben und kein ehrliches Interesse für andere Menschen hatten, oftmals gescheitert sind. Spüren Sie Emotionen und Begeisterung für Ihr Produkt, für Ihre Dienstleistung, also für das, was Sie tun?

Wenn nicht, dann sollten Sie sich unbedingt Gedanken darüber machen, was Ihnen wirklich die Begeisterung und Leidenschaft verschafft, die Sie in Ihrem Leben verdienen. Denn nur wer wirkliche Begeisterung für das verspürt, was er tut, muss in seinem Leben nie wieder arbeiten. Das heißt im Klartext: Wenn Sie den Beruf gefunden haben, der Ihrer Berufung entspricht, können Sie alle Ihre Talente und Begabungen einsetzen und so Spitzenleistungen und eine Top-Performance erreichen.

Ihre Positionierung – Wofür stehen Sie?

Ich denke, in Zukunft ist es von allergrößter Bedeutung für Unternehmen, die etwas verkaufen wollen oder eine Dienstleistung anbieten, den Fokus auf den Kunden und seine Bedürfnisse zu richten. In unserer globalisierten Welt werden die Märkte und das Angebot, durch die vielfachen Möglichkeiten, sich zu informieren, immer größer und vielfältiger.

Eigentlich eine Selbstverständlichkeit, könnte man sagen. Doch beobachten Sie einmal die Unternehmen in Ihrem Umfeld, und Sie werden sehen, dass sich sehr viele nur mit ihrem Produkt beschäftigen.

Das bedeutet, es gibt eigentlich nur zwei Ansätze für einen Anbieter am Markt. Die erste Möglichkeit besteht darin, über den Preis zu verkaufen, also zu versuchen, die Waren oder Dienstleistungen immer zum bestmöglichen Preis zu verkaufen, sozusagen als Produktlieferant. Die zweite Möglichkeit besteht darin, über Qualität, Service und Alleinstellungsmerkmale eine Problemlösung, einen Nutzen oder eine Erleichterung für den Kunden anzubieten.

Gerade in diesem zweiten Bereich ist es von entscheidender Wichtigkeit, einen exzellenten Service, eine fachlich qualifizierte Beratung und ein

Spitzenprodukt zu liefern. Und wenn Sie dann noch einen Extra-Bonus bieten, haben Sie den „Hallo- wach!“-Effekt geschaffen. Ein Erlebnis, ein Gefühl oder einen Bonus, mit dem der Kunde in diesem Moment nicht gerechnet hat, weshalb er Sie in guter Erinnerung behält.

Ein Phänomen, das die Menschen dazu veranlasst, Sie weiterzuempfehlen. Es erfüllt sie mit Stolz, bei Ihnen Kunde zu sein bzw. Ihr Produkt bzw. Ihre Dienstleistung zu nutzen. So schaffen Sie sich Ihre Marke und Ihr Alleinstellungsmerkmal, das Sie vom Markt, von Ihren Mitbewerbern abhebt und auch Ihren Preis rechtfertigt. Mein Rat, wenn Sie Kunde sind: „Geben Sie sich auch nicht mit mittelmäßiger Qualität und schlampigem Service zufrieden! Denn jeder Mensch hat ein Recht darauf, anständig und fair behandelt zu werden. Das Unternehmen oder der Berater, der das nicht beherzigt, ist für Sie nicht der richtige Ansprechpartner!“

Entweder Sie kaufen kostengünstig bei einem Billiganbieter und nehmen dafür wissentlich mangelnde Qualität in Kauf oder Sie zahlen bei einem Qualitätsanbieter einen höheren, im Verhältnis zur erbrachten Leistung aber durchaus angemessenen Preis. Dadurch gehen Sie eine Partnerschaft ein, die auf gegenseitigen Respekt und langfristigen Nutzen ausgelegt ist.

Auf den Punkt gebracht: Fragen Sie sich, welchen Nutzen Sie Ihrem Kunden bringen und weshalb der Kunde gerade bei Ihnen kaufen soll? Versuchen Sie doch einmal in zwei, drei Sätzen so konkret wie möglich zu beschreiben, wer Sie sind, was Sie genau machen, welchen Nutzen Sie bringen und welche Kunden Sie suchen.

Sie werden nun vielleicht sagen: „Was, in zwei drei Sätzen – das ist ja unmöglich!“ Dann nehmen Sie sich doch einfach die Zeit, die Sie brauchen. Am besten sofort! Nehmen Sie sich ein weißes Blatt Papier und schreiben Sie in einer Art Brainstorming-Modus, das bedeutet ohne nachzudenken, einfach alles auf, was Ihnen zu diesem Thema einfällt.

- Wer sind Sie und was machen Sie genau?
- Warum sollen die Kunden bei Ihnen kaufen?
- Welchen Nutzen bringen Sie Ihren Kunden?
- Was verbessert sich für Ihren Kunden durch die Zusammenarbeit mit Ihnen?
- Welchen Extra-Bonus bieten Sie?

Beantworten Sie diese Fragen schriftlich, mit allen Ideen, Formulierungen und Gedanken, die Ihnen spontan dazu einfallen. Und das tun Sie von nun an regelmäßig. Sie werden verblüfft sein, wie viele Optimierungsansätze und Verbesserungsmöglichkeiten Sie finden.

Diese Vorgehensweise ist gerade in unserer bewegten Zeit ganz wichtig. Denn alle Menschen werden mit immer mehr Informationen in immer kürzerer Zeit konfrontiert. Das aufmerksame Zuhören und die konzentrierten Überlegungen im Nachgang sind gar nicht mehr möglich. Deshalb ist es wichtig, in wenigen Worten und kurzen Sätzen die Botschaften zu komprimieren. Denn in der Regel haben Sie nur wenige Sekunden Zeit, in denen Ihr Gesprächspartner entscheidet „interessant oder nicht!".

Werte wie Ehrlichkeit, Zuverlässigkeit, Vertrauen und Pünktlichkeit sollten für jeden Verkäufer die Grundlage für sein persönliches Beraterselbstverständnis sein. Denn jeder Mensch hat das Recht, anständig und fair behandelt zu werden. Setzen Sie sich Ihren eigenen Standard in puncto Werte und Ihr Beraterselbstverständnis.

Qualität, Service und Preis sollte man als Standard voraussetzen und dann setzen Sie noch Ihr persönliches Alleinstellungsmerkmal, Ihren individuellen Bonus für Ihre Kunden darauf.

Fragen stellen, zuhören und Lösungen bieten!

„Wir stellen die Ziele und Wünsche unserer Kunden in den Mittelpunkt!" Eine Phrase, die Sie von vielen Unternehmen hören. Aber bei genauer Betrachtung steht dann doch der Produktverkauf im Vordergrund. Kunden wollen Gesamtlösungen, die schnell und einfach umzusetzen sind.

Dazu gehört, dem potenziellen Käufer wirklich zuzuhören und seine Situation, seine Anliegen und Probleme ernst zu nehmen. Stellen Sie beispielsweise Fragen wie:

- Was kann ich für Sie tun?
- Welche Themen beschäftigen Sie aktuell?
- Wie kann ich Sie unterstützen und Ihnen weiterhelfen?

Diese Fragen sind einfach, aber wirkungsvoll. Denn jeder Mensch möchte ernst genommen werden und ist beeindruckt, wenn sich jemand für ihn und seine Themen interessiert. Viele stellen zwar Fragen, können aber nicht zuhören und sind schon zu sehr mit der Lösung und dem Verkauf Ihres Produkts beschäftigt. Dadurch verschließen sie sich den wirklich großen Konzepten und Geschäften, die für den Kunden und sie wichtig sind.

Jedem Berater und Verkäufer, der ein ehrliches Interesse für seine Kunden hat, öffnet sich eine Chance für eine langfristige und erfolgreiche Kundenbeziehung.

Sie heben sich mit dieser einfachen, klaren und wirkungsvollen Vorgehensweise ganz deutlich vom Markt und Ihren Mitbewerbern ab. Denn in unserer bewegten, von Geschwindigkeit und Informationsvielfalt geprägten Zeit geht oftmals der Blick für die wirklich wichtigen Dinge verloren.

Wenn die Menschen merken, dass Sie ein aufrichtiges Interesse an Ihrer Geschichte und Ihren Plänen haben, erzählen sie Ihnen ihre Wünsche und Ziele. Sie sagen Ihnen, was genau sie wollen, was sie bewegt, aber auch, wovor sie Ängste haben. Der Königsweg für Sie ist es, eine passende Lösung anzubieten. Weisen Sie gezielt auf Entwicklungen, Trends und Situationen, die sich in der Zukunft ereignen können, hin. Sprechen Sie mit den Menschen darüber, wie sie in solchen Fällen vorgesorgt haben und ob sie weitere Informationen dazu interessieren.

Ganz wichtig ist in diesem Falle: Der Kunde entscheidet, was er will und was nicht. Sie sind der Zuhörer, Sie stellen Fragen, weisen auf bestimmte Themen hin und geben mögliche Lösungsvorschläge. Sie müssen nicht alle Antworten oder Lösungen immer selbst parat haben. Bauen Sie Kooperationen und Kontakte auf, so entsteht ein Netzwerk mit umfangreichem Wissen, das Ihnen weiterhilft.

Zusammenfassend könnte man sagen: „Interessieren Sie sich aufrichtig für die Menschen, stellen Sie Fragen, hören Sie aufmerksam zu. Finden Sie heraus, was genau das Ziel, der Wunsch oder gar das Problem Ihres Gesprächspartners ist."

Wenn Sie die passende Lösung präsentieren, ist Ihr Erfolg zum Spitzenverkäufer nicht aufzuhalten!

Großartige Möglichkeiten mit Kontakten und Netzwerken

Die Anzahl der Kontakte und das Netzwerk, das Sie sich aufbauen, sind der Erfolgsfaktor für Ihre Zukunft. Nutzen Sie jede Gelegenheit, um mit Menschen ins Gespräch zu kommen. Wie sind Sie positioniert und wie wollen Sie wahrgenommen werden? Kurz und prägnant: Wer sind Sie? Was tun Sie? Und welchen Nutzen bringen Sie Ihren Kunden? Wenn Sie dann noch elegant das Angebot: „Melden Sie sich bei mir, wenn ich etwas für Sie tun kann!“ zusammen mit Ihrer Visitenkarte ins Spiel bringen, sind Sie der perfekte Netzwerker. Wie ich bereits erwähnt habe: In der Zukunft kommt es nicht darauf an, dass Sie alle Probleme selber lösen. Es kommt vielmehr darauf an, dass Sie über ein Netzwerk und über Kontakte verfügen, die Sie bei der Lösung von Anliegen unterstützen.

Kontaktieren Sie Ihre Kunden regelmäßig, egal ob persönlich, telefonisch oder per sonstiger Nachricht. Nur so bleiben Sie in Erinnerung. Neulich sprach ich mit dem Vorstand einer großen Anlagenbaufirma, der mir berichtete, dass es durchschnittlich fünf Jahre dauert, bis nach zahlreichen Gesprächen und sonstigen Kontakten ein Auftrag zustande kommt. Fragen Sie sich also speziell in Ihrem Bereich, wie viele Kontakte Sie benötigen, um zu einem Auftrag zu kommen. Da erklärt es sich fast von selbst, wie wichtig in Zukunft die Betreuung Ihrer bestehenden Kunden ist.

Prüfen Sie auch, inwiefern Sie Ihr Geschäftsmodell mit dem Bereich Online-Business verbinden können. Die Menschen suchen über Google, YouTube und Co. nach Ihnen, Ihrem Produkt und vor allem nach Ihren Referenzen. Ob Sie wollen oder nicht, mit der Zeit wird über jeden von uns ein Bild in der digitalen Welt geschaffen. Die Digitalisierung und das Internet bieten Ihnen und Ihren Kunden – rund um die Uhr – ungeahnte Möglichkeiten, um in Kontakt zu treten.

Betrachten Sie also kritisch Ihren Internetauftritt und holen Sie sich dazu regelmäßig Feedback ein. Fragen Sie sich, ob Sie lediglich eine Präsenz zur Information Ihrer Kunden haben wollen oder darüber hinaus aber auch eine Plattform zur Kundengewinnung und Kundenbindung schaffen. Geben Sie den Besuchern Ihrer Seite einen Mehrwert. Wenn Sie interessante Themen und Informationen liefern, werden Ihre Besucher Ihre Seite immer wieder aufsuchen.

Wer sich diesen Entwicklungen verschließt, wird als Anbieter langfristig verlieren. Sicherlich sollte man alle Möglichkeiten, die man nutzt, sorgfältig und kritisch prüfen. Die Kundenreichweite und Ihre Marktpräsenz werden aber in Zukunft von diesem Trend bestimmt. Seien Sie kreativ und für diese Veränderungen offen und finden Sie dazu Ihren persönlichen Weg.

Im Streben danach, immer besser zu werden, können Sie sich über Ihr Netzwerk ein klares Bild verschaffen, was Ihre Kunden bewegt. Sprechen Sie mit Ihren Interessenten und Kunden darüber, was ihre Anliegen sind und was ihnen im wahrsten Sinne des Wortes „unter den Nägeln brennt". So können Sie sich und Ihr Angebot ständig optimieren und verbessern. Holen Sie sich Rückmeldungen von Ihren Kunden, wie sie Ihre Dienstleistung empfunden haben und wie zufrieden sie mit Ihren Produkten und Ihrem Service sind.

Nur wer permanent an sich und seiner Leistung arbeitet und diese verbessert, wird langfristig am Markt erfolgreich sein. Interessieren Sie sich für Trends, die Ihnen unter Umständen neue Möglichkeiten und Geschäftschancen bieten. Machen Sie dadurch Ihre Kunden zu Ihren Botschaftern. Denn wenn Ihre Kunden von Ihnen begeistert sind und wissen, was Sie suchen, werden sie in Ihrem Umfeld mit den Menschen über Sie sprechen und Sie weiterempfehlen.

Mein persönlicher Rat an Sie in Zeiten der Veränderung:

„Sie haben jeden Tag in Ihrem Leben die Chance, Dinge anders und somit besser zu machen!"

Ich möchte Sie ermutigen, diese Chance jeden Tag zu nutzen! Hinterfragen Sie, wie Sie mit Ihren Talenten, Produkten und Dienstleistungen besser werden können. Wie Sie die Menschen und Ihre Kunden verblüffen und begeistern können. Machen Sie die Dinge anders als alle anderen. Nur so kommen Sie heraus aus dem Mittelmaß und der Vergleichbarkeit.

Wir sind mitten in einer Zeit großer Veränderungen und revolutionärer Entwicklungen. Bestimmte Berufsbilder und Arbeitsstellen werden wegfallen. In anderen Bereichen werden ganz neue Ideen und Innovationen entwickelt. Dadurch werden neue Märkte und Arbeitsplätze geschaffen. Es gab noch nie so viele Möglichkeiten und Chancen, sich selbst und seine Visionen zu verwirklichen. Durch die weltweite Vernetzung entstehen immer neue Märkte und neue Marktplätze. Dadurch verändern sich auch Marketing, Vertriebswege und die Art des Verkaufens. Durch den Wechsel von der Industrie- hin zur Wissensgesellschaft verändert sich unser gesamter Lebensablauf. Die Art zu arbeiten, wie wir kommunizieren und somit auch die Bedürfnisse ändern sich gravierend. Wir suchen Partner, Kontakte und Netzwerke, auf die wir uns verlassen und denen wir vertrauen können. Gerade in einer Phase der rasanten Veränderung suchen Menschen nach Beständigkeit und Sicherheit.

Die Kunden wollen Partner, die ihre Probleme lösen können und ihr Leben erleichtern, die Vereinfachung mit Spaß und Lebensfreude kombinieren. Kunden informieren sich über verschiedene Kanäle und wollen rund um die Uhr Zugang zu Informationen. Positive wie negative Erfahrungen über Dienstleister, Produkte und Unternehmen können in Sekundenschnelle mit Millionen anderen geteilt werden. Das bedeutet: Vertrauen, Qualität, Fairness und ein anständiger Umgang miteinander setzen sich langfristig durch. Kunden wollen begeisterte Ansprechpartner, die ihnen zuhören und sie als Mensch wahrnehmen. Sie suchen individuelle Lösungen, die ihr Leben verbessern, erleichtern und vereinfachen. Dadurch eröffnen sich ungeahnte Möglichkeiten, um sich vom Berater zum Spitzenverkäufer zu entwickeln. Haben Sie Mut und gehen Sie mit Begeisterung und Leidenschaft ans Werk!

Dabei wünsche ich Ihnen von Herzen alles Gute!

Ihr Michael Vaas

Heiko van Eckert
Heiko van Eckert – der Verhandlungsprofi für komplexe Verhandlungen

Heiko van Eckert ist Verhandlungs- und Vertriebsexperte im B2B und seit 1997 selbstständiger Berater und Trainer. Erste Erfahrungen in großen Verhandlungen konnte er bereits nach seinem Informatikstudium, während seiner 10-jährigen Tätigkeit als Key-Account-Manager, sammeln. 2005 gründete er die salegro AG (B2B Vertriebsberatung und -training), deren Vorstand er bis zum Verkauf im Juni 2015 war.

Heute ist er der Verhandlungsexperte für Top Deals. Heiko van Eckert berät und begleitet Kunden in internationalen Projekten bei komplexen Verhandlungen und in Verhandlungsprozessen. Er coacht in der Vorbereitung und übernimmt bei Bedarf auch eine aktive Rolle in der Verhandlung selbst. Daneben trainiert er Verhandlungsführer und baut interne Verhandlungs-Task-Forces auf.

Alle seine Teammitglieder haben langjährige internationale Erfahrungen im Vertrieb – keine Psychologen, ausschließlich Business-Experten.

www.heikovaneckert.de

Verhandlung von Top Deals

Wie Sie Auftrag und Marge gewinnen

Jede Verhandlung zwischen Verkauf und Einkauf ist etwas Besonderes und bietet Chancen und Risiken gleichermaßen. Was ich auf dem Markt beobachte, ist die steigende Härte vulgo Professionalität des Einkaufs. Das macht es uns Vertrieblern in Verhandlungen natürlich immer schwerer, den Auftrag mit einer vernünftigen Marge zu gewinnen. Geht es um große Geschäfte – sogenannte Top Deals –, wird die Verhandlung nicht nur komplex, sondern auch fast immer zweistufig geführt. Der Verkäufer verkauft an den Fachspezialisten und verhandelt mit dem Einkäufer. Ein starkes Gespann, dem der Verkäufer häufig in Personalunion als Fach- und Verhandlungsspezialist gewachsen sein muss. Nachfolgend möchte ich Ihnen zeigen, wie das Verhandeln von Top Deals gelingen kann, wie Sie Auftrag und Marge gewinnen können.

„Win-win" und „fair" kann niemand mehr hören

Wir Verkäufer – und dazu zähle ich mich auch, denn ich bin seit 35 Jahren Vertriebler – sind darauf getrimmt, unsere Kunden mit Argumenten und Nutzen zu überzeugen, mit Beziehung zu punkten und eine Win-win Situation zu schaffen. Da war es wieder, „Win-win". Ganz ehrlich: Sind Sie es nicht auch mittlerweile leid, dass immer und überall diese Begriffe „Win-win" oder „fair" durch den Raum fliegen, wenn es um Verhandlungen geht? Ich behaupte sogar, dass das im harten Verhandlungsalltag mittlerweile niemand mehr hören kann. Und ich gehe noch einen Schritt weiter: Ich sehe es sogar als strategischen Nachteil, wenn Verkäufer in Verhandlungen auf langfristige Beziehungen bzw. Kundenbindung achten. Sieht man sich nämlich die Einkaufsseite an, wird offensichtlich, wie ich auf diese Behauptung komme: Der Einkauf ist darauf getrimmt, kurzfristig die Einkaufskonditionen zu verbessern. Und genau deswegen verlieren wir Verkäufer oft, weil das kurzfristige Argument immer die Langfristigkeit schlägt, ganz nach dem Motto: Komm uns jetzt entgegen, dann sind wir langfristig im Geschäft. Und nächstes Jahr? Das gleiche Spiel – immer und immer wieder.

Die Kundenseite hat irgendwann einmal diesen zweistufigen Einkaufsprozess erfunden und der Einkauf hat prinzipiell die Aufgabe, aus mehreren – und in der Regel sind das immer mindestens drei – grundsätzlich „vergabefähigen Anbietern“ den kommerziell besten bzw. günstigsten herauszusuchen. Das ist deren Job – und sonst nix. In einem zweistufigen Einkaufsprozess muss mir als Verkäufer klar sein, dass es in der zweiten Stufe, dem Einkauf, eben nicht mehr um Langfristigkeit, um Technik, um schönere Lösungen oder bessere Beziehungen geht. Jetzt geht es um Wirtschaftlichkeit, die ich gegenüber dem Wettbewerb verteidigen muss. Wir Verkäufer müssen dem Einkauf klarmachen, dass unser Angebot auch kommerziell das beste ist.

Es ist wichtig, sich eines klarzumachen: Es geht in der Verhandlung um das Hier und Jetzt. Wenn diese angepfiffen wird, geht es los. Und wenn sie abgepfiffen wird, ist sie vorbei. Und dann zählt's. Sich das als Verkäufer klarzumachen, ist der erste Schritt.

Was können wir Verkäufer tun, um wieder auf Augenhöhe zu kommen? Und was müssen wir tun, um unsere Preisvorstellungen durchzusetzen? Die folgenden 7 Tipps zeigen Ihnen den Weg.

Tipp 1: Die Verhandlung beginnt lange vor der Verhandlung

Abb.1: Verhandlungsablauf – Heiko van Eckert, Top Deal Consulting

Viele Verkäufer konzentrieren sich beim Thema Verhandlung auf die eigentliche Verhandlung, also auf den Zeitpunkt, wenn alle Parteien am Tisch sitzen, um etwas zu verhandeln. Die meisten Verhandlungstrainer reden bei Verhandlungen auch immer nur über den einen Moment, wenn die Parteien zusammen am Tisch sitzen: welche Taktik, welche Strategie, wie begrüße ich, wo sitze ich usw. In dieser Situation geht es aber nur noch um die letzten paar Prozent rauf oder runter – das Ergebnis jedoch steht zu 85 Prozent schon längst fest.

Meist braucht eine Verhandlung mehrere Schleifen (persönlich, telefonisch, per Mail), bis alles final verhandelt ist. Hier gilt es, immer wieder die eigene Position neu zu analysieren und die eigene Strategie daraufhin anzupassen.

Mit der Einigung ist es vorbei? Mitnichten! Das war früher vielleicht so. Heute wird im Projekt, während der Implementierung, weiter um jeden Change-Request gefeilscht. Auch das ist Teil der Verhandlung und sollte mit bedacht werden.

Und – wer kennt sie nicht, die „Bettelbriefe" des Einkaufs, in denen rückwirkend auf bestehende Konditionen noch einmal Bonus, Rückvergütung o.Ä. gefordert wird. Mein Tipp: Tracken Sie Ihre Verhandlungsergebnisse und alle nachträglichen Veränderungen, halten Sie nach, ob alle versprochenen Karotten auch eingehalten wurden. Dann haben Sie in der nächsten Verhandlungsrunde echte Fakten für eine begründete Preisanpassung o.Ä.

Und vor der Verhandlung? Wie oben bereits erwähnt, zeigen Untersuchungen, dass 85 % der Verhandlungsmasse bereits vor der ersten echten Verhandlungsrunde, also während Verkauf und Angebotsabgabe, weggegeben werden. Das darf Ihnen nicht passieren.

Ziel der Vor-Verhandlung, der Verkaufsphase ist es,

a) eine Poleposition zu erarbeiten

Dies tun Sie, indem Sie sich schon vor der Verhandlung mit dem Einkauf bei der Fachabteilung richtig positionieren, denn wenn Sie von der Poleposition starten, wird Gewinnen leichter. Daher ist der erste Schritt, um erfolgreich zu verhandeln, als Verkäufer seine Hausaufgaben zu machen, sich unique zu positionieren, gute Beziehungen zur Fachabteilung aufzubauen, seine Features in geldwerte Vorteile zu übersetzen etc. Nur so bringen Sie sich in die Poleposition für die eigentliche Verhandlung. Wie viel dürfen Sie teurer sein als Ihr Wettbewerber? – Das ist die entscheidende Frage.

b) genügend Verhandlungsmasse aufzubauen.

Ein Kunde von mir hat einmal gesagt: „Wenn du nur mit einer Unterhose bekleidet zum Einkauf reingehst, brauchst du dich nicht zu wundern, wenn du nackt wieder rauskommst." Verhandeln ist immer ein Geben und Nehmen. Und wenn man sich in dieser Vor-Verhandlungsphase, also bis zum Angebot, schon halb nackt machen lässt – also der Fachabteilung schon einen Haufen Zugeständnisse macht –, dann wird es natürlich nach hinten raus eng. Dann hat man keine Verhandlungsmasse mehr.

Tipp 2: Managen Sie Informationen und Zeit proaktiv

Als Verkäufer sollte man so viele Informationen wie möglich sammeln. Das hat schon einen Hauch von Detektivarbeit, wenn man sich über sein Gegenüber, seinen Wettbewerber, deren Interessentreiber, interne Machtverhältnisse etc. schlau macht.

Informationen managen bedeutet aber vor allem auch, die eigenen Reihen geschlossen zu halten – sich also sehr genau zu überlegen, wer welche Informationen bekommt, damit sich niemand in einem entscheidenden Moment verplappert und damit interne Informationen weitergibt. Es hat in Verhandlungen schon viel Geld gekostet, weil Servicetechniker, Projektmitarbeiter oder auch Verhandlungsteilnehmer unabsichtlich Internes weitergegeben haben.

Wenn eine Verhandlung ansteht, muss man darauf achten, die zur Verfügung stehende Zeit proaktiv zu managen. Ich gehe als Erstes immer an meinen Wandkalender, schaue mir die Wochen und Monate bis zum Tag X in drei Monaten an, markiere Feiertage und Urlaube und stelle dann oft fest, dass netto lediglich vier bis fünf Wochen für echte Verhandlungsarbeit zur Verfügung stehen.

Es ist absolut notwendig, diese beiden Faktoren Zeit und Informationen im Blick bzw. im Griff zu haben und aktiv zu managen.

Tipp 3: Wo ist die Macht?

Macht ist der mit Abstand wichtigste Faktor in jeder Verhandlung. Wie ist die Machtbalance? Wer hat in der bevorstehenden Verhandlung mehr

Macht? Brauchen wir vielleicht den Kunden mehr als er uns? Weiß der Kunde eventuell mehr als wir? Kann er vielleicht gar nicht oder nur sehr schwer ohne uns?

Machtverhältnisse müssen vorab genau analysiert werden.

Noch ein Tipp aus meiner Coachingerfahrung: Meist sind wir Verkäufer nicht so ohn-Mächtig (also ohne Macht), wie wir glauben.

Machen Sie sich klar: Die ganzen „Spielchen" in einer Verhandlung dienen oft nur dazu, die Machtbalance zu beeinflussen.

Tipp 4: Seien Sie besser vorbereitet

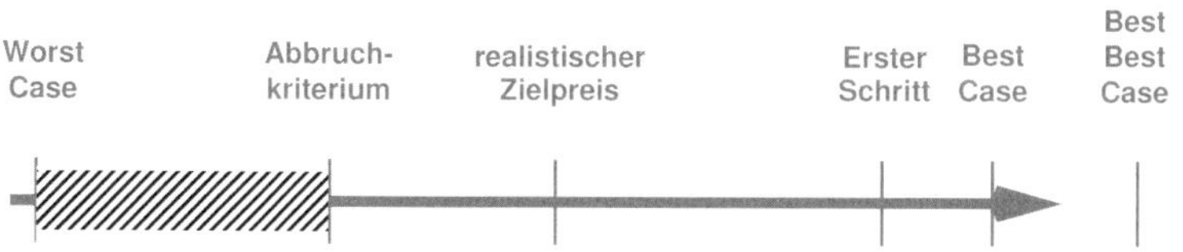

Abb. 2: Preispunkte – Heiko van Eckert, Top Deal Consulting

Üblicherweise hat man ca. zwei bis drei Preispunkte, wenn man in eine Verhandlung geht. Da gibt es den Angebotspreis – oder auch Best Case. Und die Forderung des Einkaufs – den Worst Case, schlimmer kann es in der Regel nicht mehr werden. Viele Verkäufer haben außerdem noch ein Abbruchkriterium, nach dem Motto: „Bis hier hin und nicht weiter", an das sie sich manchmal mehr, manchmal weniger halten.

Die große Gefahr für viele Verkäufer ist, dass sie in einem Schritt alles zwischen ihrem Angebotspreis und ihrem Abbruchkriterium weggeben, aus Angst, den Auftrag zu verlieren. Ich bin ein Fan davon, mehr Preispunkte zu definieren, um dann in der Verhandlung auch kleinere Schritte machen zu können. Das ist an der Abbildung sehr gut zu erkennen. Einer dieser Schritte ist der realistische Zielpreis, in dessen Nähe man sich mit dem Verhandlungspartner einigen könnte. Der nächste Zwischenstep wäre so etwas wie ein erster Schritt und die Antwort auf die Eröffnungsfrage: „Was haben Sie uns denn mitgebracht?“ Diese Antwort sollte auf jeden Fall vorbereitet sein. Dann empfehle ich immer noch einen Best Best Case, also mein Angebot plus 20 Prozent. Dieser Punkt hilft, den Rahmen aufzuziehen, und kann extrem hilfreich sein, wenn Sie an einer anderen Stelle Zugeständnisse machen müssen. Dieser Punkt macht oft noch einmal die Scheuklappen auf und öffnet den Raum für kreative Lösungen. Sechs Preispunkte zu haben macht es leichter, sich in kleineren Schritten zu bewegen, wie wenn es nur zwei oder drei gibt.

Tipp 5: Verhandeln Sie, um zu gewinnen

Hören Sie auf, an Win-win zu glauben – letztendlich geht es ums Gewinnen. Ihre Einstellung macht den Unterschied. Oder glauben Sie, wir wären 2014 in Rio Fußball-Weltmeister geworden, wenn Schweinsteiger mit einer Win-win-Einstellung auf den Platz gegangen wäre? Der wollte gewinnen, unter allen Umständen. Am Ende geht es darum, ein Tor mehr als die anderen zu schießen, und um nichts anderes. Und um genau das geht es auch in der Verhandlung.

Es ist also wichtig, in eine Verhandlung zu gehen, um zu gewinnen, und nicht mit einer Win-win-Hoffnung. Die andere Seite macht das auch nicht. Wozu das führt, habe ich oben bereits beschrieben.

Dazu gehört auch: Cool bleiben. Lassen Sie sich nicht von irgendwelchen Spielchen aus dem Konzept bringen. Um im Fußball-Beispiel zu bleiben: Egal wie oft Sie gefoult werden, machen Sie Ihr Spiel, lassen Sie sich nicht emotionalisieren und nicht verrückt machen.

Tipp 6: Verhandeln Sie härter

Jetzt haben wir als Verkäufer unsere Poleposition eingenommen, sind mit Verhandlungsmasse und gut vorbereitet, mit der richtigen Einstellung in die Verhandung gegangen und haben unsere Maximalposition deutlich gemacht. Ebenso hat der Einkauf seine Positionen, sprich Forderungen klar auf den Tisch gelegt. Es kann also endlich losgehen mit dem Verhandeln, dem Feilschen, dem Marktplatz der Ideen.

Jetzt zählt es. Und es gilt: „Tit for tat“. Wenn Sie sich im nächsten Schritt dann aufeinander zubewegen, ist es extrem wichtig, dass Sie nur dann geben, wenn Sie auch nehmen. Die Grundregel lautet also: Kein Geben ohne Nehmen. Es müssen unbedingt immer beide Seiten in Bewegung sein. Ich beobachte in all den Jahren am Verhandlungstisch immer wieder, dass das der größte Fehler ist, den Verkäufer machen. Dass sie Zugeständnisse machen, ohne eine Gegenleistung dafür zu bekommen. Was passiert einem Verkäufer nämlich immer dann, wenn er Zugeständnisse macht, ohne dass sich der Einkäufer bewegt? Er wird ausgenutzt – und der Einkäufer sagt: „Prima, dann hätte ich gerne noch das und das ..." Solange man dann als Verkäufer nicht reagiert und sagt: „Stopp – du kannst das gerne haben, aber dafür hätte ich gerne das ...", wird die Grundregel „Kein Geben ohne Nehmen" verletzt. Und in der Praxis wird sie leider ständig verletzt.

Es muss also klar sein: Ich mache nur Zugeständnisse, wenn Du mir im Gegenzug auch entgegenkommst! Sonst ist das ein Endlosspiel in die falsche Richtung.

Tipp 7: Zum Schluss: Weinen Sie!

Wer mit einer Win-win-Einstellung in eine Verhandlung geht, möchte, dass am Ende beide Seiten gewonnen haben. Rational betrachtet ist das richtig, gerecht und befriedigend. Aus psychologischen Forschungen weiß man jedoch – und wir Verkäufer wissen das schon lange –, dass es nicht ums rationale Richtig geht, sondern um Emotionen, um das Gefühl. Und ein gutes Gefühl entsteht, wenn ich glaube, gewonnen zu haben. Gewinnen macht glücklich. Deshalb ist es so wichtig, dass Sie am Ende einer Verhandlung Ihrem Gegenüber das Gefühl geben, dass er gewonnen hat. Also müssen Sie am Ende das letzte Zugeständnis machen – am besten unter Tränen.

Zu mir hat einmal ein Einkäufer gesagt: „Wenn sich ein Verkäufer nach der Verhandlung bei mir bedankt, dann rufe ich am nächsten Tag an und verhandle nach."

Ja, wir wollen am Ende den Auftrag gewinnen. Aber wir müssen unserem Gegenüber das Gefühl geben, dass er gewonnen hat, deshalb: Weinen Sie!

Das Fazit

In Verhandlungen geht es darum, Auftrag und Marge zu gewinnen. Wenn Sie diese 7 Tipps berücksichtigen und umsetzen, werden Sie wieder auf Augenhöhe verhandeln:

1. Bringen Sie sich in die Poleposition
2. Schließen Sie die eigenen Reihen
3. Bei Verhandlungen geht es immer um Macht
4. Lieber mehr als weniger Preispunkte
5. Verfolgen Sie nur ein Ziel: Gewinnen
6. Kein Entgegenkommen ohne Gegenleistung
7. Geben Sie dem Einkauf das Gefühl, gewonnen zu haben

Denken Sie daran: Gewinnen macht glücklich!

Hans Vialon

Hans Vialon ist seit 20 Jahren als selbstständiger Berater tätig und arbeitete unter anderem als Leiter Marketing und Vertrieb in verschiedenen Firmen. Seit 1997 ist er geschäftsführender Gesellschafter der HPS GmbH und ist in den Bereichen Changemanagement, Verkauf, Kundenorientierung und Führung erfolgreich für viele namhafte Firmen unterwegs. Er hat in Münster Betriebswirtschaft mit dem Schwerpunkt Marketing studiert. Darüber hinaus hat er zahlreiche Trainerausbildungen im Bereich Kommunikation und Coaching absolviert sowie eine tiefenpsychologische Ausbildung. Begonnen hat er seine Karriere als wissenschaftlicher Mitarbeiter am Lehrstuhl für Distribution und Handel an der Universität Münster, wo er im Bereich Expertensysteme für das Marketing im Handel forschte. Seine spezielle Vorliebe für Psychologie nutzte er, um verschiedene Trainerausbildungen im Bereich Kommunikation und Coaching zu absolvieren. So ist er NLP-Trainer, Core Energetic Therapeut (5-jährige tiefenpsychologische Ausbildung) und seit Neuestem Mimikresonanz® Trainier.

Hans Vialon ist Autor von zwei Büchern:

- „Tapfere Helden in der Akquise" Wie Sie mit Mut und Spaß neue Kunden gewinnen, Wiley Verlag 2006
- „Authentisch verkaufen" Von der schlichten Kopie zum brillanten Original, Wiley Verlag 2008

Sein Schwerpunkt für die nächsten Jahre ist es, das Thema Videoverkauf im Internet in Verbindung mit Mimikresonanz® zu entwickeln. Hier liegt die Zukunft des Verkaufens, weil der Verkauf über das Internet per Video Chat stark zunehmen wird - Verkaufen 3.0.

www.hpsolutions.de

Warum sollten Sie mehr Zeit bei Ihren Kunden investieren?

Zeit beim Kunden ist die wichtigste Ressource, die ein Mitarbeiter im Verkauf haben kann, um mehr Umsätze zu generieren. Je mehr Zeit Sie bei Ihren Kunden investieren, desto größer ist die Chance, dass Sie damit mehr Umsatz generieren. Diese These soll Ihnen in diesem Beitrag näher gebracht werden und es werden Instrumente aufgezeigt, wie Sie mehr Zeit beim Kunden einsetzen können, und zwar gewinnbringend auf Kundenpotenziale ausgerichtet. Dabei hilft insbesondere der Einsatz von Online-Meeting-Lösungen, um Zeit und Kosten zu sparen.

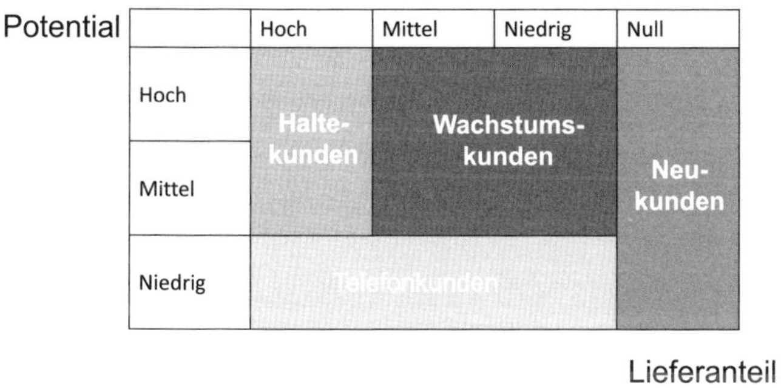

Das Problem mit der Zeit beim Kunden

Stellen Sie sich selbst einmal die Frage, wie viele Stunden Sie pro Woche für Ihre Kunden mehr benötigen würden, um 20 % mehr Umsatz zu machen. In der Regel sagt die Mehrzahl meiner Seminarteilnehmer, dass sie dafür ca. 4 bis 6 Stunden benötigen würden. Ich gehe davon aus, dass das in ähnlicher Form auch bei Ihnen so der Fall ist. Dabei stellt sich dann die Frage: Wie kann das erreicht werden? Und damit wollen wir uns im Folgenden näher beschäftigen.

Der Druck bei den Mitarbeitern im Verkauf wächst ständig: Sie sind ständig gefordert, mehr zu verkaufen. Sie sollen gleichzeitig sehr zufriedene Kunden hinterlassen. Sie haben immer mehr administrative Aufgaben (CRM-Systeme, SAP, Navision etc.), die immer mehr Zeit in Anspruch nehmen.

Das sind die Hauptgründe, warum Mitarbeiter im Verkauf immer weniger Zeit für einen direkten Kundenkontakt haben. Hinzu kommt, dass die Komplexität der Produkte und Dienstleistungen steigt und in der Regel immer mehr Beratungszeit beim Kunden erfordern.

Das kann in erheblichem Maße Erfolg und Wachstum behindern. Deshalb ist aus meiner Sicht die Aussage „keine Zeit“ das Wachstumshemmnis Nummer eins. Erhalten Verkäufer Vorschläge, die Umsetzungszeit benötigen, kommt sofort der Einwand: „Ja wann soll ich das noch machen. Ich habe keine Zeit!“

Die Beantwortung der folgenden drei Fragen steht daher im Zentrum der Betrachtung:

1. Wie können Sie Ihren Zeiteinsatz bei Ihren Kunden richtig bestimmen, um Wachstum zu erzeugen?
2. Wie können Sie durch gutes Zeitmanagement und gute Selbstorganisation sowie den Einsatz von Online-Meetings und Videokonferenzen im Verkauf Zeit sparen?
3. Wie können Sie dann Ihre Verkaufspotenziale richtig ausschöpfen?

Den Zeiteinsatz bei Kunden bestimmen

Sie können Ihre Kunden hinsichtlich des Potenzials klassifizieren, das Ihre Kunden haben, und hinsichtlich des von Ihnen bei Kunden ausgeschöpften Lieferanteils. Das entspricht dem Anteil am Gesamtvolumen, den Sie mit Ihren Produkten zu vergleichbaren Produkten bei diesem Kunden liefern.

Kunden, deren Potenzial hoch oder mittel ist und bei denen Ihr Lieferanteil hoch ist, nennen wir Stammkunden. Das heißt, dass Sie in diesem Bereich nicht mehr groß wachsen können, da Sie bei diesen Kunden das Potenzial weitestgehend ausgeschöpft haben.

Gehen wir in den Bereich der Telefonkunden ganz unten links in der obigen Tabelle. Das Potenzial bei dieser Kundengruppe ist niedrig. Egal ob Sie dort viel oder wenig vom Potenzial ausgeschöpft haben, liegen hier die Kleinst- und Telefonkunden. Ein Mitarbeiter im Außendienst darf hier nicht mehr hinfahren und einen Besuch vor Ort machen, weil die Kosten für den Kundenbesuch zu hoch sind und nicht lohnenswert. Diese Kunden sollten überwiegend oder ausschließlich per Telefon betreut werden.

Der Bereich der Neukunden ist selbsterklärend, unabhängig vom Potenzial ist der Lieferanteil null. Der Kundenbereich, der am schnellsten und einfachsten wachsen kann, ist der Bereich, in dem das Potenzial hoch oder mittel ist und der Lieferanteil mittel oder niedrig. Das sind Potenzialkunden. Hierauf sollte jeder Vertriebsmitarbeiter seinen Fokus legen.

Wichtig ist zunächst, seine Kunden richtig innerhalb dieser Matrix einzuschätzen oder einzuordnen. Wenn Sie das getan haben, können Sie sich die Frage stellen, wie viel Zeit pro Monat Sie für jede dieser Kundengruppen verwenden.

Zeiteinsatz für Kundengruppen bestimmen

Stellen Sie sich bitte einmal die Frage, wie viel Zeit Sie für die folgenden Tätigkeiten verwenden:

Zeitaufteilung Akquise	Zeit Ist	Zeit Soll
Administration	25 %	
Auto	25 %	
Stammkunden	30 %	
Potenzialkunden	10%	
Neukunden	5 %	
Kundenrückgewinnung	0 %	
Kleinstkunden	5 %	

In der Tabelle finden Sie ein realistisches Beispiel, in der der Zusammenhang zwischen Zeiteinsatz und Wachstumsmöglichkeiten deutlich wird. In diesem Beispiel verwendet der Vertriebsmitarbeiter 25 % seiner Zeit für Administration, 25 % für Autofahrten, 30 % für Stammkunden, nur 10 % für Potenzialkunden, nur 5 % für Neukunden, 0 % für Kundenrückgewinnung und 5 % für Kleinstkunden.

Eine erste Aussage lässt sich anhand dieser Zeitaufteilung treffen, und zwar, dass sich mit diesem geringen Zeiteinsatz bei Neu- und Potenzialkunden kein wirkliches Wachstum erzielen lässt. Wenn Sie für sich diese Tabelle ausfullen, werden Sie sehr wahrscheinlich eine ähnliche Entdeckung machen. Für Sie stellt sich dann die Frage, wie Sie Ihren Zeitaufwand verändern müssten, um zum Beispiel 10 bis 20 % mehr Umsatz zu erzielen.

In dem oben aufgezeigten Beispiel ist die Empfehlung, 10 % der administrativen Zeit einzusparen, 5 % für das Autofahren und 5% für die

Telefon- und Kleinstkunden. Die Kleinstkunden sollten komplett an den Innendienst abgeben werden, sofern das möglich ist. Auf diese Weise würde man insgesamt 20 % seiner Zeit freisetzen. Diese 20 % sollten bei Neu- und Potenzialkunden investiert werden. Daran lässt sich schnell erkennen: Wenn Sie sich Gedanken darüber machen, wie Sie Ihre Zeit aufteilen und anschließend besser auf Neu- und Potenzialkunden verteilen, ist die Chance zum Wachstum schnell gegeben.

Letztendlich sollte es Ihr Ziel sein, zwischen 10 und 30 % Zeit pro Woche Zeit zu sparen und diese dann einzusetzen, um mehr und intensivere Kundenkontakte zu machen. Ein weiterer Effekt, der nicht zu unterschätzen ist, ist, dass Sie damit auch Stress abbauen können. Jetzt stellt sich für Sie die Frage, wie viel mehr Umsatz Sie erreichen können, wenn Sie diese Zeitumverteilung vornehmen. Meine These ist, dass Sie damit 10 bis 20 % mehr Umsatz generieren können.

Wie können Sie Administrative Zeit einsparen?

Verbessern Sie ihre Selbstorganisaton

Um administrative Zeit einzusparen, machen Sie in einem ersten Schritt eine Bestandsaufnahme Ihrer administrativen Tätigkeit. Der Ausgangspunkt dazu ist, dass Sie für sich beschreiben, wo Sie selbst: Ineffizienzen sehen, Ärger über nicht gut funktionierende Abläufe verspüren und Zeitverschwendung empfinden.

Wenn Sie dabei auf die andere Seite Ihres Schreibtischs gehen, geht das wesentlich leichter. Sie nehmen dabei die Perspektive eines Kollegen oder Mitarbeiters ein und tun so, als wären Sie Ihr eigener Zeitberater. Sie sprechen klar aus, was Sie diesem Schreibtischbesitzer empfehlen würden, damit er effizienter arbeiten kann. Schauen Sie auf die äußere Ordnung des Schreibtischs und beschreiben Sie, wie der Schreibtischbenutzer zuverlässiger und qualitativ noch besser arbeiten könnte.

Daraus leiten Sie konkrete, persönliche Ziele ab, was Sie verbessern wollen, um sich besser zu organisieren. Die häufigsten Ziele lauten:

- Reduzierung der E-Mail-Flut
- Sicherstellen, dass man nichts Wichtiges vergisst

- Eine saubere Tagesplanung
- Verringerung der Suchzeiten bei E-Mails und Papier

Mit dem Einsatz von Online-Meetings Zeit einsparen
Neue Technologien bilden weitere Möglichkeiten, um erheblich Zeit zu sparen, ganz besonders geeignet sind im Vertrieb Online-Meetings und Videokonferenzen. Technische Tools wie GoToMeeting etc. lassen sich unkompliziert in vorhandene Kommunikationsstrategien integrieren.

Sie können mit diesen Tools schnell Ad-hoc-Meetings planen und online durchführen. Zum Beispiel können Sie Ihren Kunden anrufen und ihn bitten, an seinen Computer zu gehen, wenn er nicht sowieso davor sitzt. Sie schicken ihm einfach eine E-Mail-Einladung zu und führen mit ihm ein Online-Meeting durch.

Die generellen Vorteile dabei sind:

- Schnelle Durchführung von Ad hoc aufgesetzten Meetings online
- Gegenseitiges Betrachten des Computerbildschirms
- Konferenz per VoIP und Telefon möglich
- Vielfältige Möglichkeiten der Interaktion, u.a. Chat
- Aufzeichnung und abspielen über Mediaplayer
- Mac®, PC, Smartphones nutzbar
- Videokonferenzen in HD-Qualität

Nutzen Sie die Videokonferenzen in HD und eröffnen Sie sich so neue Möglichkeiten für den Verkauf, die Ihnen im ersten Moment vielleicht noch gar nicht bewusst sind: Mit hochauflösenden Videokonferenzen nehmen Sie sowohl auf der verbalen als auch auf der nonverbalen Ebene Verhaltensweisen fast so gut wahr wie bei einem persönlichen Besuch. Das bedeutet, Sie können nonverbale Hinweise des Kunden auf Ihre Kommunikation sehr gut lesen und darauf reagieren.
Einsatzgebiete von Videokonferenzen im Verkauf wie Widerstände auflösen, Einwände von Kunden besprechen oder Preisdiskussionen führen sind in einer hochauflösenden Videokonferenz genauso gut möglich wie in einem realen Gespräch vor Ort.

Exkurs: Mimikresonanz® bei Online-Meetings

Ich gehe davon aus, dass das Verkaufen über Videotools im Internet in Zukunft stark zunehmen wird. In Verkaufsgesprächen ist der Aufbau einer guten Beziehung zum Kunden maßgeblich für den Erfolg. Entscheidend dabei ist die Fähigkeit der Empathie. Sie dient dazu, die Gefühle und Wünsche der Kunden wahrzunehmen. In normalen Verkaufssituationen treffen Sie Ihre Kunden in einer realen Eins-zu-eins-Situation an. Als Verkäufer haben Sie dabei die Möglichkeit, den Kunden mit seinem verbalen und nonverbalen Ausdruck wahrzunehmen, um darauf empathisch zu reagieren. In Videogesprächen reduzieren sich die nonverbalen Hinweise insbesondere auf den mimischen Gesichtsausdruck. Daher wird es in Zukunft von entscheidender Bedeutung sein, dass Verkäufer in der Lage sind, diese mimischen Reaktionen genauestens wahrzunehmen, um auch in Videogesprächen durch gute empathische Fähigkeiten erfolgreich sein zu können. (In klassischen Verkaufssituationen ist dies natürlich auch von Vorteil)

Als Methode möchte ich hier die Mimikresonanz® erwähnen. Sie wurde durch Dirk W. Eilert entwickelt und baut auf den Forschungsergebnissen des amerikanischen Psychologen Paul Ekman auf. Gemeinsam mit seinem Kollegen W. V. Friesen stellte Ekman das Facial Action Coding System (FACS) auf. Es ist eine physiologisch orientierte Klassifikation der emotionalen Gesichtsausdrücke. Mimikresonanz® beschäftigt sich dementsprechend mit dem Erkennen mimischer Signale, um diese richtig zu interpretieren und damit angemessen umzugehen.

Ich habe diese Methode bereits in Videoverkaufssituationen mit großem Erfolg ausprobiert. So konnte ich beispielsweise anhand von mimischen Signalen erkennen, ob Kunden Preise akzeptiert haben oder ob ich noch nachverhandeln musste. Ich konnte damit die Anzahl der Verkaufsabschlüsse deutlich erhöhen und es war für mich selbst überraschend, wie genau die mimischen Signale über die Videokamera erkennbar waren.

Wie Sie mit Online-Meetings im Verkauf Zeit sparen

In erster Linie bestehen die Möglichkeiten, mit Online-Meetings im Verkauf Zeit zu sparen, darin, dass sich die Reisezeiten im Auto erheblich verringern lassen, weil Sie folgende Punkte online durchführen können:

- Online-Präsentationen bei potenziellen Kunden oder bestehenden Kunden,
- Live-Demos von Produkten zur Kundenakquise,
- Einzel- und Gruppenpräsentation,
- regelmäßige Kundenbetreuung,
- Präsentation von Produktneuheiten,
- besprechen von Angeboten, Verträgen etc.,
- intensivere Kundenbetreuung durch Web-Besuche.

Weiter oben haben wir festgestellt, dass die Potenzialkunden diejenigen sind, die für Ihr Wachstum verantwortlich sind, sofern Sie eine intensivere Betreuung sicherstellen. Wenn Sie es schaffen, dass Sie bei Ihren Stammkunden, bei denen Sie die meiste Zeit einsetzen, einige Besuche vor Ort durch „Web-Besuche" ersetzen, ohne dass die Qualität in der Bearbeitung sinkt, dann gewinnen Sie zusätzlich wertvolle Zeit. Für „Web Besuche" eignen sich Live-Demos von Produkten, Einzelpräsentationen oder Gruppenpräsentationen. Sie können sogar die regelmäßige Kundenbetreuung bei Ihren Stammkunden erhöhen, Produktneuheiten schneller präsentieren oder Angebote und Verträge besprechen.

Erfahrungen zeigen, dass Web-Besuche sogar kürzer sind als Besuche vor Ort, ohne dass ein Qualitätsverlust entsteht – insbesondere bei Stammkunden.

Nutzen Sie Online-Meetings für die Kundenbetreuung. Mit GoToMeeting können Sie Ihre Meetings aufzeichnen – Einverständnis der Teilnehmer vorausgesetzt – und so zu Dokumentationszwecken oder zur späteren Gesprächsanalyse aufbewahren.

Mit Online-Meeting-Tools können Vertriebsmitarbeiter über das Web kurze, wenig zeitraubende Inputs geben, die sofort umsetzbar sind, ohne dass ein Kundenbesuch nötig ist. Ein weiteres Einsatzszenario von Online-Meetings sind Schulungen: Zum Beispiel, um die Anwendung von neuen Produkten zu trainieren, oder wenn Sie mehrere Teilnehmer gleichzeitig an verschiedenen Orten trainieren wollen.

Überlegen Sie in Bezug auf Ihre Branche, wo und an welcher Stelle Online-Meetings und Videokonferenzen für Sie einsetzbar sind, um Zeit zu sparen und letztendlich mehr Kunden oder Stammkunden zu betreuen.

Was sparen Sie?

Lassen Sie uns anhand eines praxisbezogenen Beispiels das Sparpotenzial berechnen, das sich mit dem Vertriebseinsatz von Online-Meetings und Videokonferenzen realisieren lässt:

Beschreibung	Betrag
Jahreseinkommen Brutto AG	45.000,- €/Jahr
Autospesen	7.500,- €/Jahr
Verpflegung, Unterkunft, Kundenbewirtung	3.500,- €/Jahr
Weiterbildung + Fortbildung	1.500,- €/Jahr
Anteilige, Zeitabhängige Kosten	2.500,- €/Jahr
Gesamte Jahreskosten je Verkäufer	60.000,- €/Jahr
Kosten je Verkaufsgespräch 1h	123,46 €
Kosten je Kundenkontakt 60.000 /(167 x 6,5 Besuche am Tag)	55,27 €

Die Tabelle zeigt, wie hoch die Kosten eines durchschnittlichen Außendienstmitarbeiters im Jahr sind. Das schwankt natürlich nach oben oder unten je nach Branche. In unserem Beispiel bedeutet das umgerechnet bei 6,5 Besuchen am Tag und bei 167 Tagen im Jahr, dass die Kosten pro Verkaufsgespräch ca. 123 Euro betragen oder die Kosten pro Kundenkontakt 55 Euro. Das kann natürlich variieren. Fallen weniger als 6,5 Besuche am Tag an, steigen diese Zahlen auf 150 bis 180 Euro je Stunde. Bei mehr als 6,5 Besuchen pro Tag sinken diese Kosten unter 123 Euro. Die Zahlen machen deutlich, dass die Kosten für Besuche im Außendienst sehr hoch sind und abzuwägen ist, bei welchen Kunden sich diese Investition lohnt oder wie Besuchskosten reduziert werden können. Genau aus diesem Grund eignet sich der Einsatz von Online-Meetings und Videokonferenzen als kostengünstiges Kommunikationsmedium zum Kunden.

Fazit

Nehmen Sie sich jetzt die Tabelle zur Zeitaufteilung noch einmal zur Hand und verändern Sie Ihre Einträge.

Dieser Verkäufer spart nun bei der Administration 5 % an Zeit durch gute Selbstorganisation ein. Mithilfe von Online-Meetings spart er beim Autofahren weitere 10 % Zeit. Durch „Web-Besuche" realisiert er noch mal 5 %, weil er gute Stammkunden nicht mehr so oft vor Ort besuchen muss, aber die Betreuungsqualität und -intensität durch „Web-Besuche" sogar verbessert. Zum Schluss werden bei den Kleinst- und Telefonkun-

Zeitaufteilung Akquise	Zeit Ist	Zeit Soll
Administration	25 %	20%
Auto	30 %	20%
Stammkunden	30 %	25%
Neukunden	5 %	25%
Kundenrückgewinnung	0 %	5%
Telefonkunden	10 %	5%

den noch einmal 5 % eingespart, weil diese durch den Innendienst betreut werden oder ganz wegfallen oder nun online betreut werden. Von den eingesparten 25% Zeit kann der Mitarbeiter jetzt 20 % mehr in das Neukundengeschäft investieren und 5% in die Kundenrückgewinnung. Durch diese Umverteilung der Zeit kann er zwischen 10 und 20 % mehr Umsatz generieren.

Gutes Zeitmanagement im Vertrieb entwickelt sich zunehmend zum Schlüsselfaktor für das Umsatzwachstum. Denn das Anwachsen von administrativen Tätigkeiten für Vertriebsmitarbeiter bei gleicher Personaldecke geht oft auf Kosten der Zeit, die für den Kundenkontakt benötigt wird. Einen Ausweg aus diesem Dilemma bieten neue technische Kommunikationswerkzeuge, die dabei helfen, Vertriebsziele effizienter zu erreichen oder sogar zu übertreffen.

Unsere Empfehlung für Sie:

- Verschaffen Sie sich Klarheit, wo Sie Ihre Zeit im Vertrieb einsetzen.
- Sparen Sie Zeit durch gute Selbstorganisation.
- Setzen Sie Online-Meetings in Ihrer Vertriebsarbeit ein, um Zeit und Reisekosten zu sparen.
- Wenn Sie das tun, dann nutzen Sie die Gelegenheit, dies mit einer Mimikresonanz® Ausbildung zu professionalisieren.
- Verteilen Sie Ihre Zeitersparnisse auf Neukunden und Potenzialkunden so, dass Sie einen Mehrumsatz erzielen.

Margit Winkler

Margit Winkler, Jahrgang 1963, ist Geschäftsführerin des Instituts GenerationenBeratung und arbeitet seit vielen Jahren mit Banken, Versicherungen, Fondsgesellschaften, Maklern und Bausparkassen zusammen. Sie hat einen Zertifikatskurs GenerationenBerater/in (IHK) initiiert und bildet deutschlandweit Berater aus. Zudem unterstützt sie die praktische Umsetzung mit Vorträgen, Konzept- und Kundenunterlagen.

Das Institut GenerationenBeratung entstand aus der Vertriebsberatung für Genossenschaftsbanken. Nach einem persönlichen Schicksalsschlag im Jahr 2010 erkannte Winkler die Dringlichkeit der Vorsorge der Generation 50 plus. Daraus entwickelte sie das Konzept der GenerationenBeratung mit den vier Säulen der persönlichen Vorsorge: die Vorsorge- und Betreuungsvollmacht, Patientenverfügung, Zeit der Pflege sowie das Testament.

Mit Beispielen aus dem täglichen Leben überzeugt die Vorsorge-Expertin und verdeutlicht die Wichtigkeit einer allumfassenden Beratung, die bewusst auf die persönlichen Bedürfnisse des Kunden eingeht. Dank dieses Ansatzes sowie Winklers Ausbildung und weiterführenden Qualifikationen zum Bank- und Marketingfachwirt, NLP Master zum Diplom Systemischen Coach und zur Vertriebstrainerin ist die Ausbildung beim Institut GenerationenBeratung zum Qualitätsmerkmal geworden.

Winklers Buch „Vorsorgen ist keine Frage des Alters", Walhalla-Verlag gilt als Standardwerk für GenerationenBerater. Es regt Menschen dazu an, längst fällige Entscheidungen zu treffen und die eigene Zukunft nicht dem Zufall zu überlassen.

http://www.institut-generationenberatung.de/

Storytelling, denn Argumente sind nur Fakten

Storytelling spielt eine immer wichtigere Rolle bei dem Vertrieb von komplexen Produkten und Dienstleistungen. Dabei ist es nicht nur eine Methode, mit der der Kunde komplizierte Zusammenhänge versteht, sondern er kann das Neue selbst weitererzählen und durch die interessanten Begebenheiten den Berater weiterempfehlen. Aber auch Marketing und Vertrieb sollten nicht auf „Unterhaltung" verzichten. Mit den modernen Möglichkeiten im Internet und per Video werden die Gelegenheiten, mit Storytelling zu trumpfen, unerschöpflich und sind sehr wirkungsvoll.

Dos und Don'ts

Doch wie bei allem gibt es auch hier Fallstricke und „Don'ts", die es zu beachten gilt. Menschen mögen Geschichten. Geschichten verkaufen besser als Fakten und Detailbeschreibung eines Produkts. Blogs leben von Geschichten. Erfolgreiche Journalisten und Blogger können das bestätigen. Die Ergebnisse sind einzigartig, denn es führt dazu, dass man den Kunden emotional erreicht. Wir alle wissen, dass dies die Voraussetzung ist, dass der Kunde kauft. Ohne ihn emotional zu erreichen, sinkt die Kaufbereitschaft drastisch ab. Storytelling ist ein sehr effektives Tool, durchgängig bei Verkauf, Marketing und Vertrieb, und Unternehmen positionieren sich damit am Markt.

Nebenbei kommt man völlig weg davon, den anderen belehren zu wollen oder Ratschläge zu erteilen. Das ist besonders im Umgang mit der vermögenden Kundengruppe wichtig. Diese Konsumprofis wollen respektabel behandelt werden, lieben interessante Gespräche und brechen den Kontakt unkommentiert ab, sobald sie sich nicht wohlfühlen.

Beachten Sie von Anfang an, dass alle Storys in der Gegenwart formuliert die höchste Wirkung erzielen. Das gilt auch dann, wenn es in Wirklichkeit Zukunft oder Vergangenheit ist. Und setzen Sie keinesfalls einen Konjunktiv ein.

Emotionen verkaufen

Erst seit Ende der 90-ziger-Jahre ist es bewiesen, dass nicht Fakten, sondern lediglich Emotionen verkaufen. In vielen Bereichen argumentieren wir die emotionalen Entscheidungen mit Fakten. Umso erstaunlicher ist es, dass in Fachbüchern und auf Hochschulen immer noch vom „homo oeconomicus" gelehrt wird. Alle Aussagen beziehen sich also auf einen Tatbestand, den es in Wirklichkeit nicht gibt! Niemand handelt ausschließlich aus wirtschaftlichen Gründen. Untersuchungen haben herausgefunden, dass dies in auch Unternehmen nicht anders ist. Doch die Argumentation besteht aus reinen Fakten. So nach dem Motto: „Wie kriegen wir das argumentiert?!"

Marketing samt allen sozialen Kanälen versteht es, dass Botschaften immer dann ankommen, wenn es „menschelt". Wir wollen Bilder sehen, möglichst Kurzvideos und kleine Geschehnisse aus dem Alltag erfahren. Das ist in der Geschäftswelt nicht anders als im Privatbereich. Storys verkaufen, Storys kommen an in Vertrieb und Marketing und in der eigentlichen Beratung. Ohne Storytelling müsste man bei einem Produkt auf nüchterne Funktionsweisen und bei einer Dienstleistung vielleicht auf Paragraphen verweisen. Das Ganze fängt bereits bei der Unternehmenskultur an und setzt sich im Employer Branding fort. Schließlich betrifft dies die Wettbewerbsfähigkeit des Unternehmens mit allen Beteiligten: Kunden, Arbeitnehmern, Lieferanten und Wettbewerbern.

Die Unternehmensgeschichte schafft Identität und macht das Unternehmen einzigartig. Wäre die Unternehmensgeschichte nicht, dann wären alle Unternehmen mehr oder weniger gleich. Denken Sie auch an die Geschichte wirklich großer Menschen aus dem Bereich Politik, Sport und Musik. Meist wird irgendwann die Lebensgeschichte in Form eines Buches oder eines Films erzählt.

Storytelling ist es auch, wenn Mitarbeiter von Erfahrungen berichten. Wie häufig treffen sich Mitarbeiter zum sogenannten Erfahrungsaustausch: Es findet nichts anders als Storytelling statt. Berater tun gut daran, solche Erfahrungen anderer als Story im nächsten Gespräch einzusetzen. Damit ist das eigene Kundengespräch viel interessanter, bleibt besser in Erinnerung und funktioniert weit besser als jede Argumentation. Ganz nach dem Motto: „Bei einem Kollegen von mir trat neulich ein ähnlicher Fall auf. Da hat der Kunde ..."

Unser Gehirn liebt Geschichten

Storytelling ist immer mehr als nur reine Information. Seit jeher wird Wissen durch Fabeln und Anekdoten weitergegeben. Ja, sogar Märchen zählen hierzu, und denken Sie an die Bibel, die aus Geschichten und Begebenheiten besteht. Diese Geschichten erfüllen viele Aufgaben: Sie vermitteln Lebenserfahrung, geben Sachinformationen, zeigen Probleme und deren Lösungen auf, leiten Denkprozesse ein, regen zur Verhaltensveränderung an und transportieren Normen und Werte. Schließlich verpacken Storys Wissen mit Emotionen.

Unternehmensstory

Storytelling fängt bereits beim Unternehmen an. Was ist die Unternehmensstory, der Sinn, Zweck, Antrieb oder die Wertevorstellung des Unternehmens? Dass mit Storys regelmäßig auch Gefühle, also Emotionen erreicht werden, ist selbstredend. Nicht selten greifen Unternehmen auf Musik, Filme bis hin zu einen Shop, manchmal Museum genannt, zurück. Ohne diese Unternehmensstory haben Produzenten oder Dienstleister kein Gesicht. Lediglich die Ware bzw. Dienstleistung wird angeboten und ist mit anderen Produkten absolut vergleichbar. Storys dienen also auch dazu, eine Marke zu entwickeln, Produkte oder Dienstleistungen unverwechselbar zu machen, die Konkurrenz abzuwehren und schließlich, um höhere Preise durchzusetzen. Der Kunde verbindet mit der Story im Unternehmen ein bestimmtes Lebensgefühl. Dafür ist er bereit, mehr zu zahlen, als es rational zu begründen ist.

Story für den Kunden

„Der Köder muss dem Fisch schmecken, nicht dem Angler!“ Bei Storys gilt das Gleiche. Storys sollen keine Produktdarstellungen oder Argumente der Verkäufer sein. Storys müssen den Konsumenten erreichen. Dazu ist es zwingend notwendig, dass man in die Welt des Kunden tief genug eintaucht und herausfindet, was der genaue Wert des Produkts für die Anwendung bzw. den Alltag des Kunden bedeutet.

Beispiel Produzent: Ein Unternehmer wollte die Marke seines alteingesessenen Betriebes auffrischen und es modern gestalten. Sein Großvater hatte das Unternehmen gegründet: Angefangen hatte er als Elfenbeinschnitzer beim Grafen, danach gründete dieser eine Firma, die ähnliche Gegenstände aus Spritzguss fertigt, und heute handelt es sich um den Werkstoff Plastik. Die Gestaltung der Haushaltsgegenstände übernehmen heute Künstler und die Fertigungsmaschinen sind hochmodern. Hergestellt wird ausschließlich in Deutschland und die Preispolitik liegt im oberen Bereich. Der Unternehmer, ein zurückhaltender Mann, überlegt nun, was alle drei Generationen verbindet: Es sind die schöne Dinge für den Haushalt. Daher kommt er zu dem Entschluss, dass alle mit diesen Gegenständen die Welt der Kunden schöner und harmonischer machen wollten. Mit den gekauften Gegenständen zieht quasi das Glück beim Kunden ein. Nun nennt er sich „Glückfabrikant" und sein Geschäft mit angegliedertem Museum, Outlet und Café ist die „Glücksfabrik". Dort ist die Unternehmensgeschichte erlebbar und besonders gerne erzählt er, wie es kam, dass sein Vater die Schneekugel erfand: An einem verschneiten Wintertag sah dieser aus dem Rückfenster seines VW-Käfer und entdeckte am Waldrand ein Reh, während dicke Schneeflocken herabfielen. Wie, glauben Sie, sah die erste Schneekugel wohl aus? – Später gab es weitere Motive. Wer in seinem Online-Shop einkauft, erhält seine Rechnung in einer Präsentationsmappe, auf der der Unternehmer sich dafür bedankt, dass der Käufer „Harmonie in die Welt bringt!". Das Ganze wirkt ehrlich, da es sich durch die gesamte Unternehmens-Kommunikation zieht.

Beispiel Dienstleistung:
Wenn Pflegeversicherungen in der Finanzbranche verkauft werden sollen, argumentieren Verkäufer gerne damit, dass es sich dabei um Vermögenssicherung handelt. Sobald der Verkäufer von einer Lücke spricht, bringt er den Kunden dazu, an sein Vermögen zu denken, und dieser schlägt dann oft mit folgenden Worten zurück: „Das ist mein Geld, dann wird es eben dafür aufgebraucht!" Ich denke dann so manches Mal, dass der Berater für sich selbst gerne die Vermögenssicherung hätte und das Kundenvermögen weiterhin in seinem Unternehmen halten möchte.

Wird dem Kunden hingegen klar, dass es seine Kinder sind, die sich als Bevollmächtigte um die Finanzen der Eltern kümmern müssen, hat das eine vollkommen andere Wirkung und ist realistisch. Es versteht sich von selbst, dass das Kind (auch im Alter von ca. 50 oder 60 Jahren) es als belastend erlebt, Entscheidungen über das Vermögen der Eltern zu treffen.

Zusätzliches Konfliktpotienzial unter Geschwistern entsteht. Tatsächlich wird das Kind als Bevollmächtigter die Zahlung anweisen und empfindet es so, als ob es selbst zur Kasse gebeten wird, unabhängig davon, ob es aus dem Erbe geht oder es direkt zahlt.

Diese Herangehensweise erfordert aber den Blick aus Sicht des Kunden. Der aus Sicht der Geschäftsleitung sieht vollkommen anders aus. Jede wirkungsvolle Story muss die Welt des Kunden darstellen. Was verändert das Produkt bzw. die Dienstleistung für den Kunden? Was hat er davon? Im obigen Beispiel ist blanke Vermögenssicherung zu kurz gedacht. Erst mit dem Realitätsbezug begreift jeder, was das im Familienumfeld heißt.

Story erklärt

Ein Beispiel erklärt jeden Sachverhalt viel besser, als es reine Fakten können. Diese Story findet sich dann auf Plakat, Flyer, Homepage, evtl. Film und Blog wieder. Der Kunde empfindet das nicht als reine Produktwerbung, sondern erkennt besser seinen Nutzen im Alltag. Gerade die heiß umgarnte Zielgruppe der Besserverdienenden mag plakative Werbung nicht. Storys liefern zudem einen Mehrwert in Form von Informationen und der Möglichkeit, etwas Interessantes weiterzuerzählen. Für jedes Unternehmen ist das schon der erste Schritt in Richtung Empfehlung. Es gelingt, die Emotionen der Kunden zu erreichen, und deshalb bleiben Storys sehr gut in Erinnerung.

Story, wenn nur ein Tipp möglich ist

Es gibt Randbereiche, in denen Berater nur Tipps geben dürfen und keine Beratung erlaubt ist. In der Situation des GenerationenBeraters ist das z.B. beim Testament der Fall. Er darf also nicht konkret beraten. In diesem Fall würde gegen das Rechtsdienstleistungsgesetz klar verstoßen. Hilfreiche Tipps erwartet der Kunde, um auf den Termin beim Juristen vorbereitet zu sein. In dieser Situation kommt die Story zum Zug. Man beginnt einfach mit einer Intro in der Art: „Ein Kunde in ähnlicher Situation wie Sie hat die Angelegenheit wie folgt gelöst. …"

Positive und negative Beispiele

Wissenschaftler haben herausbekommen, dass wir Menschen entschlossener reagieren, wenn wir etwas Unangenehmes vermeiden können. Im Unterschied zu der Erkenntnis, dass es uns mit dem Produkt etwas besser geht. Zudem können viele auf Anhieb beantworten, was nicht passieren sollte, ohne genau zu wissen, was sie wollen. Daher geht es um negative Beispiele, die aber ein gutes Ende nehmen können, oder noch besser: Sie lassen das Ende einfach offen oder geben mehrere Verhaltensvarianten für das Kopfkino.

Positive Beispiele brauchen Sie, wenn Sie vom Unternehmen berichten, von Erlebnissen mit Kunden und mit Mitarbeitern. Dafür bieten sich alle Varianten der sozialen Medien an: Schreiben Sie ein Erlebnis im Blog, zeigen Sie die gute Stimmung am Arbeitsplatz bei Facebook usw. Das positive Gefühl, das dabei entsteht, überträgt sich auf Ihre Produkte und auf Ihr Unternehmen.

Stolperfallen jeder guten Story

Eine Story ist nur dann eine Story, die im Business-Kontext sinnvoll ist, wenn diese verfremdet ist. Daher sind folgende Fallen zu vermeiden:

Beispiel auf den Kunden gemünzt: Folgendes passiert, wenn der Erzähler die Story auf den Kunden münzt, in der Art: „Lieber Herr Kunde, stellen Sie sich bitte vor, Ihnen wäre Folgendes passiert ..." Gerade wenn es um sehr emotionale Themen wie ein Unfall beim Kind geht, merkt man die negativen Auswirkungen dieses Fehlers sehr deutlich: Der Kunde kann nicht mehr genau zuhören, denn die Emotionen, dass dem eigenen Kind etwas passiert, sind zu groß. Die Kunden sperren sich gegen eine solche Vorstellung. Sie hören nicht mehr zu und wollen das Gespräch am liebsten abbrechen.

Berater plaudert aus seinem Leben: Es gibt immer noch Berater, die tatsächlich der Ansicht sind, wenn sie dem Kunden aus ihrem Leben erzählen, schließen diesen zum Dank dann jedes Geschäft ab. Zusätzlich argumentieren manche, dass nur Selbsterlebtes der Wahrheit entspricht. Als ob man jede tragische Situation selbst erlebt haben müsste. Eines muss klar sein: Wenn das Gegenüber von sich erzählt, bewertet der Andere immer die Aussagen, z. B. „War das richtig, was er da getan hat?", „Oh, dieser Mann hat schon viel mitgemacht!", „Wieso hat er nicht anders gehandelt!" usw. usw. Dabei geht es nur darum, die Botschaft des Beispiels begreiflich zu machen.

Ein Teilnehmer hat es in einem Übungsgespräch versäumt, seine Story zu verfremden. Er erzählt also von sich, seiner eigenen Familie, ist emotional so sehr dabei, dass er sogar den Blickkontakt zu seinem Gesprächspartner verliert. Er „plaudert aus den Nähkästchen". Bis sein Kollege in der Kundenrolle reflektiert: „Na, Sie brauchen aber auch mal jemand, der Ihnen zuhört! Dem Sie das alles mal erzählen können!"

Argument am Ende: Immer wieder wollen die Berater bzw. Verkäufer für den Kunden mitdenken. Es äußert sich dann so, dass diese am Ende dann erklären: ... und damit Ihnen das nicht so geht, machen wir am besten mal dies und das!" Doch die Trickkiste der Belehrungen, Beweisführungen und Argumentationen hat hier keinen Platz. Verlassen Sie sich besser darauf, dass der Kunde ein intelligenter Mensch ist und ohne diese Lektion zum Schluss selbst darauf kommt.
Die Lösung hier ist: Stellen Sie einfach eine Frage, die sich auf das Beispiel bezieht. Also statt zu sagen: „Für Sie ist das und das das Beste", fragen Sie: „Wie, denken Sie, erging es dieser Familie in der Situation?" Erfahrene Berater kennen die Vorteile von Fragen. Es ist die einzige Möglichkeit, um die Gedanken des anderen zu steuern. Das lenkt außerdem davon ab, dass der Zuhörer die Story infrage stellt. Wenn er es dennoch durch eine Aussage wie „Das glaube ich nicht!" tun sollte, schlagen Sie sich einfach auf seine Seite und antworten Sie in der Art: „Ja, das ging mir genauso." Nebenbei haben Sie Pause, wenn Sie eine Frage gestellt haben. Daher sagt man auch „Mit einer Frage den Affen auf die Schultern des anderen setzen".

Hauptpersonen sind nicht sorgfältig ausgewählt: Der Kunde muss sich natürlich in diesen Personen wiederfinden. Oft genugt eine Einleitung wie: „Kunden in ähnlicher Situation wie Sie" oder „Jemand im gleichen Alter". Besser ist es jedoch, auf weitere Verfremdungen zurückzugreifen: „Neulich stand in der Zeitung" oder „Ich habe im Fernseher gesehen". Je mehr verfremdet, desto so stärker kann sich der Zuhörer auf den Inhalt konzentrieren.

Wichtig ist, dass das Beispiel genau zum Kunden passt. Man kann nicht von Kindern berichten, wenn diese Leute keine haben. Das Beispiel muss allgemeingültig sein und für viele zutreffen. Wollen Sie also von einem Unfallbeispiel erzählen, dann schaffen Sie den Bezug zum Autofahrer und nicht zum Motorradfahrer: Denn sonst kann es sein, dass derjenige sagt: „Wie gut, dass unser Sohn kein Motorrad fährt!"

Das Wichtigste von allem ist, dass die Hauptpersonen sympathisch sind. Sonst kann sich der Kunde darin nicht erkennen. Wer möchte schon das Verhalten einer unangenehmen Person adaptieren? Wenn der Kunde dann also antwortet: „Na, das sind aber selbstsame Leute!", dann liegt wohl der Fehler beim Berater.

Story ist zu lang: Geschichten, die schnell „auf den Punkt" kommen, werden leichter wahrgenommen und besser behalten. Oft lässt sich eine Geschichte kürzen, ohne der Pointe zu schaden. Und: Je knapper eine Geschichte ist, desto höher ist die Wirkung.

Doch viele Storyteller neigen dazu, ihre Geschichte in die Länge zu ziehen. Die eigene Begeisterung für viele schöne Details und der Wunsch, möglichst viele originelle Pointen einzusetzen, verleitet. Doch beim Storytelling im Business ist weniger mehr. Das bedeutet, dass eine kurze Geschichte besser ihren Zweck erfüllt als eine Geschichte, die durch zu viele originelle Einfälle von der eigentlichen Botschaft ablenkt.

Führen Sie im Gespräch die bestehende Geschichte fort. Der Kunde kann besser mit den gleichen Personen umgehen, statt immer komplett neue Sachverhalte zu erfahren. So in der Art: „Die Begebenheit ging ja noch weiter ..."

Erstellen Sie am besten eine Kurzversion:

- Wer ist der Held (muss zum Zielkunden passen)?
- Was ist das Problem?
- Wie hat er es gelöst? (oder Sie lassen den Ausgang offen.)

Mit diesem Gerüst kommen Sie schnell ans Ziel und können unterschiedliche Varianten schnell anwenden, wie zum Beispiel unterschiedliche Zielpersonen.

Fazit

Storytelling lohnt sich: in der Unternehmensgeschichte, in Marketing und Vertrieb bis hin zum Verkaufsgespräch. Sicher: Es kostet mehr Mühe, dem Interessenten oder Kunden Argumente oder Fakten in einer Story zu präsentieren, als reine Fakten aufzuzählen. Mit den Beispielen der Story bringen Sie den Kunden aber in Bewegung. Tun Sie alles dafür, dass beim anderen positive Emotionen entstehen, wenn dieser mit Ihrem Unternehmen zu tun hat. Denn am Ende des Tages entscheiden Gefühle, ob ein Kauf zustande kommt oder nicht, ob die Marketingmaßnahme den Zeitgeist trifft oder nicht – und ob Ihr Unternehmen mehr oder weniger erfolgreich ist.